高等学校教材
北京高等教育精品教材

热工基础
与发动机原理

第 2 版

主　编　刘永峰
副主编　王　军　朱爱华
参　编　张　璐　周庆辉
主　审　裴普成

机械工业出版社

本书在工程热力学和传热学理论的基础上，着重讲述发动机热功转换、流体运动的基本原理、特点和性能分析方法，以及提高发动机性能、改善其排放特性的技术措施。全书分 7 章，内容包括工程热力学基础、传热学基础、流体力学基础、发动机工作过程与换气、发动机燃油供给与调节、发动机混合气形成及燃烧和发动机污染物生成及特性。本书的特色在于先介绍必要的工程热力学、传热学和流体力学的基础知识，然后介绍发动机原理，内容前后连贯，知识系统紧凑，强调引入电控发动机的新理论和技术，如分层燃烧、缸内直喷和涡轮增压等。

本书可作为车辆工程相关专业本科生、研究生的教材，也可作为从事汽车发动机研究开发的工程技术人员的参考书。

图书在版编目（CIP）数据

热工基础与发动机原理 / 刘永峰主编. -- 2版.
北京：机械工业出版社，2025.6. -- (高等学校教材).
ISBN 978-7-111-78340-4

Ⅰ. U472.43
中国国家版本馆CIP数据核字第2025JC1805号

机械工业出版社（北京市百万庄大街22号　邮政编码100037）
策划编辑：尹法欣　　　　　责任编辑：尹法欣　章承林
责任校对：张亚楠　陈　越　封面设计：王　旭
责任印制：单爱军
天津嘉恒印务有限公司印刷
2025年8月第2版第1次印刷
184mm×260mm・14.75印张・363千字
标准书号：ISBN 978-7-111-78340-4
定价：49.00 元

电话服务　　　　　　　　　网络服务
客服电话：010-88361066　　机　工　官　网：www.cmpbook.com
　　　　　010-88379833　　机　工　官　博：weibo.com/cmp1952
　　　　　010-68326294　　金　书　网：www.golden-book.com
封底无防伪标均为盗版　　机工教育服务网：www.cmpedu.com

前　言

　　世界上先有科学还是先有技术至今没有定论，当年奥托和狄塞尔先生发明汽油机和柴油机时，可能也没想到今天内燃机理论发展会如此迅速。一方面，汽车工业作为国民经济的支柱产业在日新月异地发展；另一方面，人们的环保需求也在日益增长，从而对车辆动力装置提出了更高的要求，以至于有些学者彻底抛弃了传统内燃机，只专注于研究新能源动力装置，如锂电池、燃料电池等。实际上，在传统的内燃机没有完全退出历史舞台之前，不断提高其性能进行更新换代仍然具有重要的现实意义。

　　当前在新工科背景下，大学教育提出了新的要求，教学改革实施"以能力提升为明线，以思政育人为暗线"，要求以学生为中心，讲授内容"少而精"。本书在第1版原有特色的基础上，增添了传热学基础和流体力学基础等新的内容，同时对第1版的部分内容进行了更新和删减，力求满足学生对新理论和新技术的学习需求。本书主要内容包括工程热力学基础、传热学基础、流体力学基础、发动机工作过程与换气、发动机燃油供给与调节、发动机混合气形成及燃烧和发动机污染物生成及特性。

　　本书由北京建筑大学刘永峰担任主编，并编写第3章、第4章前3节和第6章，陆军兵种大学王军编写第4章后2节和第5章，北京建筑大学朱爱华编写第1章，张璐编写第2章，周庆辉编写第7章。在本书修改、整理过程中，得到了北京建筑大学研究生李晨曦、陈睿哲和殷晨阳的大力支持和帮助，同时本书由北京建筑大学教务处作为教材建设项目进行了资助，在此深表谢意。

　　本书由清华大学车辆与运载学院博士研究生导师裴普成教授担任主审，在书稿编写过程中，裴普成教授在百忙之中多次审阅书稿，提出了许多宝贵意见，编者深表感谢。

　　由于本书内容涉及面广，加之编者水平有限和时间仓促，书中错误和疏漏之处在所难免，欢迎广大读者批评指正。

编者
于北京

目 录

前言

第 1 章 工程热力学基础 ……………………………………………… 1

1.1 引言 …………………………………………………………… 1
1.2 基本概念 ……………………………………………………… 2
1.3 热力学第一定律 ……………………………………………… 11
1.4 理想气体的性质及热力过程 ………………………………… 19
1.5 热力学第二定律 ……………………………………………… 35
习题与思考题 ……………………………………………………… 40

第 2 章 传热学基础 …………………………………………………… 44

2.1 基本概念 ……………………………………………………… 44
2.2 导热 …………………………………………………………… 50
2.3 对流换热 ……………………………………………………… 58
2.4 辐射换热 ……………………………………………………… 79
2.5 传热过程和换热器 …………………………………………… 92
习题与思考题 ……………………………………………………… 102

第 3 章 流体力学基础 ………………………………………………… 106

3.1 流体的主要物理性质 ………………………………………… 106
3.2 流体静力学基础 ……………………………………………… 113
3.3 流体动力学基础 ……………………………………………… 121
习题与思考题 ……………………………………………………… 137

第 4 章 发动机工作过程与换气 ……………………………………… 140

4.1 发动机工作指标 ……………………………………………… 140
4.2 发动机工作循环 ……………………………………………… 143

4.3　发动机换气 …… 147
4.4　发动机增压 …… 156
4.5　排气再循环 …… 158
习题与思考题 …… 159

第5章　发动机燃油供给与调节 …… 160

5.1　汽油机燃油供给 …… 160
5.2　汽油机燃油喷射与调节 …… 162
5.3　柴油机燃油供给 …… 168
5.4　柴油机燃油喷射与调节 …… 174
习题与思考题 …… 181

第6章　发动机混合气形成及燃烧 …… 182

6.1　汽油机混合气形成及燃烧室 …… 182
6.2　汽油机的燃烧过程及改进技术 …… 186
6.3　柴油机混合气形成及燃烧室 …… 189
6.4　柴油机燃烧过程及改进技术 …… 199
习题与思考题 …… 207

第7章　发动机污染物生成及特性 …… 208

7.1　汽油机污染物生成机理及控制方法 …… 208
7.2　柴油机污染物生成机理及控制方法 …… 214
7.3　发动机工况及基本特性 …… 221
7.4　发动机试验 …… 225
习题与思考题 …… 227

参考文献 …… 229

第 1 章

工程热力学基础

学习目标：

1) 理解热能转换所涉及的基本概念和术语，学会状态参数及可逆过程的体积变化功和热量的计算。

2) 掌握理想气体的性质及热力过程，能正确运用比热容计算理想气体的热力学能、焓和熵；掌握理想气体各种热力过程中基本状态参数间的关系；能进行各种热力过程的功量和热量的计算分析，并能利用 $p\text{-}v$ 图和 $T\text{-}s$ 图对热力过程进行定性分析。

3) 深入理解热力学第一定律的实质，熟练掌握热力学第一定律的闭口系统和稳定流动系统的能量方程，能解决有关工程实际问题。

4) 深刻理解热力学第二定律的实质，掌握卡诺循环、卡诺定理及其意义。

重 点：

1) 基本概念包括热力状态及平衡状态、状态参数及其特性、参数坐标图、热力过程及准平衡过程、热力循环。

2) 热力学第一定律的实质、热力学能、焓、功和热量、热力学第一定律基本表达式（闭口系统）、稳定流动能量方程、技术功。重点放在稳定流动能量方程的应用，对工程中的典型热工设备进行分析计算。

3) 理想气体混合物的比热容、热力学能、焓和熵等的计算。

难 点：

1) 理想气体的热力过程，包括定容过程、定压过程、定温过程、绝热过程，各过程中基本状态参数间的关系、过程曲线在 $p\text{-}v$ 图及 $T\text{-}s$ 图上的表示、功量和热量分析。

2) 过程的方向性、可逆过程和不可逆过程、热力学第二定律的实质和表述、卡诺循环和卡诺定理。

1.1 引言

发动机通过燃料燃烧释放热能，并将热能转换为机械能来提供动力，因此，研究发动机的工作原理，必然离不开燃料在发动机内如何燃烧、其热效率受哪些因素影响、热能与机械能的转换规律及影响因素等知识，这些都属于热工基础知识范畴。

热能的直接利用属于传热学，直接利用热能加热物体，热能的形式不变，包括三种传热

方式：热传导、热对流、热辐射。热能的间接利用属于工程热力学的范畴，将热能转换为机械能，主要包括热力学两大定律、理想气体的性质和热力过程等。

1.2 基本概念

1.2.1 热力系统

1. 热力系统、外界、边界

热力学中，根据研究问题的需要，将所要研究的对象与周围环境分隔开来，这种人为划定的热力学研究对象称为热力系统，简称热力系或系统。热力系统以外的物体称为外界，热力系统与外界的分界面称为边界。边界可以是真实存在的实际界面，也可以是实际不存在的假想界面，可以是静止的固定界面，也可以是运动的胀缩界面。

如图 1-1a 所示的气缸活塞机构，若把虚线所包围的空间取作热力系统，则其边界就是真实的，其中一条边界是移动的。图 1-1b 所示的真空器，当连接外界的阀门打开时，外界空气在大气压力作用下将流入容器，直至容器的压力与外界大气压力平衡为止。把大气中流入容器的那部分空气用一个假想的边界从大气中划分出来，那么，容器内壁以及假想的边界所包围的空气便是人们研究的热力系统。当阀门打开后，随着空气流入容器，假想的边界受外界空气压缩，这时边界及整个系统都发生收缩。

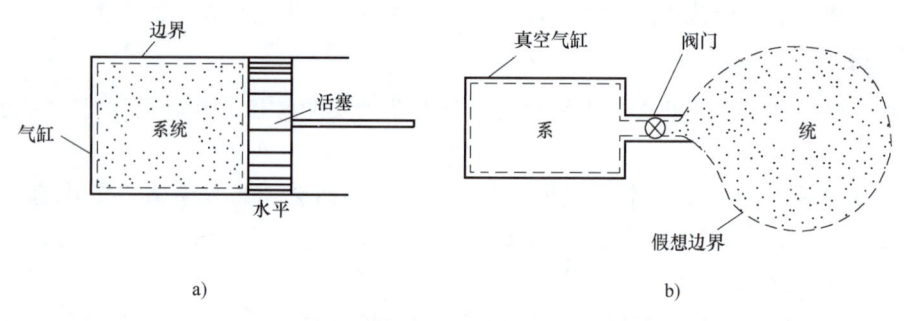

图 1-1 热力系统
a) 气缸活塞机构　b) 真空器

2. 热力系统的分类

根据热力系统和外界之间能量和物质交换的情况，热力系统可分为各种不同的类型。

根据热力系统与外界有无物质交换，可将热力系统分为闭口系统和开口系统。与外界无物质交换的系统称为闭口系统，简称闭口系。如图 1-1a 中取气缸内气体为系统，即为闭口系统。闭口系统内物质的质量保持恒定不变，所以闭口系统又称为控制质量系统。与外界有物质交换的热力系统称为开口系统，简称开口系，这类热力系统的主要特点是在所分析的系统内工质是流动的。这时，可以把研究对象规划在一定空间范围内，如图 1-1b 中虚线所示，该空间范围称为控制容积系统。

根据热力系统与外界的能量交换情况，可将热力系统分为多种类型。在分界面上与外界不存在热量交换的系统称为绝热系统。在分界面上与外界既无能量交换又无物质交换的系统

称为孤立系统，又称孤立系。与外界仅交换热量，且具有无穷大热容量的系统称为热源。对外放热的热源称为高温热源，又称为热源；对外吸热的热源称为低温热源，又称为冷源。

除上述各类系统外，还可以把系统分为单相系、多相系、均匀系、非均匀系等。

1.2.2 工质的热力状态及基本状态参数

1. 热力状态

在内燃机中，气缸吸入燃气，通过压缩行程，气缸内气体压力、温度升高，火花塞点火，燃气燃烧释放出大量的热，使燃气的压力、温度急剧上升，推动活塞做功，热能转换为机械能，气缸内压力和温度逐步下降。在这些过程中，燃气状态（压力、温度等）在不断变化。如改用热力术语表示，则应说燃气的热力状态在不断变化。所谓热力状态，是指热力系统在某一瞬间所呈现的宏观物理状态。

热力系统可能呈现各种不同的状态，在没有外界影响的条件下（重力场除外），热力系统的宏观性质不随时间变化的状态称为平衡状态。当物体之间有温差存在而发生接触时，必然有热自发地从高温物体传向低温物体，系统状态不断变化直至温差消失而达到平衡。处于平衡状态的热力系统具有均匀一致的温度、压力等参数，可以用确定的温度和压力等物理量来描述。非平衡状态的热力系统的参数是不确定的。

2. 状态参数

描述系统状态的宏观物理量称为热力状态参数，简称状态参数。实现热能和机械能相互转换的媒介物质称为工质，通常系统由工质组成，因而描述系统在某瞬间所呈现的宏观物理状况的状态参数，也就是工质的状态参数。

工程热力学中常用的状态参数有：压力（p）、温度（T）、比体积（v）、热力学能（U）、焓（H）、熵（S）。其中压力、温度和比体积三个参数可以直接用仪器测定，称为基本状态参数，其他状态参数可依据这些基本状态参数之间的关系间接地导出，称为非基本状态参数。

压力和温度这两个参数与系统质量的多少无关，称为强度量；体积、热力学能、焓和熵等与系统质量成正比，称为广延量，广延量具有可加性，在系统中它的总量等于系统内各部分同名参数值之和。单位质量的广延量参数，称为比参数，具有强度量的性质。比参数用小写字母表示，如比体积 v、比热力学能 u、比焓 h、比熵 s 等。

状态参数是热力状态的单值函数，即状态参数的值仅取决于给定的状态，即状态一定，描述状态的参数也就确定。状态参数具有如下数学特性：

当系统由初态 1 变化到末态 2 时，任一状态参数 Z 的变化等于初、末状态下该参数的差值，而与其中经历的路径无关。

$$\Delta Z = \int_1^2 \mathrm{d}Z = Z_2 - Z_1 \tag{1-1}$$

当系统经历一系列状态变化而又回到初始状态时，其状态参数的变化为零。

$$\oint \mathrm{d}Z = 0 \tag{1-2}$$

反之，如果物理量具有上述数学特征，则该物理量一定是状态参数。

3. 基本状态参数

（1）压力 单位面积上所承受的垂直作用力称作压力（即物理学中的压强）。对于容器

内的气体工质来说，压力的微观解释是大量气体分子做不规则运动时对器壁频繁碰击的宏观统计结果，这种气体真实的压力称为**绝对压力**，用符号 p 表示。

工程上所采用的压力表都是在特定的环境（主要是大气环境）中测量气体压力，如常见的 U 形管压力计（图 1-2a）或弹簧管压力表（图 1-2b）等，所测出的压力值都受限于环境中的大气压力 p_b，并不是系统内气体的绝对压力。

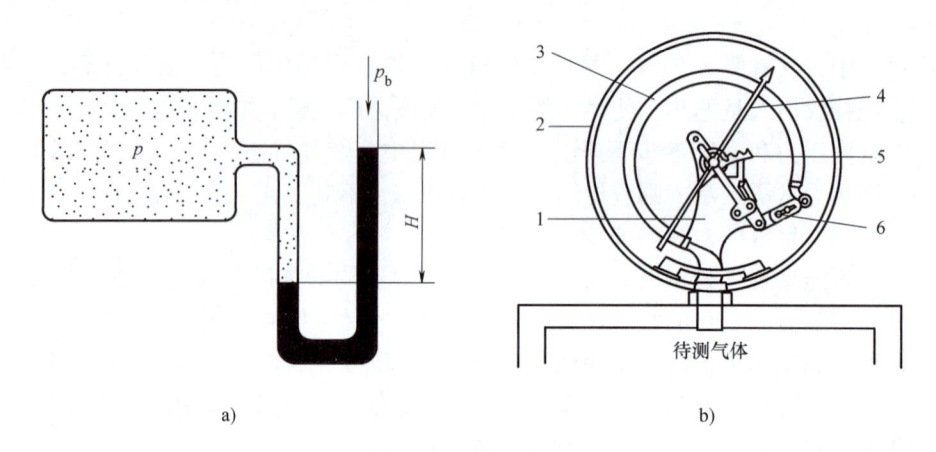

图 1-2 压力的测量

a）U 形管压力计 b）弹簧管压力表

1—基座 2—外壳 3—弹簧管 4—指针 5—齿轮传动装置 6—拉杆

当绝对压力大于大气压力（$p>p_b$）时，压力计指示的数值称为**表压力**，用 p_g 表示，有

$$p = p_g + p_b \tag{1-3}$$

当绝对压力小于大气压力（$p<p_b$）时，压力计指示的数值称为**真空度**，用 p_v 表示，有

$$p = p_b - p_v \tag{1-4}$$

因此，无论表压力还是真空度，其值除与系统内的绝对压力相关，还与测量时外界环境压力有关。由于环境压力随时间、地点不同而不同，只有绝对压力才是系统的状态参数，进行热力计算时，一定要用绝对压力。

国际单位制中压力的单位是帕斯卡，简称帕，符号是 Pa，$1\ Pa = 1\ N/m^2$。由于帕太小，工程上常用千帕（kPa）或兆帕（MPa）表示，$1\ MPa = 10^3\ kPa = 10^6\ Pa$。在四冲程汽油机的工作循环中，气缸内压力很高，在燃烧阶段，压力一般为 3.0~6.5 MPa。工程上常用的压力单位还有巴（bar）、标准大气压（atm）、工程大气压（at）、毫米汞柱（mmHg）和毫米水柱（mmH_2O）。

（2）温度 温度是物体冷热程度的标志，微观上来讲是物体分子热运动的剧烈程度。当两个冷热程度不同的物体相互接触时，它们之间将发生热量交换，经过足够长时间后，两个物体达到相同的冷热程度而不再进行热量交换，两物体间最终达到的这种状况称为热平衡。热平衡定律表明：两个物体如果分别和第三个物体处于热平衡，则这两个物体之间必然处于热平衡。根据这个定律，处于热平衡的物体必定具有一个宏观物理属性彼此相同，两个物体的这种属性只要在数值上相等，则不需要热接触也处于热平衡。人们将描述此宏观物理属性的物理量称为温度。换言之，温度是决定系统间是否存在热平衡的物理量。因为温度是系统状态的函数，所以它是一个状态参数。

温度的数值表示称为温标。**热力学温标**是国际规定的基本温标，用这种温标表示的温度叫热力学温度或绝对温度，以符号 T 表示，单位为开尔文，以符号 K 表示。热力学温标选用水的气、液、固三相平衡共存的状态点——三相点为基准点，并规定它的温度为 273.16 K（即 0.01 ℃）。因此，1 K 等于水的三相点热力学温度的 1/273.16。绝对零度，即绝对温标的开始，是温度的最低极限，当达到这一温度时所有的原子和分子热运动都将停止。热力学第三定律指出，绝对零度不可能通过有限的降温过程达到，所以说绝对零度是一个只能逼近而不能达到的最低温度。目前，利用原子核的绝热去磁方法，我们已经得到了距绝对零度只差三千万分之一度的低温，但仍不可能得到绝对零度。

与热力学温标并用的还有热力学**摄氏温标**，简称摄氏温标，以符号 t 表示，单位为摄氏度，以符号 ℃ 表示。摄氏温标的定义式为

$$\{t\}_℃ = \{T\}_K - 273.15 \tag{1-5}$$

此式不但规定了摄氏温标的零点，而且说明摄氏温标和热力学温标的温度刻度完全一致，或者说两种温标的每一温度间隔完全相同。这样，热力系统两状态间的温度差，不论是采用热力学温标，还是采用摄氏温标，其差值相同，即 $\Delta T = \Delta t$。

四冲程往复活塞式内燃机在四个活塞行程内完成进气、压缩、做功和排气等四个过程，燃烧气体的温度最高可达 2200~2800 K。

（3）比体积　比体积是指单位质量的工质所占的体积，即

$$v = \frac{V}{m} \tag{1-6}$$

式中，v 为比体积（m^3/kg）；m 为质量（kg）；V 为工质所占的体积（m^3）。

比体积是描述分子聚集疏密程度的比参数，比体积与密度互为倒数，物理学中通常用密度，热力学中一般用比体积。

4. 焓

稳定流动系统是一个开口系统。在开口系统的进口处，外界必须做功将工质由系统外推入系统，这部分功量由工质传递给系统，被开口系统获得。在开口系统出口处，系统对外做功将工质推出系统。这种开口系统与外界之间，因工质流动而传递的机械功称为推动功。

图 1-3 所示为工质流经管道的过程。设工质压力为 p、质量为 dm，在外力的推动下移动距离 dx，并通过面积为 A 的截面进入系统时，则外界所做的推动功为 $pAdx = pdV = pvdm$，对于单位质量工质而言，推动功为 pv。

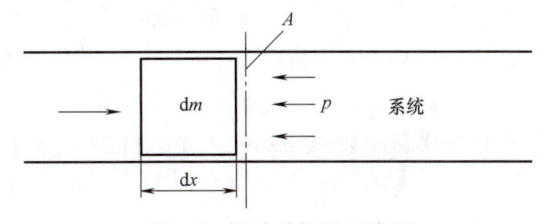

图 1-3　推动功推导示意图

推动功是由泵或风机加给被输送的工质并随着工质的流动而向前传递的一种能量，不是工质本身具有的能量，只有在工质流动过程中才存在。当工质不流动时，虽然工质也具有一定的状态参数 p 和 v，但此时它们的乘积 pv 并不代表推动功。

开口系统在出口处付出的推动功与入口处获得的推动功之差称为流动功，是维持系统流动所需的功，用符号 W_f 表示，即

$$W_f = p_2 V_2 - p_1 V_1 \tag{1-7}$$

对于单位质量工质而言，流动功为

$$w_f = p_2 v_2 - p_1 v_1 \tag{1-8}$$

在开口系统中，伴随工质流进或流出系统而交换的能量包括工质本身的热力学能、宏观动能、重力位能和推动功。设有质量为 m 的工质以流速 c 流入（或流出）开口系统，则伴随这部分工质流入（或流出）系统的能量为 $U + pV + m\dfrac{c^2}{2} + mgz$。

为了简化公式和简化计算，把 $U+pV$ 组合定义为焓，用 H 表示，即

$$H = U + pV \tag{1-9}$$

单位质量工质的焓称为比焓，用 h 表示，即

$$h = u + pv \tag{1-10}$$

焓的国际单位是 J 或 kJ，比焓的国际单位是 J/kg 或 kJ/kg。式（1-10）中，u、p 和 v 均为状态参数，从焓的定义式可以看出，焓也是一个状态参数，与到达这一点的路径无关。

工程上，人们往往关心的是在热力过程中工质焓的变化量，而不是工质在某状态下焓的绝对值。因此，与热力学能一样，焓的起点可以人为规定，但如果已经预先规定了热力学能的起点，则焓的数值必须根据其定义式来确定。

焓是一个组合参数，在开口系统的热力过程分析中，伴随工质的流动，工质的热力学能和推动功总是一起出现。当 1 kg 工质通过一定的界面流入热力系统时，储存于它内部的热力学能 u 当然随之进入系统，同时还把从后面获得的流动功 pv 带进了系统，因此系统因引进 1 kg 工质而获得的总能量就是 $u+pv$，即焓。在热力设备中，随着工质的移动而转移的能量不等于热力学能而等于焓。因而在热力工程计算中，焓比热力学能有更广泛的应用。

闭口系统中不存在推动功，焓此时不具有"热力学能+流动功"的含义，仅仅是表示热力状态的一个复合状态参数。

1.2.3　状态方程式

一个热力系统需要多少个独立状态参数才能确定状态呢？对于由气态工质组成的简单可压缩系统，只与外界交换热量和体积变化功（膨胀功或压缩功），其平衡状态的独立状态参数只有 2 个。也就是说，对于简单可压缩系统，只要给定 2 个相互独立的状态参数就可以确定它的平衡状态。如，一定量的气体在固定容积内被加热，其压力会随着温度的升高而升高。若容积和温度规定后，压力就只能具有一个确定不变的数值，状态即被确定。平衡状态下温度、压力和比体积三个基本状态参数间的函数关系式称为状态方程式，可表示为

$$F(p, v, T) = 0 \tag{1-11}$$

或写成对某一状态参数的显函数形式：

$$T = f_1(p, v), \quad p = f_2(v, T), \quad v = f_3(p, T) \tag{1-12}$$

既然给出两个相互独立的状态参数就能完全确定简单可压缩系统的一个平衡状态，那么其他状态参数也随之确定，关系如下：

$$u = u(T, v), \quad h = h(p, s)$$

对于只有两个独立参数的热力系统，可以任选两个参数组成二维平面坐标图来描述被确定的平衡状态，这种坐标图称为状态参数坐标图。在该坐标图上任意一点即表示某一平衡状态。热力学中最常用的是压容图（p-v 图）和温熵图（T-s 图）。如图 1-4 所示，图上的状态点 1 的坐标为（p_1,v_1）和（T_1,s_1），分别表示该点的压力为 p_1，比体积为 v_1，温度为 T_1，比熵为 s_1。只有平衡状态才能用图上的一点来表示，非平衡状态没有确定的状态参数，在坐标图上无法表示。

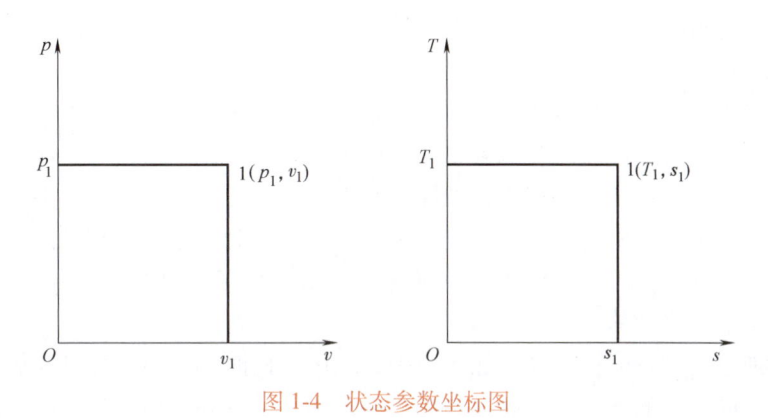

图 1-4　状态参数坐标图

1.2.4　热力过程

实际热工设备的能量传递和转换都是在不平衡势差的推动下，通过工质的状态变化过程实现的。热力系统从一个状态向另一个状态变化时所经历的全部状态的总和称为**热力过程**。

1. 准平衡过程（准静态过程）

一切热力过程都是平衡状态被破坏的结果，工质和外界有了热和力的不平衡才促使工质向新的状态变化，因此，一切实际过程都是不平衡的。若过程进行得相对缓慢，工质在平衡被破坏后自动恢复平衡所需的时间很短（弛豫时间），不致随时都显著偏离平衡状态，这样的热力过程称为准平衡过程（或称为准静态过程）。

实现准平衡过程的条件是推动过程进行的不平衡势差（压力差、温度差等）无限小，而且系统有足够的时间恢复平衡。这对于一些热机来说，在适当的条件下可以当作准平衡过程处理。例如，在活塞式热力机械中，活塞运动的速度一般在 10 m/s 以内，但气体的内部压力波的传播速度等于声速，通常可达每秒几百米。相对而言，活塞运动的速度很慢，气体的变化过程比较接近准平衡过程。

准平衡过程中系统有确定的状态参数，可以在坐标图上用连续的实线表示。

2. 可逆过程

如果系统完成某一过程后，可以沿原来的路径恢复到起始状态，并使相互作用中涉及的外界也恢复到原来状态，而不留下任何变化，则这一过程称为**可逆过程**，否则就是不可逆过程。

上述定义实际上包含了两方面的意义。因为定义中的初态和末态是任意的，所以定义的第一个意义是系统经历一个可逆过程后，可以严格地按照原来的途径返回到最初的状态，因此可逆过程必然是准静态过程。另外一个意义是，可逆过程中不存在诸如摩阻、电阻、磁阻

等的任何耗散损失，因此，在返回初态后，没有给外界留下任何的痕迹。所以说，**可逆过程就是无耗散效应的准静态过程。**

准静态过程和可逆过程都是无限缓慢进行的，由无限接近平衡态所组成的过程。因此可逆过程和准静态过程一样在坐标图上都可用连续的实线描绘。区别在于，准静态过程只着眼于工质的内部平衡，没有涉及系统与外界功量和热量的交换。而可逆过程则是分析工质与外界作用所产生的总效果，不仅要求工质内部是平衡的，而且要求工质与外界的作用可以无条件地逆复，过程进行时不存在任何能量的耗散。因此，可逆过程必然是准静态过程，而准静态过程不一定是可逆过程。

实际过程或多或少地存在着各种不可逆因素，都是不可逆的。例如，热能从高温物体转移到低温物体，虽然可以使热能自低温物体返回高温物体，但要付出一定代价，或者说不可能使过程所牵涉的整个系统全部都恢复到原来状态。另外，当存在任何种类的耗散效应，如机械摩擦或工质摩擦时，所进行的过程也是不可逆的。因为无论正向和逆向过程中都会因摩擦而消耗机械功，这部分功转变成热量，而这部分热量转变成功需要付出一定代价。因此，有摩擦的过程也是不可逆的。

对于不可逆过程进行分析计算往往相当困难，因为此时热力系内部以及热力系与外界之间不但存在着不同程度的不可逆，而且错综复杂。为了简便和突出主要矛盾，通常把实际过程当作可逆过程进行分析计算，然后再用一些经验系数加以修正，这正是引出可逆过程的实际意义所在。本章特别说明，除典型的不可逆过程（如节流、自由膨胀等）外，一般热力过程都可看成可逆过程。

1.2.5 功量及热量

在热力系实施热力过程中，系统与外界由于不平衡势差的推动作用会发生两种方式的能量交换——做功和传热。

1. 功量

功是系统与外界在力差的推动下，通过边界传递的能量。在力学中，功被定义为力与力方向上的位移的乘积。在某一微小做功过程中，若在力 F 的作用下沿力的方向移动微小位移 dx，则力完成的微元功为

$$\delta W = F dx \tag{1-13}$$

若在力 F 作用下，系统从点 1 移到点 2，移动了有限距离，则所做的功为

$$W = \int_1^2 F dx \tag{1-14}$$

微元过程的功记作 δW，而不用全微分符号 dW。热力学中规定，系统对外做功时取正值，而外界对系统做功时取负值。

热力系做功的方式是多种多样的。在工程热力学中，热和功的转换是通过气体的体积变化功（膨胀功或压缩功）来实现的，本小节重点讨论体积变化功。下面导出可逆过程的体积变化功。

若取气缸中的气体为系统，活塞面积为 A，气体的压力为 p，如图 1-5 所示。当活塞移动一微小距离 dx 后，假设为可逆过程，外界压力必须与系统压力相等，系统对外做功为

$$\delta W = F dx = pA dx = p dV \tag{1-15}$$

如果活塞从点 1 移到点 2 时，则有

$$W = \int_1^2 p dV \tag{1-16}$$

对系统内质量为 1 kg 的工质，则

$$\delta w = p dv \tag{1-17}$$

$$w = \int_1^2 p dv \tag{1-18}$$

由此可见，系统进行可逆过程时，对外所做的功可由系统的参数来计算，而无须考虑未知的外界参数。

从点 1 到点 2 的可逆过程中，工质与外界交换的功 $\int_1^2 p dV$ 在 p-V 图上相当于曲线 1—2 与横坐标所包围的面积，因此，p-V 图也叫示功图。从图 1-5 可看出，功量大小与过程的路径有关。

实际过程都是不可逆的，由于存在机械摩擦而消耗一部分功，故外界获得的有效功要比工质所做的功 $\int_1^2 p dV$ 小。在进行热力学分析时，一般采用理想化的方法，即不考虑机械摩擦问题，计算热机功率时，根据实际情况对理论结果进行修正，工程中常用机械效率 η_m 来考虑机械摩阻损失对理论功率的修正。

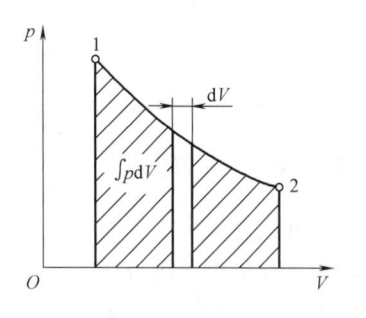

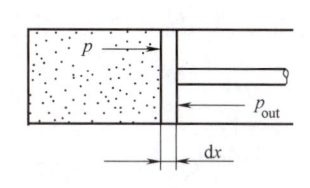

图 1-5　p-V 图及可逆过程的体积变化功

2. 热量

热量是系统与外界在温差的推动下，通过边界传递的能量。热量和功一样，都是系统和外界通过边界传递的能量，都是过程量，只有在能量传递过程中才有意义。如果说在某状态下有多少功或热量是毫无意义的，因为功和热量不是状态参数。功转变为热量是无条件的，而热量转变为功是有条件的。

热量用符号 Q 表示，单位为 J 或 kJ。单位质量工质与外界交换的热量用符号 q 表示，单位为 J/kg 或 kJ/kg。热力学中规定，系统吸热时热量取正值，放热时取负值。

关于热量的计算，在物理学中用比热容计算热量，即 $\delta Q = m c dT$ 或 $Q = \int_1^2 m c dT$，c 为工质的比热容。

在这里，引出一个与热量有密切关系的热力状态参数——熵，用符号 S 表示。熵是由热力学第二定律引出的状态参数，定义式为

$$dS = \frac{\delta Q}{T} \tag{1-19}$$

式中，δQ 为系统在微元可逆过程中与外界交换的热量；T 为传热时系统的热力学温度；dS 为此微元过程中系统熵的变化量。这个定义只适用于可逆过程。

单位质量工质的熵称为比熵，用 s 表示，比熵的定义为

$$ds = \frac{dS}{m} = \frac{\delta q}{T} \tag{1-20}$$

$ds > 0$，则 $\delta q > 0$，系统吸热；$ds < 0$，则 $\delta q < 0$，系统放热；$ds = 0$，则 $\delta q = 0$，系统绝热。

可逆绝热过程称为定熵过程。

与 p-V 图类似，可以用热力学温度 T 作为纵坐标，熵 S 作为横坐标构成 T-S 图，称为温熵图。因为 $\delta Q = TdS$，所以 $Q_{1-2} = \int_1^2 \delta Q = \int_1^2 TdS$。因此，在 T-S 图上，任意可逆过程曲线与横坐标所包围的面积，即为在此热力过程中热力系统与外界交换的热量。如图 1-6 所示，因此，T-S 图也叫示热图。示热图与示功图一样，是对热力过程进行分析的重要工具。

1.2.6 热力循环

在内燃机中，工质在经过进气、压缩、做功、排气变化后，重新恢复到初始状态，周而复始地循环工作。热力学中把系统由初始状态出发，经过一系列的中间状态变化，又恢复到初始状态所完成的一个封闭的热力过程称为热力循环，如图 1-7 所示。系统实施热力循环的目的显然不是要使系统获得某种状态变化，而是通过热力系统的状态变化实现预期的能量转换。

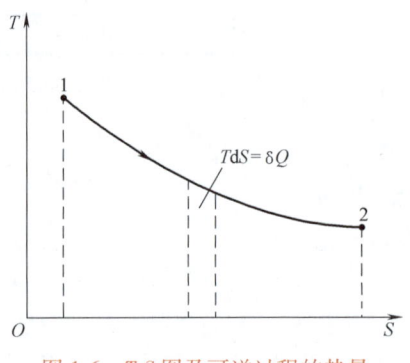

图 1-6　T-S 图及可逆过程的热量

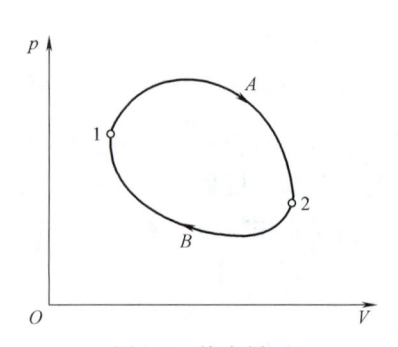

图 1-7　热力循环

全部由可逆过程组成的循环称为可逆循环。系统经过一个可逆循环后，整个系统与外界都恢复到原态，而不留下任何改变，可逆循环是一种理想循环。如果循环中有部分过程或者全部过程是不可逆的，就是不可逆循环。不可逆循环中存在一定的内外耗散（如摩擦、散热等），实际循环均属于不可逆循环。

根据循环效果和进行的方向，可以把循环分为正向循环和逆向循环。将热能转换为机械能的循环称为正向循环，它使外界获得功；将热量从低温物体传到高温物体的循环叫作逆向循环，其必然消耗外功。

1. 正向循环

正向循环又称为热机循环，如蒸汽动力装置循环、内燃机及燃气轮机装置循环等。在 p-v 图和 T-s 图（图 1-8a、b）上，都是沿着顺时针方向变化的。

对于单位质量的工质来说，正向循环的总效果是从高温热源吸收 q_1 的热量，对外做出 w_{net} 的循环净功，同时向低温热源排放 q_2 的热量。热机循环的经济性用循环热效率 η_t 来表示，即

$$\eta_t = \frac{w_{net}}{q_1} = \frac{q_1 - q_2}{q_1} = 1 - \frac{q_2}{q_1} \tag{1-21}$$

循环热效率是评价热机循环中热能转换为机械能的有效程度的经济性指标，循环热效率的值越大，热机循环的工作越有效，但其值不可能达到 100%。

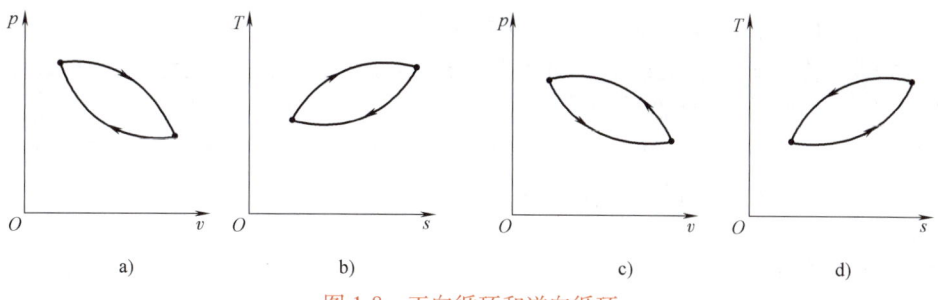

图 1-8 正向循环和逆向循环

a) 正向循环 p-v 图　b) 正向循环 T-s 图　c) 逆向循环 p-v 图　d) 逆向循环 T-s 图

2. 逆向循环

逆向循环又可分为制冷循环和供热循环（即热泵循环）。在 p-v 图和 T-s 图上（图 1-8c、d）上，都是沿着逆时针方向变化的。对于单位质量的工质来说，逆向循环的总效果是消耗 w_{net} 的循环净功，从低温热源吸收 q_2 的热量，同时向高温热源排放 q_1 的热量。

当用于制冷循环时，其目的是将低温热源的热量 q_2 排向环境，形成一个比环境温度低的空间，便于保存食物或在夏天给人们提供一个更舒适的环境。制冷循环的经济指标可用制冷系数 ε 来表示，有

$$\varepsilon = \frac{q_2}{w_{net}} = \frac{q_2}{q_1 - q_2} \tag{1-22}$$

而热泵循环主要是在冬天从环境（低温热源）吸取热量，向房间（高温热源）供热，热泵的收益是向高温热源排放热量 q_1。其经济指标可用热泵系数 ε'（供暖系数或供热系数）表示，则有

$$\varepsilon' = \frac{q_1}{w_{net}} = \frac{q_1}{q_1 - q_2} > 1 \tag{1-23}$$

逆向循环的制冷系数与供热系数是评价制冷循环和热泵循环工作的有效程度的经济性指标，制冷系数 ε 可能大于 1、等于 1 或小于 1；供热系数 ε' 总是大于 1，其值越大，表明经济性越好。

1.3 热力学第一定律

热力学第一定律阐述了热能与其他形式能量转换过程中能量守恒的原理。其数学表达式为闭口系统能量方程式和开口系统能量方程式，它们是进行能量转换分析的基本关系式。

1.3.1 热力学第一定律及其实质

能量守恒定律是自然界的基本定律之一，它指出：自然界中一切物质都具有能量，能量有各种不同形式，它可以从一个物体或系统传递到另外的物体和系统，能够从一种形式转换成另一种形式，在能量传递和转换的过程中，能量的"量"既不能创生也不能消灭，其总量保持不变。

将能量守恒定律应用到涉及热现象的能量转换过程中，即热力学第一定律。它可以表述为：热可以转变为功，功也可以转变为热；一定量的热消失时，必然伴随产生相应量的功；消耗一定的功时，必然出现与之对应量的热。即热能可以转变为机械能，机械能可以转变为

热能，在它们的传递和转换过程中，总量保持不变。历史上，有些人曾幻想不花费能量而产生动力的机器，称为第一类永动机，却从来没有人成功。因此，热力学第一定律又可表述为："第一类永动机是不可能造成的"。

热力学第一定律是人类在实践中对大量宏观现象的经验总结，能否适用于微观结构中的少量微粒，或推广至整个宇宙，还有待进一步研究。

1.3.2　热力学能

热力学能是以一定方式储存于热力系统内部的能量。当不涉及化学变化和原子核反应时，热力学包括分子运动所具有的内动能、分子间由于相互作用力所具有的内位能。根据分子运动论，分子的内动能与工质的温度有关；分子的内位能主要与分子间的距离，即工质占据的体积有关。由于工质的热力学能只取决于工质的热力学温度和一定质量工质所占据的体积，即取决于工质的热力状态，是广延量状态参数，可表示为

$$U = f(T, V) \tag{1-24}$$

单位质量工质的热力学能称为比热力学能，用 u 表示，是由广延量转换得到的强度量，有

$$u = \frac{U}{m} \tag{1-25}$$

工质的热力学能用 U 表示，单位为 J 或 kJ。比热力学能 u 的单位为 J/kg 或 kJ/kg。

除了储存在热力系统内部的热力学能外，从热力系统外部的总体而言，还具有宏观动能 E_k 和宏观势能 E_p。

热力系统由于处于宏观运动状态而具有宏观动能，若工质质量为 m，当热力系统以速度 c 做宏观运动时，有

$$E_k = \frac{1}{2}mc^2 \tag{1-26}$$

热力系统由于重力场作用而具有宏观势能，质量 m 的系统，质量中心在系统外部参考坐标系中的高度为 z 时，有

$$E_p = mgz \tag{1-27}$$

式中，g 为重力加速度。

热力系统所储存的总能量（储存能）是热力学能和外部储存能的总和，即

$$E = U + E_k + E_p \tag{1-28}$$

单位质量工质的总储存能称为比储存能，用 e 表示，单位为 J/kg 或 kJ/kg，有

$$e = u + e_p + e_k \tag{1-29}$$

系统储存能的变化量为

$$\Delta E = \Delta U + \Delta E_k + \Delta E_p \tag{1-30}$$

或

$$dE = dU + dE_k + dE_p \tag{1-31}$$

在研究能量转换时，需要考虑系统储存能量的变化，而不是其储存能量的绝对值。

1.3.3 闭口系统能量方程

热能和机械能的转换过程，总是伴随着能量的传递和交换。这种交换不但包括功量和热量的交换，而且包括因工质流进流出而引起的能量交换。根据热力第一定律的"量"的守恒原则，可以得到热力学第一定律一般表达式：

进入系统的能量 − 流出系统的能量 = 系统能量的增量

在实际热力过程中，许多系统都是闭口系统，热力过程中系统与外界的能量交换只限于通过边界传递热量和功，如活塞式压气机的压缩过程、内燃机的压缩和膨胀过程等。

如图 1-9 所示，气缸壁和活塞为边界，以气缸活塞包围的气体为热力系统，此系统与外界无物质交换，属于闭口系统。对于封闭在活塞气缸内的工质，经历了一个热力过程后，宏观动能和重力势能没有变化，储存能的变化就等于热力学能的变化。因此，闭口系能量方程为

$$Q = \Delta U + W \tag{1-32}$$

式中，Q 为从外界吸取的热量；W 为对外所做的膨胀功；$\Delta U = U_2 - U_1$ 为热力学能变化量。

图 1-9 闭口系热力过程

对于单位质量工质，闭口系统的能量方程为

$$q = \Delta u + w \tag{1-33}$$

对于微元变化过程，闭口系统的能量方程为

$$\delta Q = \mathrm{d}U + \delta W \tag{1-34}$$

或

$$\delta q = \mathrm{d}u + \delta w \tag{1-35}$$

闭口系统的能量方程式（1-32）和式（1-33）等在推导过程中，除要求系统是闭口系统，即控制质量系统外，没有附加任何其他条件，因此适用于一切过程和工质。

将式（1-32）变为

$$Q - \Delta U = W$$

可以看到，要把工质的热能（包括内热能和从外界获得的热量）转换为机械能，必须通过工质体积的膨胀才能实现。该闭口系统的能量方程反映了热能和机械能转换的基本原理和关系，因此称为热力学第一定律的基本表达式。

如前所述，对于可逆过程，有

$$W = \int_1^2 p \mathrm{d}V \quad \text{或} \quad w = \int_1^2 p \mathrm{d}v \tag{1-36}$$

因此，对于闭口系统的可逆过程有

$$Q = \Delta U + \int_1^2 p \mathrm{d}V \tag{1-37}$$

$$q = \Delta u + \int_1^2 p \mathrm{d}v \tag{1-38}$$

例 1-1 空气在一活塞式压气机中被压缩。在压缩过程中每千克空气的热力学能增加 150 kJ，同时向外放热 50 kJ，求压缩过程中对每千克空气所做的功。

解 取压气机中的空气为系统，是闭口系统。系统与外界交换的功为体积变化功。

能量方程 $q = \Delta u + w$

每千克空气的热力学能增加 150 kJ，有
$$\Delta u = 150 \text{ kJ}$$
向外放热 50 kJ，有
$$q = -50 \text{ kJ}$$
则
$$w = q - \Delta u$$
$$= -50 \text{ kJ/kg} - 150 \text{ kJ/kg} = -200 \text{ kJ/kg}$$
压缩过程中对每千克空气所做的功 200 kJ。

注意：外界对系统做功，值为"负"；系统对外做功，值为"正"；系统从外界吸热，值为"正"，系统对外放热，值为"负"。

例1-2 闭口系统从状态 1 沿过程 1—2—3 到状态 3，传递给外界的热量为 47.5 kJ，而系统对外做功为 30 kJ，如图 1-10 所示。

1) 若沿过程 1—4—3 途径变化时，系统对外做功 15 kJ，求过程中系统与外界传递的热量。

2) 若系统从状态 3 沿图示曲线到达状态 1，外界对系统做功 6 kJ，求该过程中系统与外界传递的热量。

3) 若 $U_2 = 175$ kJ，$U_3 = 87.5$ kJ，求过程 2—3 传递的热量及状态 1 的热力学能。

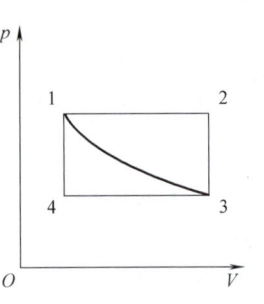

图 1-10 例 1-2 图

解 过程 1—2—3，由闭口系统能量方程得
$$\Delta U_{1\text{-}2\text{-}3} = U_3 - U_1 = Q_{1\text{-}2\text{-}3} - W_{1\text{-}2\text{-}3} = -47.5 \text{ kJ} - 30 \text{ kJ} = -77.5 \text{ kJ}$$

1) 过程 1—4—3，由闭口系统能量方程得
$$Q_{1\text{-}4\text{-}3} = \Delta U_{1\text{-}4\text{-}3} + W_{1\text{-}4\text{-}3} = \Delta U_{1\text{-}2\text{-}3} + W_{1\text{-}4\text{-}3} = (U_3 - U_1) + W_{1\text{-}4\text{-}3} = -77.5 \text{ kJ} + 15 \text{ kJ} = -62.5 \text{ kJ}$$

2) 过程 3—1，可得到
$$Q_{3\text{-}1} = \Delta U_{3\text{-}1} + W_{3\text{-}1} = (U_1 - U_3) + W_{3\text{-}1} = 77.5 \text{ kJ} + (-6 \text{ kJ}) = 71.5 \text{ kJ}$$

3) 过程 2—3，有
$$W_{2\text{-}3} = \int_2^3 p \text{d}V = 0$$
$$Q_{2\text{-}3} = \Delta U_{2\text{-}3} + W_{2\text{-}3} = U_3 - U_2 = 87.5 \text{ kJ} - 175 \text{ kJ} = -87.5 \text{ kJ}$$
$$U_1 = U_3 - \Delta U_{1\text{-}2\text{-}3} = 87.5 \text{ kJ} - (-77.5 \text{ kJ}) = 165 \text{ kJ}$$

1.3.4 稳定流动能量方程及其应用

工程上，热工设备的能量传递与转换，多数都是在工质稳定流动过程中实现的。所谓稳定流动是指热力系统在流动空间任意一点上工质的状态都不随时间而变化的流动过程。一般热力设备除了起动、停止或增减负荷外，常处在稳定工作的情况下，工质在这些设备中的流动处于稳定流动状态。实现稳定流动的必要条件是：①各流通截面上工质的质量流量相等，且不随时间而变化；②进出口处工质的状态不随时间而变化；③单位时间系统与外界交换的热量和功不随时间而改变。这些必要条件同时也是稳定流动开口系统所具有的特点。

1. 稳定流动能量方程

稳定流动开口系统与外界的功量交换是通过叶轮机械实现的，工质在机器内部对机器所

做的功称为内部功 W_i，单位工质的内部功用 w_i 表示；机械的轴向外传出的功称为轴功，用 W_s 表示，单位工质的轴功用 w_s 表示。两者的差额是机器内部摩擦损失引起，忽略摩擦损失时两者相等。如图1-11所示，工质在开口系统中稳定流动，假设流进、流出系统的工质为1 kg，系统与外界交换的热量为 q，内部功为 w_i。

工质进入系统带进的能量为 $u_1+p_1v_1+\dfrac{c_1^2}{2}+gz_1$ 或 $h_1+\dfrac{c_1^2}{2}+gz_1$。

工质流出系统带出的能量为 $u_2+p_2v_2+\dfrac{c_2^2}{2}+gz_2$ 或 $h_2+\dfrac{c_2^2}{2}+gz_2$。

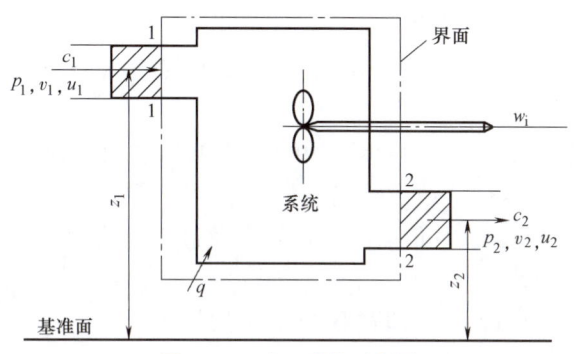

图 1-11　开口系统示意图

根据能量守恒定律，进入系统的总能量应该等于离开系统的总能量，即

$$h_1+\frac{1}{2}c_1^2+gz_1+q=h_2+\frac{1}{2}c_2^2+gz_2+w_i$$

整理可得

$$q=\Delta h+\frac{1}{2}\Delta c^2+g\Delta z+w_i \tag{1-39}$$

其微分形式为

$$\delta q=\mathrm{d}h+\frac{1}{2}\mathrm{d}c^2+g\mathrm{d}z+\delta w_i \tag{1-40}$$

当流过 m（kg）工质时，稳定流动能量方程式为

$$Q=\Delta H+\frac{1}{2}m\Delta c^2+mg\Delta z+W_i$$

上述稳定方程的推导，除了应用稳定流动的条件外，对工质的属性和流动过程并无限制，所以它们适用于任何工质、任何稳定流动过程。

2. 技术功

在稳定流动能量方程式（1-39）中的动能变化 $\dfrac{1}{2}\Delta c^2$、位能变化 $g\Delta z$ 及内部功 w_i 都属于机械功，是工程技术上可直接利用的功。工程热力学中，将这三项之和称为技术功，用 w_t 表示，即

$$w_t=w_i+\frac{1}{2}\Delta c^2+g\Delta z \tag{1-41}$$

将式（1-41）代入式（1-39）可得出稳定流动能量方程的另一种形式，即

$$q = \Delta h + w_t \tag{1-42}$$

及

$$\delta q = dh + \delta w_t \tag{1-43}$$

由式（1-42）得

$$w_t = q - \Delta h = q - \Delta u + (p_1 v_1 - p_2 v_2) = w + (p_1 v_1 - p_2 v_2) \tag{1-44}$$

式（1-44）表明，技术功等于膨胀功与流动功的代数和。

对可逆过程，膨胀功为 $\int_1^2 p dv$，代入式（1-44），得

$$w_t = \int_1^2 p dv - (p_2 v_2 - p_1 v_1) = \int_1^2 p dv - \int_1^2 d(pv) = -\int_1^2 v dp \tag{1-45}$$

可逆过程 1—2 的技术功在 p-v 图上用曲线 1—2 与纵坐标轴之间所围成的面积 A 表示，即 $w_t = A_{\text{1-2-3-4-1}}$，如图 1-12 所示。

技术功、膨胀功及流动功之间的关系，由式（1-44）和图 1-12 可知：

$$w_t = w + (p_1 v_1 - p_2 v_2) = A_{\text{1-2-5-6-1}} + A_{\text{4-1-6-0-4}} - A_{\text{2-3-0-5-2}}$$

显然，技术功也是过程量，其值取决于初末态及过程特性。

由式（1-45）可知，若 dp<0，即过程中工质的压力是降低的，则技术功为正，此时，工质对机器做功；反之，若 dp>0，即过程中工质的压力是升高的，则技术功为负，此时，机器对工质做功。汽轮机和燃气轮机属前一种情况，压气机属后一种情况。

工质进出系统的动能和势能的变化量相对于其他量的变化而言是很小的，可以略去不计。从式（1-41）可以看出，可以用技术功来替代内部功，使问题简化，产生的误差也在工程允许的范围内。本章绝大多数例题和习题均未给出进出口处的速度和位置高度，直接用技术功表示内部功。

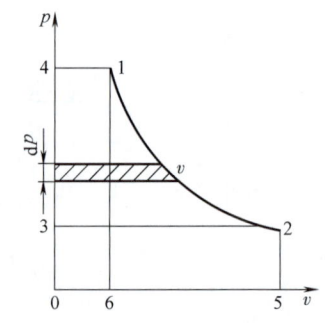

图 1-12 技术功在 p-v 图上的表示

例 1-3 某气体在压气机中被压缩，压缩前气体的参数是 p_1 = 100 kPa，v_1 = 0.845 m³/kg，压缩后的参数是 p_2 = 800 kPa，v_2 = 0.175 m³/kg。设在压缩过程中每千克气体的内能增加 150 kJ，同时向外界放出热量 50 kJ，压气机每分钟生产压缩气体 10 kg，求：

1）压缩过程中对每千克气体所做的压缩功。
2）每生产 1 kg 压缩气体所需的轴功。
3）带动此压气机所需电动机的功率。
4）压缩前后气体焓的变化。

解 1）压缩过程中对每千克气体所做的压缩功 w 由闭口系统热力学第一定律基本表达式得

$$w = q - \Delta u = -50 \text{ kJ/kg} - 150 \text{ kJ/kg} = -200 \text{ kJ/kg}$$

2）每生产 1 kg 压缩气体所需的轴功 w_s。

不考虑部分摩擦引起的机械损失，即

$$w_s = w_i$$

不考虑动能和位能的变化，技术功等于轴功，即

$$w_s = w_t = w + (p_1v_1 - p_2v_2)$$
$$= (-200 + 100 \times 0.845 - 800 \times 0.175) \text{ kJ/kg}$$
$$= -255.5 \text{ kJ/kg}$$

3）带动此压气机所需电动机的功率。

$$P = \frac{mw_s}{t} = \frac{10 \times 255.5}{60} \text{ kW} = 42.6 \text{ kW}$$

4）压缩前后气体焓的变化。

$$\Delta h = \Delta u + \Delta(pv) = [150 + (800 \times 0.175 - 100 \times 0.845)] \text{ kJ/kg} = 205.5 \text{ kJ/kg}$$

3. 稳定流动能量方程的应用

稳定流动能量方程式在工程中应用很广泛。在研究具体问题时，要与所研究的实际装置和实际热力过程的具体特点结合起来，对于某些次要因素可以略去不计，使能量方程更加简洁明晰。下面举几种工程应用实例。

（1）热交换器　应用稳定流动能量方程式，可以解决如锅炉、空气加热器、蒸发器、冷凝器等各种热交换器在正常运行时的热量计算问题，即

$$q = \Delta h + \frac{1}{2}\Delta c^2 + g\Delta z + w_s$$

热交换器中，如图 1-13 所示的锅炉中，系统与外界没有功量交换，且进出口速度相差不大，进出口的高度也相差不大，故可以忽略动能和势能的变化。如图 1-13 所示，以虚线画出所选取的热力系统，以 1 kg 工质考虑，得

$$q = h_2 - h_1 \tag{1-46}$$

可见，在锅炉等热交换器中，工质吸热量等于焓的增加。如果计算出 q 为负值，则表示工质在换热时对外界放热。

（2）热力发动机　各种热力发动机，如汽轮机、燃气轮机等（图 1-14），利用工质膨胀对外输出轴功，可以视为纯做功设备，对外界散热损失通常不大，可视为 $q=0$，同时，进出口处的动能和势能虽有变化，但同输出功相比小得多，故可忽略不计。把上述条件代入方程式 $q = \Delta h + \frac{1}{2}\Delta c^2 + g\Delta z + w_s$，得

$$w_i = w_t = h_1 - h_2 \tag{1-47}$$

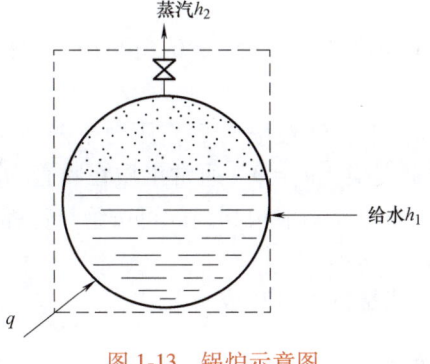

图 1-13　锅炉示意图

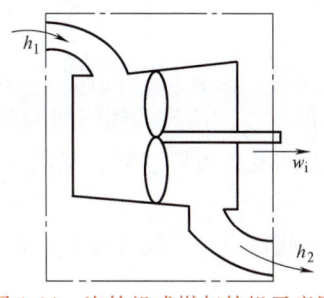

图 1-14　汽轮机或燃气轮机示意图

由此可见，不计动能和势能的变化，工质在汽轮机或燃气轮机等热力发动机中所做的功就等于工质焓值的降低。

例 1-4　一台一股进汽多股抽汽的汽轮机，如图 1-15 所示，1 kg 状态 1 的蒸汽进入汽轮机内膨胀做功，分别抽出 α_1 kg 状态 2 和 α_2 kg 状态 3 的蒸汽，最后（$1-\alpha_1-\alpha_2$）kg 的蒸汽以状态 4 排出汽轮机，求蒸汽在汽轮机内做的功。

解　把汽轮机分成三段，将每一段做的功加起来就是蒸汽在整个汽轮机做的功，或把汽流分成三股，将三股汽流做的功加起来也可以求出蒸汽在汽轮机内做的功，即

$$w_i = w_t = \alpha_1(h_1-h_2) + \alpha_2(h_1-h_3) + (1-\alpha_1-\alpha_2)(h_1-h_4)$$

可以验算，两种方法最后得出的结果是一样的。

（3）压缩机械　当工质流经泵、风机、压气机等压缩机械时，压力增加，外界对工质做功，故 $w_i<0$，习惯上压缩机械消耗的功用 w_c 表示，且令 $w_c=-w_i$。一般情况下，进出口工质的动能和势能差均可忽略，所选用的热力系统如图 1-16 所示。此时稳定流动能量方程可写成

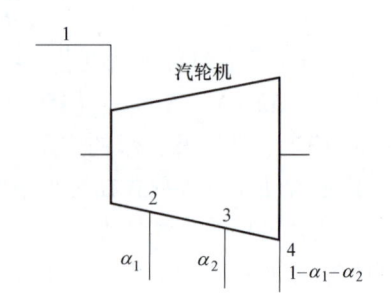

$$w_c = -w_i = -w_t = (h_2-h_1) - q \tag{1-48}$$

图 1-15　一股进汽多股抽汽的汽轮机

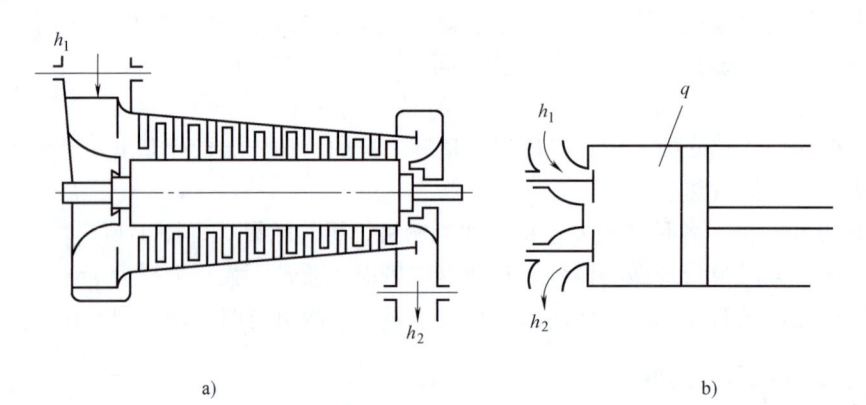

图 1-16　压缩机械
a）轴流式压气机　b）活塞式压缩机

对于轴流式压缩设备，$q=0$；对于活塞式压缩设备，一般 $q\neq 0$，由计算可知，散热越多，压缩功越少。

（4）喷管　喷管是一种使气流加速的设备。工质流经喷管后，压力下降，速度增加，如图 1-17 所示。工质流经喷管时与外界没有功量交换，$w_i=0$。通常工质在喷管中动能变化很大，势能的变化可以忽略，又因为在喷管中工质流速一般很高，故可按绝热过程处理，即

$$w_i=0, \ g\Delta z=0, \ q=0$$

根据这些特点，工质在喷管中的稳定流动的能量方程可写成

$$h_1 + \frac{1}{2}c_1^2 = h_2 + \frac{1}{2}c_2^2 \tag{1-49}$$

说明在喷管中气流动能的增量等于工质的焓降。

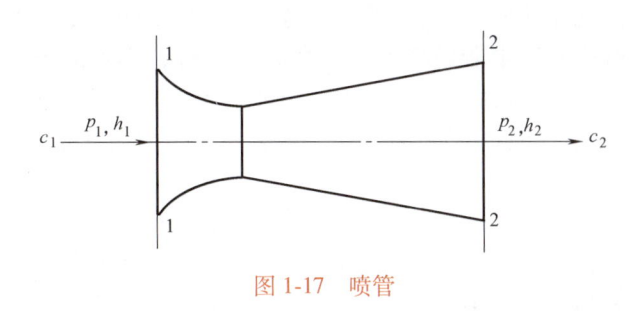

图 1-17　喷管

（5）绝热节流　节流是指工质流过阀门等设备时，由于流体截面突然收缩使流体压力突然下降的现象，如图 1-18 所示。由于存在摩擦和涡流，流动是不可逆的。稳态流动的流体快速流过狭窄截面来不及与外界换热也没有功量的传递，可理想化称为绝热节流。前后两截面间的动能差和势能差忽略不计，则对两截面间工质应用稳定流动能量方程，可得节流前后焓值相等，即

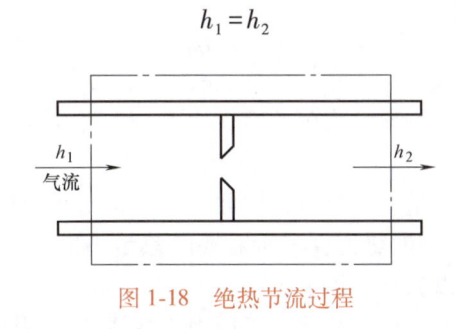

$$h_1 = h_2 \tag{1-50}$$

图 1-18　绝热节流过程

1.4　理想气体的性质及热力过程

热能和机械能之间的转换，必须凭借某种物质才能进行，如前所述，把这种实现热能和机械能之间相互转换的物质称为工质。不同性质的工质对能量转换有不同的影响。工质是能量转换的内部条件，因此对工质热力性质的研究是能量转换的一个重要方面。

1.4.1　理想气体

1. 理想气体模型

理想气体的模型是：气体分子之间的平均距离相当大，分子体积与气体的总体积相比可忽略不计；分子之间没有任何作用力；分子之间的相互碰撞以及分子与容器壁的碰撞都是弹性碰撞。当实际气体处于压力低、温度高、比体积大的状态时，由于分子本身所占的体积与它的活动空间（即容积）相比要小得多，这时分子间平均距离大，相互作用力弱，实际气体处于这种状态就接近于理想气体。所以，理想气体是实际气体在压力趋近于零，比体积趋近于无穷大时的极限状态。常见的气体，如 H_2、O_2、N_2、CO、空气、火力发电厂的烟气等，在压力不是特别高，温度不是特别低的情况下，都可以按理想气体处理，由此产生的误

差都在工程允许的范围内。对于大气或燃气中所含的少量水蒸气，因其分压力甚小，分子浓度很低，也可当作理想气体处理。对于那些离液态不远的气态物质，例如，蒸汽动力装置中作为工质的水蒸气、制冷装置中所用的工质（如氨气）等，都不能当作理想气体看待，称为实际气体。实际气体分子运动规律极其复杂，状态参数之间的函数关系式也极为复杂，用于分析计算相当困难，热工计算中往往借助于为各种蒸气专门编制的图和表，如水蒸气表和焓熵图、制冷剂的压焓图等。

2. 理想气体的比热容

在分析热力过程时，常涉及气体的热力学能、焓、熵及热量的计算，这都要借助于气体的比热容。工质温度升高 1℃（或 1K）所吸收的热量称为热容，用 C 表示，一定量的物质，其热容的大小取决于工质本身的性质和所经历的具体过程。如果工质在一个微元过程中吸热 δQ，温度升高 $\mathrm{d}T$，则该工质的**热容**可表示为

$$C = \frac{\delta Q}{\mathrm{d}T} \tag{1-51}$$

单位质量物质的热容称为该物质的**比热容**，用 c 表示，单位为 J/(kg·K) 或 J/(kg·℃)。于是

$$c = \frac{C}{m} = \frac{\delta q}{\mathrm{d}T} \tag{1-52}$$

1 kmol 物质的热容称为该物质的**摩尔热容**，用 C_m 表示，单位为 J/(kmol·K)，有

$$C_m = Mc$$

根据比热容定义，由于热量是过程量，因此比热容也与热力过程有关，即同种气体同样升高 1℃（或 1K），经历不同的热力过程所需要的热量不同。根据过程特性的不同，热容可以为正，也可以为负；可以为 0，也可以为 ∞。

热力设备中，工质的热力过程往往接近于压力不变或体积不变，因此定压热容和定容热容最常用，对于单位质量气体，分别称为**比定压热容**（c_p）和**比定容热容**（c_V）。

对于可逆过程，热力学第一定律可表达为

$$\delta q = \mathrm{d}u + p\mathrm{d}v,\ \delta q = \mathrm{d}h - v\mathrm{d}p$$

定容时（$\mathrm{d}v = 0$）

$$c_V = \left(\frac{\delta q}{\mathrm{d}T}\right)_V = \left(\frac{\mathrm{d}u + p\mathrm{d}v}{\mathrm{d}T}\right)_V = \left(\frac{\partial u}{\mathrm{d}T}\right)_V \tag{1-53}$$

定压时（$\mathrm{d}p = 0$）

$$c_p = \left(\frac{\delta q}{\mathrm{d}T}\right)_p = \left(\frac{\mathrm{d}h - v\mathrm{d}p}{\mathrm{d}T}\right)_p = \left(\frac{\partial h}{\mathrm{d}T}\right)_p \tag{1-54}$$

以上两式是直接由 c_V、c_p 的定义导出的，因此，它们适合于一切工质，而不是仅仅限于理想气体。

对于单位质量的理想气体，其热力学能是温度的单值函数，即 $u = f(T)$，则有

$$c_V = \left(\frac{\partial u}{\mathrm{d}T}\right)_V = \frac{\mathrm{d}u}{\mathrm{d}T} \tag{1-55}$$

根据理想气体的状态方程，理想气体的焓 $h = u + R_g T$，也是温度的单值函数，即 $h = f(T)$，得

$$c_p = \left(\frac{\partial h}{\mathrm{d}T}\right)_p = \frac{\mathrm{d}h}{\mathrm{d}T} \tag{1-56}$$

将理想气体的焓 $h=u+R_g T$ 对 T 求导，得

$$\frac{\mathrm{d}h}{\mathrm{d}T} = \frac{\mathrm{d}u}{\mathrm{d}T} + R_g$$

则
$$c_p - c_V = R_g \tag{1-57}$$

式（1-57）两边各乘以摩尔质量 M，得

$$C_{p,m} - C_{V,m} = R \tag{1-58}$$

式中，$C_{p,m}$ 称为摩尔定压热容；$C_{V,m}$ 称为摩尔定容热容。式（1-57）和式（1-58）都称为**迈耶公式**。

比值 c_p/c_V 称为**比热容比或质量热容比**，用符号 γ 表示，对于理想气体，$\gamma=\kappa$，κ 为等熵指数，即

$$\gamma = \kappa = \frac{c_p}{c_V} = \frac{C_{p,m}}{C_{V,m}} \tag{1-59}$$

由于 $c_p > c_V$，因此 $\kappa > 1$，由式（1-57）和式（1-59）得

$$c_p = \frac{\kappa}{\kappa-1} R_g \tag{1-60}$$

$$c_V = \frac{1}{\kappa-1} R_g \tag{1-61}$$

实验表明，理想气体的比热容是温度的复杂函数，随着温度稳定升高而增大，比热容随温度的变化关系为一条曲线。由于比热容随温度的升高而增大，所以在给出比热容的数据时，必须同时指明是哪个温度下的比热容。

热量计算可表示为 $q = \int_{T_1}^{T_2} c\mathrm{d}T$，但积分计算比较复杂，在精度要求不高的场合，一般忽略比热容随温度的变化，取比热容为定值，称为**定值比热容**。根据分子运动论，如果气体分子具有相同的原子数，其摩尔热容相同且为定值，其数值见表 1-1。

表 1-1 理想气体定值比热容和摩尔热容

	单原子气体	双原子气体	多原子气体
c_V（$C_{V,m}$）	$\frac{3}{2}R_g\left(\frac{3}{2}R\right)$	$\frac{5}{2}R_g\left(\frac{5}{2}R\right)$	$\frac{7}{2}R_g\left(\frac{7}{2}R\right)$
c_p（$C_{p,m}$）	$\frac{5}{2}R_g\left(\frac{5}{2}R\right)$	$\frac{7}{2}R_g\left(\frac{7}{2}R\right)$	$\frac{9}{2}R_g\left(\frac{9}{2}R\right)$

3. 理想气体的热力学能、焓

理想气体的热力学能和焓仅仅是温度的函数，所以无论经历什么过程，只要初态温度和末态温度相同，热力学能和焓的变化值都相等。根据热力学第一定律，对可逆过程有

$$\delta q = \mathrm{d}u + p\mathrm{d}v, \quad \delta q = \mathrm{d}h - v\mathrm{d}p$$

定容过程，$\mathrm{d}v=0$，膨胀功为 0，热力学能变化量与过程热量相等，即

$$\Delta u = q_V = \int_{T_1}^{T_2} c_V \mathrm{d}T$$

定压过程，$\mathrm{d}p=0$，技术功为 0，焓的变化量与过程热量相等，即

$$\Delta h = q_p = \int_{T_1}^{T_2} c_p \mathrm{d}T \tag{1-62}$$

虽然上两式中分别是从定容过程和定压过程推导出来的，但由于热力学能和焓是状态参数，且比定容热容和比定压热容均仅仅是状态参数温度的函数，故以上两式不但适用于定容过程和定压过程，而且适用于理想气体的任何过程。

当采用定值比热容时，以上两式可分别写为

$$\Delta u = c_V \Delta T \tag{1-63}$$

$$\Delta h = c_p \Delta T \tag{1-64}$$

4. 理想气体的熵

状态参数熵在热力学理论及热工计算中有着重要作用，熵不能直接测量，只能通过它与基本状态参数的关系计算得到。将 $\delta q = c_V \mathrm{d}T + p \mathrm{d}v$ 和 $p/T = R_g/v$ 代入熵的定义式，可推得单位质量理想气体熵变的微分表达式为

$$\mathrm{d}s = \frac{\delta q}{T} = \frac{c_V \mathrm{d}T + p \mathrm{d}v}{T} = c_V \frac{\mathrm{d}T}{T} + R_g \frac{\mathrm{d}v}{v} \tag{1-65}$$

又 $\delta q = \mathrm{d}h - v\mathrm{d}p$，可得

$$\mathrm{d}s = \frac{\delta q}{T} = \frac{\mathrm{d}h - v\mathrm{d}p}{T} = c_p \frac{\mathrm{d}T}{T} - R_g \frac{\mathrm{d}p}{p} \tag{1-66}$$

对式（1-65）和式（1-66）两边积分得任一热力过程熵变量的计算式为

$$\Delta s = \int_{T_1}^{T_2} c_V \frac{\mathrm{d}T}{T} + R_g \ln \frac{v_2}{v_1} \tag{1-67a}$$

$$\Delta s = \int_{T_1}^{T_2} c_p \frac{\mathrm{d}T}{T} - R_g \ln \frac{p_2}{p_1} \tag{1-67b}$$

当采用定值比热容时，以上两式为

$$\Delta s = c_V \ln \frac{T_2}{T_1} + R_g \ln \frac{v_2}{v_1} \tag{1-68a}$$

$$\Delta s = c_p \ln \frac{T_2}{T_1} - R_g \ln \frac{p_2}{p_1} \tag{1-68b}$$

将理想气体的状态方程式微分，可得 $\frac{\mathrm{d}p}{p} + \frac{\mathrm{d}v}{v} = \frac{\mathrm{d}T}{T}$，代入式（1-66），可推导得到

$$\mathrm{d}s = c_V \frac{\mathrm{d}p}{p} + c_p \frac{\mathrm{d}v}{v} \tag{1-69}$$

$$\Delta s = c_V \ln \frac{p_2}{p_1} + c_p \ln \frac{v_2}{v_1} \tag{1-70}$$

例 1-5 氧气（O_2）经冷却器后，其压力由 0.1 MPa 下降到 0.09 MPa，温度由 240 ℃下降到 40 ℃，按定值比热容计算质量为 40 kg 的 O_2 经冷却器后的热力学能、焓和熵的变化。

解 O_2 为双原子气体，定值比热容为

$$c_V = \frac{5}{2} R_g = \frac{5}{2} \times \frac{8.314}{32 \times 10^{-3}} \mathrm{~J/(kg \cdot K)}$$

$$= 649.5 \mathrm{~J/(kg \cdot K)}$$

$$= 0.6495 \mathrm{~kJ/(kg \cdot K)}$$

$$c_p = \frac{7}{2}R_g = \frac{7}{2} \times \frac{8.314}{32 \times 10^{-3}} \text{ J/(kg·K)} = 909.3 \text{ J/(kg·K)} = 0.9093 \text{ kJ/(kg·K)}$$

热力学能、焓和熵的变化分别为

$$\Delta U = m\Delta u = mc_V(t_2 - t_1) = 40 \times 0.6495 \times (40-240) \text{ kJ} = -5196 \text{ kJ}$$

$$\Delta H = m\Delta h = mc_p(t_2 - t_1) = 40 \times 0.9093 \times (40-240) \text{ kJ} = -7274.4 \text{ kJ}$$

$$\Delta S = m\Delta s = m\left(c_p \ln\frac{T_2}{T_1} - R_g \ln\frac{p_2}{p_1}\right)$$

$$= 40 \times \left(0.9093 \ln\frac{40+273}{240+273} - \frac{8.314}{32}\ln\frac{0.09}{0.1}\right) \text{ kJ/K} = -16.8755 \text{ kJ/K}$$

5. 理想气体的混合物

工程热力学上常用的工质大多是几种气体的混合物，如空气就是由氮气、氧气及少量二氧化碳气体和惰性气体组成，发动机燃烧室中燃料燃烧所产生的燃气也由二氧化碳、水蒸气、氧气等气体组成。这里主要讨论理想气体混合物，即在混合气体中，各组元间不发生化学反应，均可单独视为理想气体，它们各自互不影响地充满整个容器。混合气体作为整体，仍具有理想气体的性质，仍满足理想气体的状态方程，它的热力学能和焓仍是温度的单值函数。

混合气体的热力性质不仅取决于温度和压力等热力状态参数，还取决于混合气体的组成成分。所谓组成成分是混合气体中各组元气体的含量与混合气体总量的比值。物量有三种表示，故成分有三种表示法：质量分数 w_i、摩尔分数 x_i 和体积分数 φ_i，质量分数 w_i 较为常用。

质量分数为混合气体中任一种组元的质量与混合气体的总质量之比，以 w_i 表示，即

$$w_i = \frac{m_i}{m} \tag{1-71}$$

混合物各种成分质量分数之和为 1，即

$$\sum w_i = 1 \tag{1-72}$$

实验证明，理想混合气体的总压力等于各组元气体的分压力之和，理想气体混合物的总体积等于各组元分体积之和。

（1）混合气体的比热容　根据热力学第一定律和比热容的定义，质量为 m（kg）的混合物在一微元过程吸收的热量为

$$\delta Q = mc\text{d}T = \sum m_i c_i \text{d}T$$

得

$$c = \sum w_i c_i \tag{1-73}$$

（2）混合气体的热力学能和焓　热力学能 U 和焓 H 都是广延量，具有可加性。因此，混合气体的热力学能和焓等于各组元的热力学能和焓之和，即

$$U = mu = \sum_i U_i = \sum_i m_i u_i \tag{1-74}$$

故

$$u = \sum_i w_i u_i \tag{1-75}$$

同理
$$h=\sum_i w_i h_i \tag{1-76}$$

（3）混合气体的熵　状态参数熵 S 也是广延量，具有可加性。因此，混合气体的熵等于各组元的熵之和，即

$$S = ms = \sum_i m_i s_i \tag{1-77}$$

$$s = \sum_i w_i s_i \tag{1-78}$$

式中，w_i、s_i 分别为任一组元的质量分数和比熵。

1.4.2　理想气体的基本热力过程

在内燃机等热力设备中，总是通过工质的吸热、压缩、膨胀和放热等一些热力过程实现热能和机械能的转换以及工质热力状态的变化。热力过程研究的目的和任务在于揭示工质状态参数的变化规律与能量传递之间的关系，计算热力过程中传递的热量和功量。工程中，即使许多工质可以作为理想气体处理，其热力过程也是很复杂的。为了分析方便和突出能量转换的主要矛盾，在理论研究中对不可逆因素暂不考虑，认为过程是可逆的。在实际应用中，根据可逆过程的分析结果，引进各种经验和实验的修正系数，使之与实际尽量接近。另外，对实际过程中状态参数变化的特征也加以抽象，概况为具有简单规律的典型过程，如定压、定容、定温、绝热过程，这种保持一个状态参数不变的过程称为基本热力过程。

这里主要讨论理想气体的可逆热力过程，分析热力过程的步骤如下：
1）根据过程特点确定状态参数的变化规律，推导出过程方程式。
2）根据过程方程和状态方程，确定初、末状态的基本状态参数。
3）在 p-v 图及 T-s 图上表示出各过程，并进行定性分析。
4）功量和热量分析。

下面讨论四种可逆的基本热力过程，为简化和方便分析，比热容取定值比热容。

1. 定容过程

比体积保持不变时系统状态发生变化所经历的过程，称为定容过程。

（1）过程方程

$$v = 定值 \tag{1-79}$$

（2）基本状态参数间关系　由 $pv = R_g T$，可得

$$\frac{p_1 v_1}{T_1} = \frac{p_2 v_2}{T_2} = R_g = 定值 \tag{1-80}$$

又 $v_1 = v_2$，得

$$\frac{T_2}{T_1} = \frac{p_2}{p_1} \tag{1-81}$$

（3）定容过程在状态参数坐标图上的表示　在 p-v 图上定容线为一与横坐标垂直的直线，如图 1-19a 所示。在 T-s 图上，定容线为一斜率为正的指数曲线，如图 1-19b 所示。这可由理想气体比熵的表达式分析得出：

$$ds = c_V \frac{dT}{T} + R_g \frac{dv}{v}$$

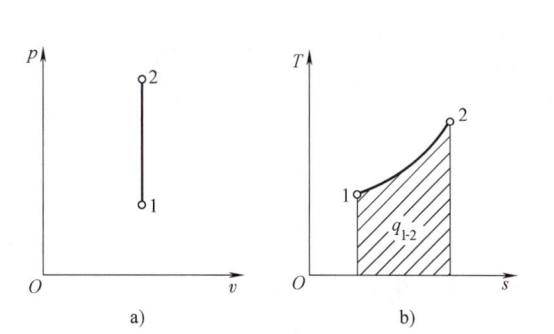

图 1-19 定容过程在状态参数坐标图上的表示

定容过程 $dv/v=0$，则有 $ds=c_V\dfrac{dT}{T}$，若 c_V 为定值，两边积分有 $\int_{s_0}^{s}ds=\int_{T_0}^{T}c_V\dfrac{dT}{T}$，从而得到

$$T=T_0 e^{\frac{s-s_0}{c_V}} \text{ 及 } \left(\dfrac{\partial T}{\partial s}\right)_v=\dfrac{T}{c_V}>0$$

式中，s_0 为不定积分常数。

即 T-s 图上的斜率为

$$\left(\dfrac{\partial T}{\partial s}\right)_v=\dfrac{T}{c_V}$$

根据过程基本状态参数间关系、功量和热量的分析可知，p-v 图和 T-s 图上的过程 1—2 为升压升温的吸热过程。

（4）单位质量的功量和热量分析　定容过程 $v=$ 定值，$dv=0$，故定容过程膨胀功为

$$w=\int_1^2 p\,dv=0$$

定容过程的技术功

$$w_t=-\int_1^2 v\,dp=v(p_1-p_2)=R_g(T_1-T_2) \tag{1-82}$$

根据比热容定义，当比热容取定值时，定容过程吸收的热量为

$$q=c_V\Delta T \tag{1-83}$$

或由热力学第一定律基本表达式可得

$$q=\Delta u+w=\Delta u+0=c_V\Delta T \tag{1-84}$$

过程中能量转换关系：

$$q_{1\text{-}2}=u_2-u_1=\int_1^2 c_V\,dT \tag{1-85}$$

即系统接受的热量全部用于增加系统的热力学能。当比热容为定值时：

$$q_{1\text{-}2}=u_2-u_1=c_V(T_2-T_1) \tag{1-86}$$

2. 定压过程

压力保持不变时系统状态发生变化所经历的过程，称为定压过程。

（1）过程方程

$$p=\text{定值} \tag{1-87}$$

（2）基本状态参数间关系　由 $pv=R_g T$，可得

$$\frac{p_1 v_1}{T_1} = \frac{p_2 v_2}{T_2} = R_g = 定值$$

又 $p_1 = p_2$，得

$$\frac{T_2}{T_1} = \frac{v_2}{v_1} \tag{1-88}$$

(3) 定压过程在状态参数坐标图上的表示　根据过程，在 $p\text{-}v$ 图上，定压线为一与纵坐标垂直的直线，如图 1-20a 所示。在 $T\text{-}s$ 图上，定压线是一斜率为 $(\partial T/\partial s)_p = T/c_p$ 的指数曲线 $T = \mathrm{e}^{\frac{s-s_0}{c_p}}$，如图 1-20b 所示。

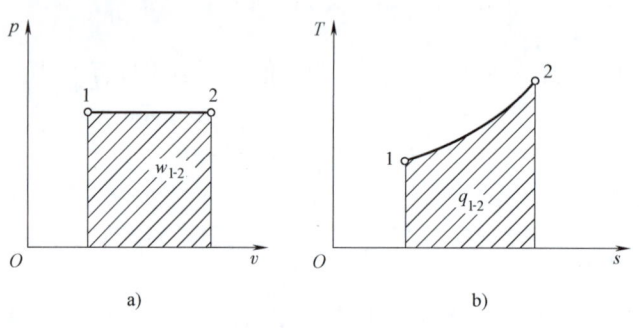

图 1-20　定压过程在状态参数坐标图上的表示

由于理想气体 $c_p > c_V$，故在 $T\text{-}s$ 图上过同一状态点的定压线斜率要小于定容线斜率，即定压线比定容线平坦。

分析可知，$p\text{-}v$ 图和 $T\text{-}s$ 图上的过程 1—2 为温度升高的膨胀（比体积增加）吸热过程。

(4) 单位质量的功量和热量分析　定压过程 $p = $ 定值，$\mathrm{d}p = 0$，故定压过程膨胀功为

$$w = \int_1^2 p\mathrm{d}v = p(v_2 - v_1) \tag{1-89}$$

定压过程的技术功为

$$w_t = -\int v\mathrm{d}p = 0 \tag{1-90}$$

根据比热容定义，有

$$q = \int_1^2 c_p \mathrm{d}T \tag{1-91}$$

当比热容取定值时，定压过程吸收的热量为

$$q = c_p \Delta T = c_p \Delta t \tag{1-92}$$

由于 $w_t = -\int v\mathrm{d}p = 0$，根据热力学第一定律有

$$q = \Delta h \tag{1-93}$$

3. 定温过程

温度保持不变时系统状态发生变化所经历的过程，称为定温过程。由于理想气体的热力学能和焓均仅仅是温度的函数，故理想气体的定温过程即为定热力学能或定焓过程。

(1) 过程方程　由定义知，定温过程温度保持不变，即 $T = $ 定值。结合理想气体状态方程 $pv = R_g T$ 得定温过程的过程方程为

$$pv = 定值 \tag{1-94}$$

（2）基本状态参数间关系　由 $pv = R_g T$，可得

$$\frac{p_1 v_1}{T_1} = \frac{p_2 v_2}{T_2} = R_g = 定值$$

又 $T_1 = T_2$，得

$$p_1 v_1 = p_2 v_2 \tag{1-95}$$

即

$$\frac{p_1}{p_2} = \frac{v_2}{v_1} \tag{1-96}$$

（3）定温过程在状态参数坐标图上的表示　根据过程方程知，定温线在 p-v 图上是一等边双曲线，如图 1-21a 所示。在 T-s 图上，定温线是一垂直于纵坐标的直线，如图 1-21b 所示。

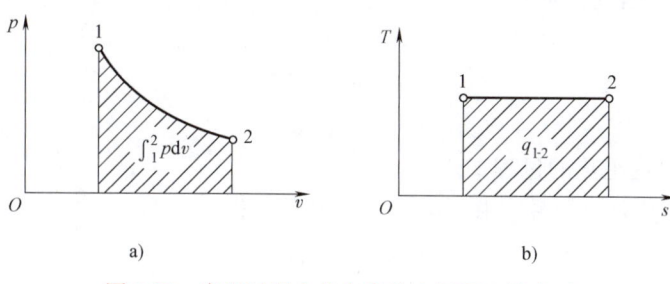

图 1-21　定温过程在状态参数坐标图上的表示

分析可知，两图中过程 1—2 是压力下降的膨胀吸热过程。

（4）单位质量的功量和热量分析　定温过程 $T=$ 定值，故定温过程膨胀功为

$$w = \int_1^2 p\,dv = R_g T_1 \ln \frac{v_2}{v_1} = R_g T \ln \frac{p_1}{p_2} \tag{1-97}$$

对于定温过程的技术功有

$$d(pv) = p\,dv + v\,dp = 0$$

对 $pv =$ 定值两边微分得

$$-v\,dp = p\,dv$$

$$w_t = -\int_1^2 v\,dp = \int_1^2 p\,dv = w \tag{1-98}$$

根据理想气体热力性质，由于 $\Delta T = 0$ 即 $\Delta u = 0$，从而有

$$q = \Delta u + w = w \tag{1-99}$$

因此在理想气体的定温过程中，膨胀功、技术功和热量三者相等，定温过程中系统吸收的热量等于系统所做的功。

4. 绝热过程

绝热过程是指热力系统和外界都无热量交换的情况下发生的状态变化过程，即 $\delta q = 0$。实际上，绝热过程并不存在，但为了分析方便，当过程进行得很快，工质与外界交换热量极少时，可以近似为绝热过程。如蒸汽在汽轮机中膨胀做功及燃气在燃气轮机中膨胀做功，其散热量和做功量相比数量微乎其微，故可以近似地视为绝热过程。可逆绝热过程的熵保持不

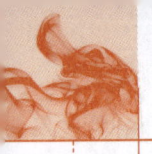

变，称为定熵过程。

（1）过程方程式　对于可逆绝热过程，有

$$\mathrm{d}s = \frac{\delta q}{T} = 0 \tag{1-100}$$

由公式（1-69），有

$$\mathrm{d}s = c_V \frac{\mathrm{d}p}{p} + c_p \frac{\mathrm{d}v}{v} = 0$$

或

$$\frac{\mathrm{d}p}{p} + \kappa \frac{\mathrm{d}v}{v} = 0 \tag{1-101}$$

式中，比热容比 $\kappa = c_p/c_V$，此时称为等熵指数。因为理想气体的 c_p 和 c_V 是温度的复杂函数，故 κ 也是温度的复杂函数。为了方便计算，假设比热容为定值，这时 κ 也是定值，式（1-101）就可以直接积分，即

$$\kappa \ln v + \ln p = 常数$$
$$pv^\kappa = 常数 \tag{1-102}$$

式（1-102）即为可逆绝热的过程式。

（2）基本状态参数间关系　由 $p_1 v_1^\kappa = p_2 v_2^\kappa = 常数$，得

$$\frac{p_2}{p_1} = \left(\frac{v_1}{v_2}\right)^\kappa \tag{1-103}$$

由 $pv^\kappa = (pv)v^{\kappa-1} = R_g T v^{\kappa-1} = 常数$，可得

$$T_1 v_1^{\kappa-1} = T_2 v_2^{\kappa-1} = 常数$$

得

$$\frac{T_2}{T_1} = \left(\frac{v_1}{v_2}\right)^{\kappa-1} \tag{1-104}$$

又由 $pv^\kappa = \dfrac{p^\kappa}{p^{\kappa-1}} v^\kappa = \dfrac{(R_g T)^\kappa}{p^{\kappa-1}} = 常数$，可得

$$\frac{T_2}{p_2^{(\kappa-1)/\kappa}} = \frac{T_1}{p_1^{(\kappa-1)/\kappa}} = 常数$$

得

$$\frac{T_2}{T_1} = \left(\frac{p_2}{p_1}\right)^{(\kappa-1)/\kappa} \tag{1-105}$$

（3）绝热过程在状态参数坐标图上的表示　在 T-s 图表示可逆绝热过程很简单，它是一条垂直于 s 轴的直线，如图 1-22b 所示。又由于可逆绝热过程中 $pv^\kappa = 常数$，所以它在 p-v 图上是一条高次双曲线，如图 1-22a 所示。从图中还可以看出 1—2 为可逆绝热膨胀过程。

（4）单位质量的功量和热量分析　绝热过程 $q=0$，根据热力学第一定律，绝热过程的膨胀功为

$$w = -\Delta u = u_1 - u_2 \tag{1-106}$$

上式表明，在绝热过程中，工质所做的功等于热力学能的减少，这个结论对于任何工质的绝热过程（可逆或不可逆）都适用。

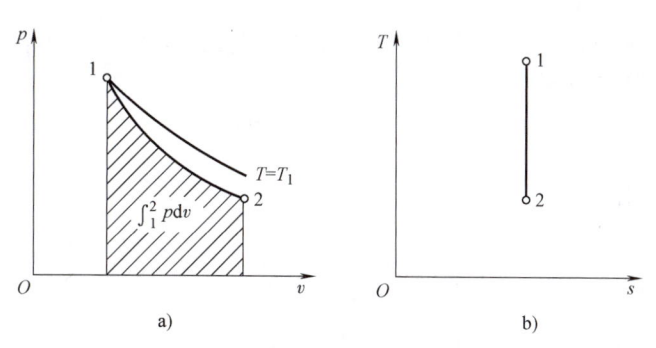

图 1-22 理想气体可逆绝热过程在状态参数坐标图上的表示

当比热容为定值时，单位质量理想气体绝热过程的膨胀功为

$$w = c_V(T_1 - T_2) = \frac{R_g}{\kappa - 1}(T_1 - T_2) \tag{1-107}$$

对于比热容为定值的单位质量理想气体的可逆绝热过程，膨胀功可以表示为

$$w = \frac{R_g T_1}{\kappa - 1}\left[1 - \left(\frac{p_2}{p_1}\right)^{\frac{\kappa-1}{\kappa}}\right] \tag{1-108}$$

绝热过程（可逆或不可逆）的技术功为

$$w_t = -\Delta h = h_1 - h_2 \tag{1-109}$$

当比热容为定值时，单位质量理想气体绝热过程的技术功为

$$w_t = c_p(T_1 - T_2) = \frac{\kappa R_g}{\kappa - 1}(T_1 - T_2) \tag{1-110}$$

对于比热容为定值的单位质量理想气体可逆绝热过程，技术功为

$$w_t = \frac{\kappa R_g T_1}{\kappa - 1}\left[1 - \left(\frac{p_2}{p_1}\right)^{\frac{\kappa-1}{\kappa}}\right] \tag{1-111}$$

例 1-6 1 kg 氮气从相同初态 $p_1 = 0.2$ MPa、$t_1 = 27$ ℃ 分别经定容和定压两过程至相同末温 $t_2 = 127$ ℃，试求两过程末态压力、比体积、吸热量、膨胀功、技术功和初末态焓差；并将两过程表示在同一 p-v 图和 T-s 图上。（比热容采用定值比热容）

解 对于氮气查其热力性质表，有 $c_p = 1.038$ kJ/(kg·K)，$c_V = 0.742$ kJ/(kg·K)，$R_g = 0.297$ kJ/(kg·K)。

1）定容过程。末态比体积

$$v_2 = v_1 = \frac{R_g T_1}{p_1} = \frac{0.297 \times 10^3 \times (27+273)}{0.2 \times 10^6} \text{ m}^3/\text{kg} = 0.4455 \text{ m}^3/\text{kg}$$

由 $\dfrac{p_2}{p_1} = \dfrac{T_2}{T_1}$，可得末态压力为

$$p_2 = p_1 \frac{T_2}{T_1} = 0.2 \times \frac{127+273}{27+273} \text{ MPa} = 0.2667 \text{ MPa}$$

吸热量 $q = c_V(t_2 - t_1) = 0.742 \times (127-27)$ kJ/kg $= 74.2$ kJ/kg

膨胀功 $w = 0$

技术功 $\quad w_t = v_1(p_1-p_2) = 0.4455\times(0.2-0.2667)\times 10^6\times 10^{-3}$ kJ/kg $= -29.7$ kJ/kg

初末态焓差 $\quad \Delta h = c_p(t_2-t_1) = 1.038\times(127-27)$ kJ/kg $= 103.8$ kJ/kg

2）定压过程。末态压力

$$p_2 = p_1 = 0.2 \text{ MPa}$$

由 $\dfrac{v_2}{v_1} = \dfrac{T_2}{T_1}$ 可得，末态比体积

$$v_2 = v_1\frac{T_2}{T_1} = 0.4455\times\frac{127+273}{27+273} \text{ m}^3/\text{kg} = 0.594 \text{ m}^3/\text{kg}$$

吸热量 $\quad q = c_p(t_2-t_1) = 1.038\times(127-27)$ kJ/kg $= 103.8$ kJ/kg

膨胀功 $\quad w = p_1(v_2-v_1) = 0.2\times(0.594-0.4455)\times 10^6\times 10^{-3}$ kJ/kg $= 29.7$ kJ/kg

初末态焓差 $\quad \Delta h = c_p(t_2-t_1) = 1.038\times(127-27)$ kJ/kg $= 103.8$ kJ/kg

3）两过程在 p-v 图和 T-s 图上的表示。如图 1-23 所示。图中 1-2v 表示定容过程，1-2p 表示定压过程。

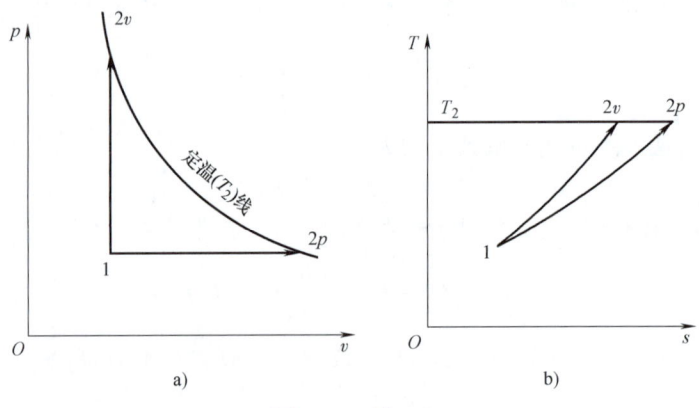

图 1-23　例 1-6

从上述分析，得

① 两过程的吸热量不相同。原因：热量是过程量，与路径有关，由于过程不同，比热容不同，尽管初末态温度相同，但吸热量不相同。

② 两过程的焓差相同。原因：焓是状态参数，且理想气体的焓仅与温度有关，因此初末态温度分别相同的两过程，其初末态焓差相同，本题中均为 103.8 kJ/kg。

③ 定压过程的吸热量和初末态焓差在数值上相等。原因：这是由于定压过程 $w_t = \int_1^2 v\mathrm{d}p = 0$，根据稳定流动能量方程 $q = \Delta h + w_t$，则 $q = \Delta h$。

④ 从图 1-23b 的 T-s 图上可以分析得到，在初末温相同的条件下，理想气体的定压过程吸热量大于定容过程吸热量。这样可以从逻辑上判断计算的正确与否。

5. 理想气体的多变过程

（1）定义和方程式　上述讨论的定容、定温、定压、绝热四种基本热力过程，其共同特点是在热力过程中某一状态参数的值保持不变或者与外界无热量交换。但在实际过程中，所有的状态参数都在变化，而且与外界交换的热量也不能忽略，此时就不能按以上

四种基本热力过程来分析,而必须用一种更一般化,但仍按一定规律变化的热力过程来分析。

实验研究发现,在实际过程中气体状态参数的变化往往遵循一定规律,状态参数变化的特征往往比较接近指数方程式 pv^n = 定值。热力学中把符合这一方程的热力过程称为多变过程,式中的指数 n 叫作多变指数。不难看出,前述的四个基本热力过程可视为多变过程在一定条件下的特例:

当 $n=0$ 时,p = 定值,为定压过程。

当 $n=1$ 时,pv = 定值,为定温过程。

当 $n=\kappa$ 时,pv^κ = 定值,为定熵过程。

当 $n=\pm\infty$ 时,v = 定值,为定容过程。这是因为过程方程可写为 $p^{1/n}v$ = 定值,$n\to\pm\infty$,$1/n\to 0$,从而有 v = 定值。

将前面讲过的四种典型热力过程画出在同一个 p-v 图和 T-s 图上,如图 1-24 所示。通过比较分析,可以得到一个规律:沿顺时针方向,n 由 $0\to 1\to\kappa\to\pm\infty$ 变化。

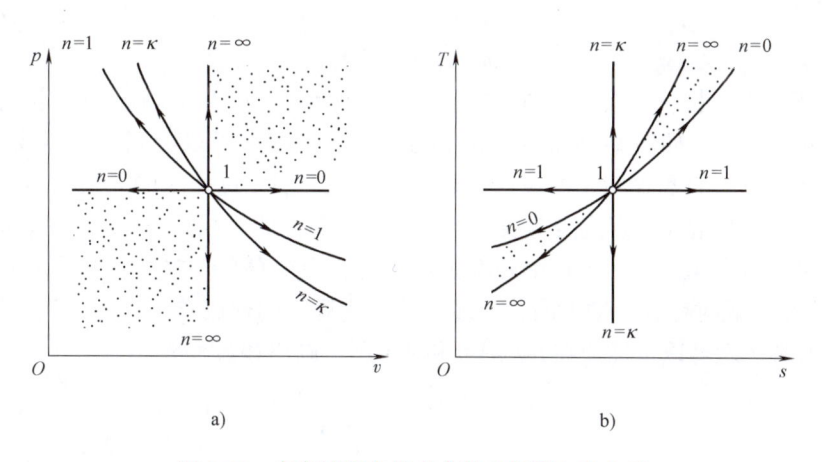

图 1-24 多变过程在状态参数坐标图上的表示

(2) 基本状态参数间关系及功量、热量分析 比较多变过程与定熵过程的过程方程不难发现,两方程的形式相同,所不同的仅仅是指数值。因此,参照定熵过程,可得多变过程的基本状态参数间关系为

$$\frac{p_2}{p_1} = \left(\frac{v_1}{v_2}\right)^n \tag{1-112}$$

$$\frac{T_2}{T_1} = \left(\frac{p_2}{p_1}\right)^{\frac{n-1}{n}} \tag{1-113}$$

$$\frac{T_2}{T_1} = \left(\frac{v_1}{v_2}\right)^{n-1} \tag{1-114}$$

同理,可得多变过程单位质量的膨胀功和技术功的表达式,即

$$w = \frac{1}{n-1}(p_1v_1 - p_2v_2) = \frac{R_g}{n-1}(T_1 - T_2) = \frac{R_g T_1}{n-1}\left[1 - \left(\frac{p_2}{p_1}\right)^{\frac{n-1}{n}}\right] \tag{1-115}$$

$$w_t = nw \tag{1-116}$$

$$w_t = \frac{n}{n-1}(p_1v_1 - p_2v_2) = \frac{nR_g}{n-1}(T_1 - T_2) = \frac{nR_g T_1}{n-1}\left[1 - \left(\frac{p_2}{p_1}\right)^{\frac{n-1}{n}}\right] \tag{1-117}$$

多变过程单位质量的热量为

$$q = \Delta u + w = c_V(T_2 - T_1) + \frac{R_g}{n-1}(T_1 - T_2) \tag{1-118}$$

根据迈耶尔公式 $c_p - c_V = R_g$ 及 $c_p/c_V = \kappa$ 得

$$c_V = \frac{1}{\kappa - 1}R_g, \quad R_g = c_V(\kappa - 1)$$

代入式（1-118）有

$$q = c_V(T_2 - T_1) + \frac{\kappa - 1}{n-1}c_V(T_1 - T_2) = \frac{n-\kappa}{n-1}c_V(T_2 - T_1) \tag{1-119}$$

令 $c_n = (n-\kappa)c_V/(n-1)$，由比热容定义知，$c_n$ 为理想气体多变过程的比热容，则上式可表示为

$$q = c_n(T_2 - T_1) \tag{1-120}$$

（3）多变过程在状态参数坐标图上的表示　首先在 p-v 图和 T-s 图上过同一初态 1 画出四条基本过程的曲线，如图 1-25、图 1-26 所示。从 p-v 图上可以看到，定容线和定压线把 p-v 图分成了Ⅰ、Ⅱ、Ⅲ和Ⅳ四个区域。在Ⅱ、Ⅳ区域，多变过程线的 n 值由定压线 $n=0$ 开始按顺时针方向逐渐增大，直到定容线的 $n=\infty$。在Ⅰ、Ⅲ区域，$n<0$，n 值则从 $n=-\infty$ 按顺时针方向增大到 $n=0$。实际工程中 $n<0$ 的热力过程极少存在，故可以不予讨论。在 T-s 图上，n 的值也是按顺时针方向增大的，上述 n 的变化规律同样成立。这样，当已知过程的多变指数的数值时，就可以定性地在 p-v 图上和 T-s 图上画出该过程线。

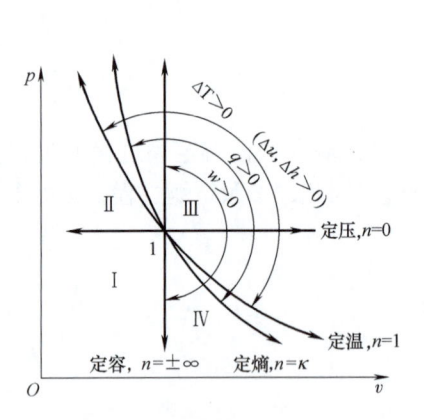

图 1-25　理想气体的各热力过程 p-v 图

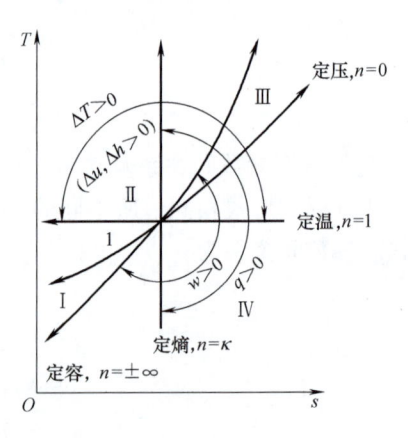

图 1-26　理想气体的各热力过程 T-s 图

q、ΔT、Δu、Δh 和 w 的正负的确定可根据多变过程与四条基本过程线的相对位置来判断（图 1-25、图 1-26）。

q 的正负是以初态的定熵线为分界。同一初态的多变过程，若过程线位于定熵线右方，则 $q>0$；否则 $q<0$。

膨胀功 w 的正负是以定容线为分界。同一初态的多变过程，若过程线位于定容线右侧，则 $w>0$；反之，$w<0$。

由于理想气体的比热力学能和比焓仅是温度的单值函数，故 ΔT 的正负决定了 Δu 和 Δh 的正负。ΔT 的正负是以定温线为分界。同一初态的多变过程，若过程线位于定温线上方，则过程的 $\Delta T>0$；反之，$\Delta T<0$。

表 1-2 汇总了理想气体可逆热力过程计算公式。

表 1-2 理想气体可逆热力过程计算公式

过程	定容过程	定压过程	定温过程	绝热过程	多变过程
多变指数 n	∞	0	1	κ	n
过程方程式	$v=$定值	$p=$定值	$pv=$定值	$pv^{\kappa}=$定值	$pv^n=$定值
p、v、T 之间的关系式	$\dfrac{p_2}{p_1}=\dfrac{T_2}{T_1}$	$\dfrac{v_2}{v_1}=\dfrac{T_2}{T_1}$	$\dfrac{p_2}{p_1}=\dfrac{v_1}{v_2}$	$\dfrac{p_2}{p_1}=\left(\dfrac{v_1}{v_2}\right)^{\kappa}$ $\dfrac{T_2}{T_1}=\left(\dfrac{v_1}{v_2}\right)^{\kappa-1}$ $\dfrac{T_2}{T_1}=\left(\dfrac{p_2}{p_1}\right)^{\frac{\kappa-1}{\kappa}}$	$\dfrac{p_2}{p_1}=\left(\dfrac{v_1}{v_2}\right)^{n}$ $\dfrac{T_2}{T_1}=\left(\dfrac{v_1}{v_2}\right)^{n-1}$ $\dfrac{T_2}{T_1}=\left(\dfrac{p_2}{p_1}\right)^{\frac{n-1}{n}}$
过程功 $w=\int_1^2 p\,dv$	0	$p(v_2-v_1)$ $R_g(T_2-T_1)$	$R_g T_1 \ln\dfrac{v_2}{v_1}$ $p_1 v_1 \ln\dfrac{v_2}{v_1}$ $p_1 v_1 \ln\dfrac{p_1}{p_2}$	$-\Delta u$ $\dfrac{1}{\kappa-1}(p_1v_1-p_2v_2)$ $\dfrac{R_g}{\kappa-1}(T_1-T_2)$ $\dfrac{R_g T_1}{\kappa-1}\left[1-\left(\dfrac{p_2}{p_1}\right)^{\frac{\kappa-1}{\kappa}}\right]$	$\dfrac{1}{n-1}(p_1v_1-p_2v_2)$ $\dfrac{R_g}{n-1}(T_1-T_2)$ $\dfrac{R_g T_1}{n-1}\left[1-\left(\dfrac{p_2}{p_1}\right)^{\frac{n-1}{n}}\right]$
技术功 $w_t=-\int_1^2 v\,dp$	$v(p_1-p_2)$	0	w	$-\Delta h$ $\dfrac{\kappa}{\kappa-1}(p_1v_1-p_2v_2)$ $\dfrac{\kappa}{\kappa-1}R_g(T_1-T_2)$ $\dfrac{\kappa R_g T_1}{\kappa-1}\left[1-\left(\dfrac{p_2}{p_1}\right)^{\frac{\kappa-1}{\kappa}}\right]$ κw	$\dfrac{n}{n-1}(p_1v_1-p_2v_2)$ $\dfrac{n}{n-1}R_g(T_1-T_2)$ $\dfrac{n R_g T_1}{n-1}\left[1-\left(\dfrac{p_2}{p_1}\right)^{\frac{n-1}{n}}\right]$ nw
过程热量 q	Δu $c_V \Delta T$	Δh $c_p \Delta T$	w $T(s_2-s_1)$	0	$\dfrac{n-\kappa}{n-1}c_V(T_2-T_1)$
过程比热容 c	c_V	c_p	∞	0	$\dfrac{n-\kappa}{n-1}c_V$

例 1-7 初始状态 $p_1=0.2$ MPa，$t_1=27$ ℃ 的 1 kg 空气，分别经定温和定熵过程压缩至原来体积的 1/4，若取比热容为定值，试求压缩后的压力、温度、压缩过程所耗压缩功及与外界交换的热量。

解 1）定温过程有

$$p_2 = p_1 \frac{v_1}{v_2} = 0.2 \times 4 \text{ MPa} = 0.8 \text{ MPa}$$

$$T_2 = T_1 = 300 \text{ K}$$

$$w = q = R_g T_1 \ln \frac{v_2}{v_1} = 0.287 \times 300 \ln \frac{1}{4} \text{ kJ/kg} = -119.4 \text{ kJ/kg}$$

2) 定熵过程有

$$p_2 = p_1 \left(\frac{v_1}{v_2}\right)^\kappa = 0.2 \times 4^2 \text{ MPa} = 3.2 \text{ MPa}$$

$$T_2 = T_1 \left(\frac{v_1}{v_2}\right)^{\kappa-1} = 300 \times 4^1 \text{ K} = 1200 \text{ K}$$

$$w = \frac{R_g}{\kappa - 1}(T_1 - T_2) = \frac{0.287}{2-1}(300-1200) \text{ kJ/kg} = -258.3 \text{ kJ/kg}$$

$$q = 0$$

例 1-8 有 1 kg 氮气，初态为 $p_1 = 0.6$ MPa、$t_1 = 27$ ℃，分别经下列两种可逆过程膨胀到 $p_2 = 0.1$ MPa。试求各过程末态温度、做功量和熵的变化量。

1) 定温过程。
2) $n = 1.25$ 的多变过程。

解 1) 定温过程。
过程末态温度 T_2 为

$$T_2 = T_1 = (27+273) \text{ K} = 300 \text{ K}$$

由气体状态方程 $pv = R_g T$，$R_g = \frac{R}{M}$，$R = 8314.3$ J/(kmol·K) 可得氮气的气体常数为

$$R_g = (8314.3/28) \text{ J/(kg·K)} = 296.9 \text{ J/(kg·K)}$$

过程末态做功量和熵的变化量

$$w = \int_1^2 p dv = R_g T \ln \frac{p_1}{p_2} = 296.9 \times (27+273) \times \ln \frac{0.6}{0.1} \text{ J/kg} = 159592.0 \text{ J/kg} = 159.6 \text{ kJ/kg}$$

由 $q = w = T(s_2 - s_1)$，得

$$s_2 - s_1 = \frac{w}{T} = \frac{159.6}{300} \text{ kJ/(kg·K)} = 0.532 \text{ kJ/(kg·K)}$$

2) $n = 1.25$ 的多变过程。

由 $\frac{T_2}{T_1} = \left(\frac{p_2}{p_1}\right)^{\frac{n-1}{n}}$，得

$$T_2 = T_1 \left(\frac{p_2}{p_1}\right)^{\frac{n-1}{n}} = (27+273) \times \left(\frac{0.1}{0.6}\right)^{\frac{1.25-1}{1.25}} \text{ K} = 300 \times \left(\frac{1}{6}\right)^{0.2} \text{ K} = 209.65 \text{ K}$$

$$w = \frac{R_g}{n-1}(T_1 - T_2) = \frac{296.9}{1.25-1}(300-209.65) \text{ J/kg} = 107299.7 \text{ J/kg} = 107.3 \text{ kJ/kg}$$

$$c_p = \frac{7}{2} R_g = 3.5 \times 296.9 \text{ J/(kg·K)} = 1039.15 \text{ J/(kg·K)}$$

$$\Delta s = c_p \ln \frac{T_2}{T_1} - R_g \ln \frac{p_2}{p_1}$$

$$= \left(1039.15\ln\frac{209.65}{300} - 296.9\ln\frac{0.1}{0.6}\right) \text{J/(kg·K)}$$

$$= (-372.372 + 531.97) \text{ J/(kg·K)}$$

$$= 159.6 \text{ J/(kg·K)}$$

1.5 热力学第二定律

热力学第一定律阐明了热能和机械能以及其他形式的能量在传递和转换过程中数量上的守恒关系。然而一个遵循热力学第一定律的热力过程未必一定能够发生，这是因为涉及热现象的热力过程具有方向性，揭示热力过程具有方向性这一普遍规律的是独立于热力学第一定律之外的热力学第二定律。它阐明了能量不但有"量"的多少，而且有"品质"的高低，在能量的传递和转换过程中能量的"量"守恒，但"质"却不守恒。

1.5.1 热力过程的方向性

不需要任何附加条件就可以自然进行的热力过程，称为**自发过程**。例如，热量自高温物体传递给低温物体、机械运动摩擦生热、高压气体膨胀为低压气体、两种不同种类的气体放在一起相互扩散混合、电流通过导线发热等，显然这些过程都具有一定方向性，它们的反向过程不可能自发地进行，因此，自发过程都是不可逆过程。自发过程的反向过程称为非自发过程，它们必须要有附加条件才能进行。

如热力循环中热能转换为机械能，如图1-27所示，工质从热源吸收热量Q_1，其中只有一部分转换为功，即$W = Q_1 - Q_2$，而另一部分Q_2则排放给了冷源。Q_2自高温热源传递到低温冷源是自发过程，是热转换为功的补偿条件。

热力过程的方向性说明：在自然界中，热力过程若要发生，除服从热力学第一定律外，还要服从另外一条定律，这就是热力学第二定律。热力学第二定律建立在能量自发贬值的原理上，从而指明了过程进行的方向、条件和限度。

1.5.2 热力学第二定律的表述

由于热力过程方向性现象的多样性，因此，反映这一客观规律的表述也就不止一种。由于各种表述所揭示的是一个共同的客观规律，因而各种表述形式是等效的。这里只介绍两种最基本、最具代表性的表述。

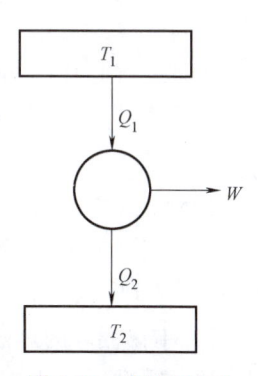

图1-27 热转换为功

克劳修斯表述：热不可能自发地、不付代价地从低温物体传至高温物体。

开尔文-普朗克表述：不可能制造出从单一热源吸热，并使之全部转化为功而不引起其他任何变化的热力发动机。

克劳修斯表述是对温差传热过程不可逆的描述，开尔文-普朗克表述是对摩擦过程不可逆的描述。以上两种表述，各自从不同的角度反映了热力过程的方向性，实质上是统一的、等效的。

热力学第一定律揭示了在能量转换和传递过程中能量在数量上的守恒。热力学第二定律揭示了热力过程进行的方向、条件和限度，一个热力过程能不能发生，由热力学第二定律决定，热力过程发生之后，能量的量必定是守恒的。

1.5.3 卡诺循环与逆向卡诺循环

单一热源的热机已为热力学第二定律所否定，最简单的热机至少有两个热源。那么具有两个热源的热机的热效率最高极限是多少呢？卡诺循环和卡诺定理解决了这一问题，并且指出了改进循环、提高热效率的途径和原则。

1. 卡诺循环

卡诺循环是工作在恒温热源和恒温冷源间的理想可逆正循环，如图 1-28 所示四个过程组成的理想循环，过程 a-b 中工质从热源（T_1）可逆定温吸热；过程 b-c 中工质可逆绝热膨胀；过程 c-d 中工质向冷源（T_2）可逆定温放热；过程 d-a 中工质可逆绝热压缩回复到初始状态。工质在整个循环中从热源 T_1 吸热 q_1，向冷源 T_2 放热 q_2，对外界做功 w_{net}。

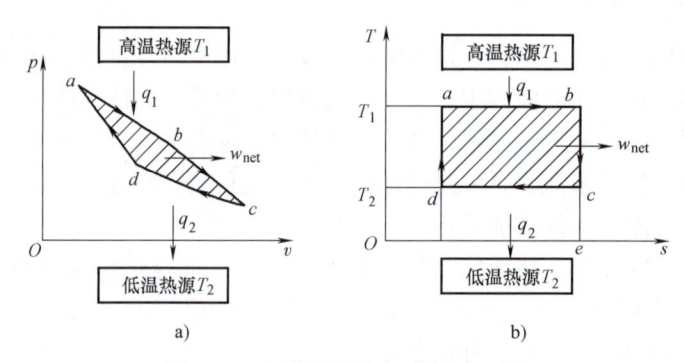

图 1-28 卡诺循环的 p-v 图和 T-s 图

根据式（1-21），卡诺循环的热效率为

$$\eta_c = \frac{w_{net}}{q_1} = 1 - \frac{q_2}{q_1} = 1 - \frac{T_2(s_b - s_a)}{T_1(s_c - s_d)} = 1 - \frac{T_2}{T_1} \qquad (1-121)$$

分析上式得出以下结论：

1) 卡诺循环的热效率只取决于热源的温度 T_1 和冷源的温度 T_2，而与工质的性质无关，提高 T_1，降低 T_2，都可以提高卡诺循环的热效率。

2) 卡诺循环的热效率只能小于 1，不可能等于 1。因为 $T_1 = \infty$ 或 $T_2 = 0$ K 都不可能实现，这说明循环发动机不可能将热能全部转化为机械能。

3) 当 $T_1 = T_2$ 时，卡诺循环的热效率等于零。这说明没有温差是不可能连续不断地将热能转变为机械能的，即只有单一热源的第二类永动机是不可能制造成的。

卡诺循环及其热效率公式为提高各种热力发动机的热效率指明了方向：尽可能提高热源的温度和尽可能降低冷源的温度。现代火力发电厂正是在这种思想指导下不断提高效率的。

例 1-9 有一卡诺机工作于 500 ℃ 和 30 ℃ 的两个热源之间，求卡诺机的热效率。

解 计算卡诺循环热效率时，要用热力学温度，有

$$T_1 = (500+273.15) \text{ K} = 773.15 \text{ K}$$
$$T_2 = (30+273.15) \text{ K} = 303.15 \text{ K}$$
$$\eta_c = 1 - \frac{T_2}{T_1} = 1 - \frac{303.15}{773.15} = 60.79\%$$

2. 逆向卡诺循环

卡诺循环是可逆循环，如果使卡诺循环逆向进行就成为逆向卡诺循环。逆向卡诺循环对外界的作用效果与卡诺循环相反，工质的状态变化是沿逆时针方向进行的，总的效果是消耗外界的功 w_net，将热量由低温物体传向高温物体。根据作用不同，逆向卡诺循环可分为卡诺制冷循环和卡诺热泵循环。

对于卡诺制冷循环，如图 1-29a 所示，工质可逆定温从温度为 T_2 冷库吸热 q_2，被可逆绝热压缩后，可逆定温向温度为 T_0 环境介质放热 q_1，最后可逆绝热膨胀，进入冷库，完成循环。其制冷系数 ε_c 为

$$\varepsilon_c = \frac{q_2}{w_\text{net}} = \frac{q_2}{q_1 - q_2} = \frac{T_2}{T_0 - T_2} \tag{1-122}$$

对于卡诺热泵循环，如图 1-29b 所示，工质可逆定温从冷源 T_0，如环境介质吸热，被可逆绝热压缩后，可逆定温向热源 T_1，如建筑物室内放热，最后可逆绝热膨胀，完成循环。其供暖系数或热泵工作性能系数（供热系数）ε_c' 为

$$\varepsilon_c' = \frac{q_1}{w_\text{net}} = \frac{q_1}{q_1 - q_2} = \frac{T_1}{T_1 - T_0} \tag{1-123}$$

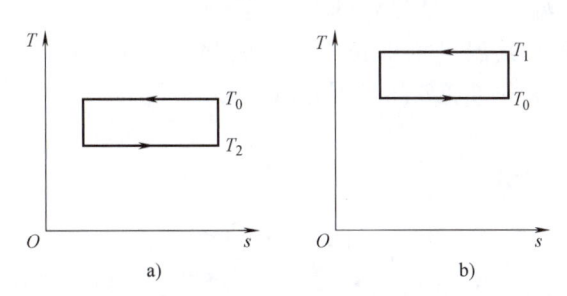

图 1-29 卡诺制冷循环和卡诺热泵循环的 T-s 图
a) 卡诺制冷循环　b) 卡诺热泵循环

显然，逆向卡诺循环用于制冷和供热时，其制冷系数和供热系数只取决于热源的温度 T_1、冷源的温度 T_2 和环境的温度 T_0。逆向卡诺循环的供热系数总是大于 1，制冷系数可以大于 1、等于 1 或小于 1。

由式（1-122）可知，在 T_0 一定的条件下，T_2 越低，制冷系数 ε_c 也越低。因此，在保证冰箱内食物不变质的前提下，没有必要将冰箱冷冻室的温度调得过低。2006 年 8 月 6 日公布的《国务院关于加强节能工作的决定》第 27 条规定，所有公共建筑内的单位，包括国家机关、社会团体、企事业组织和个体工商户，除特定用途外，夏季室内空调温度设置不低于 26 ℃。

1.5.4 卡诺定理

卡诺定理可表达为：

定理一：在两个恒温热源之间工作的一切可逆热机具有相同的热效率，其热效率等于在同样热源间工作的卡诺循环热效率，与工质的性质无关。

定理二：在两个恒温热源之间工作的任何不可逆热机的热效率都低于可逆热机的热效率。

卡诺定理有着广泛和重要的意义，任何一种热能转化为机械能、电能或其他能量的转化装置都受到热力学第二定律的制约，都必须有热源和冷源，其热效率不可能超过相应的卡诺循环。

热效率方面的重要结论总结如下：

1) 两个热源间工作的一切可逆循环，其热效率相同，与工质的性质无关，只取决于热源和冷源的温度，热效率表示为 $\eta_c = 1 - \dfrac{T_2}{T_1}$。

2) 卡诺循环的热效率最高，一切其他实际循环的热效率均低于卡诺循环，不可逆循环的热效率必定低于同样条件下的可逆循环。

实际循环中热源的温度常常并非恒温，而是变化的。如图 1-30 所示，ehgle 为一可逆循环。要想可逆，则工质和热源之间应无温差，而且热源的特点是无论吸收或者放出多少热量，其温度都保持不变。因此，要实现可逆吸热过程 e-h-g 和可逆放热过程 g-l-e，必须要有无穷多个热源。

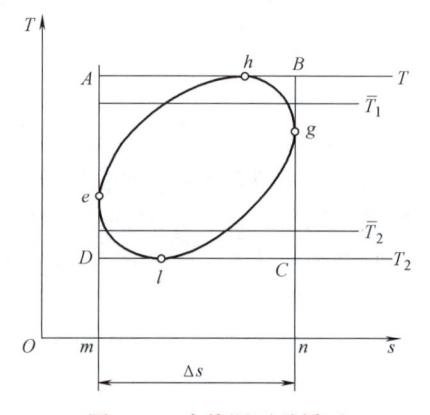

图 1-30 多热源可逆循环

可逆循环 ehgle 的热效率为

$$\eta_t = 1 - \frac{q_2}{q_1} = 1 - \frac{A_{gnmelg}}{A_{ehgnme}} \tag{1-124}$$

另一个工作在 $T_1 = T_h$，$T_2 = T_l$ 下的卡诺循环 ABCDA，其热效率为

$$\eta_c = 1 - \frac{q_2}{q_1} = 1 - \frac{A_{DCnmD}}{A_{ABnmA}} \tag{1-125}$$

由于面积 $A_{ehgnme} < A_{ABnmA}$，$A_{gnmelg} > A_{DCnmD}$，所以 $\eta_t < \eta_c$。这表明，多热源可逆循环的热效率小于相同温限之间卡诺循环的热效率。

为了便于分析比较任意可逆循环的热效率，热力学中引入平均吸热温度 $\overline{T_1}$ 和平均放热温度 $\overline{T_2}$ 的概念，定义

$$\overline{T_1} = \frac{q_1}{\Delta s} \tag{1-126}$$

$$\overline{T_2} = \frac{q_2}{\Delta s} \tag{1-127}$$

式中，Δs 为吸热过程和放热过程比熵变化的绝对值。因此，任一可逆循环的热效率为

$$\eta_\mathrm{t} = 1 - \frac{q_2}{q_1} = 1 - \frac{\overline{T_2}\Delta s}{\overline{T_1}\Delta s} = 1 - \frac{\overline{T_2}}{\overline{T_1}} \tag{1-128}$$

与相同温限之间的卡诺循环相比，显然 $\overline{T_1} < T_1$，$\overline{T_2} > T_2$，故 $\eta_\mathrm{t} < \eta_\mathrm{c}$。

平均温度概念的引入，使得两任意可逆循环热效率的比较十分方便。在定性比较时无需计算，仅比较两循环的平均吸热温度和平均放热温度即可判定。

例 1-10 设工质在恒温热源 $T_1 = 800\ \mathrm{K}$ 和恒温冷源 $T_2 = 200\ \mathrm{K}$ 间按热力循环工作，视为理想情况无任何不可逆损失，已知吸热量为 200 kJ，求循环热效率和净功。

解 两个热源间可逆循环的热效率与卡诺循环热效率相同，有

$$\eta_\mathrm{c} = 1 - \frac{T_2}{T_1} = 1 - \frac{200\ \mathrm{K}}{800\ \mathrm{K}} = 75\%$$

因

$$\eta_\mathrm{c} = \frac{W_\mathrm{net}}{Q_1}$$

得

$$W_\mathrm{net} = \eta_\mathrm{c} Q_1 = 0.75 \times 200\ \mathrm{kJ} = 150\ \mathrm{kJ}$$

本 章 小 结

本章讨论了热能转换的基本概念和两大基本定律（热力学第一定律和热力学第二定律），以及理想气体的热力性质和热力过程。

1. 热能转换的基本概念

1）热力系。

2）热力状态。

3）状态参数和基本状态参数。

4）状态方程式。

5）准平衡（准静态）过程和可逆过程。

6）热力循环。

2. 热力学第一定律

1）热力学第一定律。

2）闭口系统的能量方程式：$Q = \Delta U + W$。

闭口系统的可逆过程：$Q = \Delta U + \int_1^2 p \mathrm{d}V$。

3）稳定流动能量方程：$Q = \Delta H + \frac{1}{2} m \Delta c^2 + mg \Delta z + W_\mathrm{i}$。

焓：$H = U + pV$。

技术功：$W_\mathrm{t} = W_\mathrm{i} + \frac{1}{2} m \Delta c^2 + mg \Delta z$。

3. 理想气体的热力性质及过程

1）理想气体的基本状态参数满足状态方程 $pv = R_\mathrm{g} T$。

2）理想气体的比热容 $C = \dfrac{\delta Q}{\mathrm{d}T}$。

3）理想气体的热力学能 $\Delta u = \int_1^2 c_V \mathrm{d}T$ 或 $\Delta u = c_V \Delta T$。

理想气体的焓 $\Delta h = \int_1^2 c_p \mathrm{d}T$ 或 $\Delta h = c_p \Delta T$。

理想气体的熵 $\Delta s = \int_1^2 c_p \dfrac{\mathrm{d}T}{T} - R_g \ln \dfrac{\mathrm{d}p}{p}$ 或 $\Delta s = c_p \ln \dfrac{T_2}{T_1} - R_g \ln \dfrac{p_2}{p_1}$。

4）理想气体热力过程研究的一个重要前提是可逆。本章分别对定容、定压、定温和绝热四个基本热力过程，以及多变过程进行了讨论。理想气体的热力过程研究包括各种热力过程的过程方程的导出、基本状态参数的关系分析、功量和热量的计算公式推导，以及在 p-v 图和 T-s 图上表示的定性分析。

4. 热力学第二定律

1）热力学第二定律典型的表述是克劳修斯表述和开尔文-普朗克表述。

克劳修斯表述：热不可能自发地、不付代价地从低温物体传至高温物体。

开尔文-普朗克表述：不可能制造出从单一热源吸热，并使之全部转化为功而不引起其他任何变化的热力发动机。

2）卡诺循环是工作在恒温的高、低温热源间（即恒温热源和冷源间）的理想可逆正循环。它由两个定温和两个绝热可逆过程构成。

3）当热源温度为 T_1、冷源温度为 T_2 时，卡诺循环的热效率为 $\eta_c = 1 - \dfrac{T_2}{T_1}$。

4）卡诺定理。

定理一：在两个恒温热源之间工作的一切可逆热机具有相同的热效率，其热效率等于在同样热源间工作的卡诺循环热效率，与工质的性质无关。

定理二：在两个恒温热源之间工作的任何不可逆热机的热效率都低于可逆热机的热效率。

习题与思考题

1-1 指出下列各物理量中哪些是状态量？哪些是过程量？
压力，温度，动能，位能，热能，热量，功量，密度。

1-2 铁棒一端浸入冰水混合物中，另一端浸入沸水中，经过一段时间，铁棒各点温度保持恒定，试问，铁棒是否处于平衡状态？

1-3 准平衡过程与可逆过程有何区别？

1-4 分析汽车发动机与外界的质能交换情况。

1-5 汽车配有发电机，有人认为可以让汽车边行驶边发电，发出的电再带动电动机驱动汽车，这样汽车就不用消耗燃料，这种想法对吗？

1-6 在炎热的夏天，有人试图用关闭厨房的门窗和打开电冰箱门的办法使厨房降温。开始时感到凉爽，但过一段时间后，这种效果逐渐消失，甚至会感到更热，这是为什么？

1-7　理想气体的热力学能和焓是温度的单值函数，理想气体的熵也是温度的单值函数吗？

1-8　理想气体的比定容热容和比定压热容为什么仅仅是温度的函数？

1-9　将满足下列要求的多变过程表示在 p-v 图、T-s 图上（工质为空气）。

1）工质升压、升温、放热。

2）工质膨胀、降温、放热。

1-10　理想气体在定容过程或定压过程中，热量可根据过程中气体的比热容乘以温差进行计算。定温过程的温度不变，如何计算理想气体定温过程的热量呢？

1-11　一汽车发动机的热效率是 18%，燃气温度为 950 ℃，周围环境温度为 25 ℃，这个发动机的工作有没有违反热力学第二定律？

1-12　"循环净功越大，循环的热效率越高"的说法对吗？为什么？

1-13　判断下列过程中，哪些是可逆的？哪些是不可逆的？并扼要说明不可逆的原因。

1）一定质量的空气在无摩擦、不导热的气缸和活塞中被慢慢压缩。

2）100 ℃的蒸汽流与 25 ℃的水流绝热混合。

3）在水冷摩托发动机气缸中的热燃气随活塞迅速移动而膨胀。

4）气缸中充有水，水上面有无摩擦的活塞，缓慢地对水加热使之蒸发。

1-14　凝汽器的真空度为 710 mmHg，气压计的读数为 750 mmHg，求凝汽器内的绝对压力为多少（kPa）？若凝汽器内的绝对压力不变，大气压力变为 760 mmHg，此时真空表的读数有变化吗？若有，变为多少？

1-15　气缸内的气体由容积 0.4 m³ 可逆压缩到 0.1 m³，其内部压力和容积的关系式 $p=0.3V+0.04$，式中 p 的单位为 MPa，V 的单位为 m³。试求：

1）气缸做功量。

2）若活塞与气缸间的摩擦力为 1000 N，活塞面积为 0.2 m²，实际耗功为多少？

1-16　气体在某一过程中吸热 12 kJ，同时热力学能增加 20 kJ。问此过程对外做功多少？

1-17　1 kg 空气由 p_1=5 MPa、t_1=500 ℃ 膨胀到 p_2=0.5 MPa、t_2=500 ℃，得到热量 506 kJ，对外做膨胀功 506 kJ。接着又从末态被压缩到初态，放出热量 390 kJ。试求

1）膨胀过程空气热力学能的增量。

2）压缩过程空气热力学能的增量。

3）压缩过程外界消耗的功。

1-18　一活塞气缸装置中的气体经历了 2 个过程。从状态 1 到状态 2，气体吸热 500 kJ，活塞对外做功 800 kJ。从状态 2 到状态 3 是一个定压的压缩过程，压力为 p=400 kPa，气体向外散热 450 kJ。并且已知 U_1=2000 kJ，U_3=3500 kJ，试计算过程 2-3 中气体体积的变化。

1-19　某发电厂一台发电机的功率为 25000 kW，燃用发热量为 27800 kJ/kg 的煤，该发电机组的效率 32%。求：

1）该机组每昼夜消耗多少吨煤？

2）每发 1 kW·h 电要消耗多少千克煤（1 kW·h=3600 kJ）？

1-20　如图 1-31 所示的某燃气轮机装置。已知压气机进口处空气的比焓 h_1=290 kJ/kg。经压缩后，空气升温使比焓增为 h_2=580 kJ/kg。在截面 2 处空气和燃料的混合物以 c=220 m/s 的速度进入燃烧室，在定压下燃烧，使工质吸入热量 q=670 kJ/kg。燃烧后燃气进

入喷管绝热膨胀到状态 3′，$h_{3'}$ = 800 kJ/kg，流速增加到 c_3，此燃气进入动叶片，推动转轮回转做功。若燃气在动叶片中的热力状态不变，最后离开燃气轮机的速度 c_4 = 100 m/s。求：

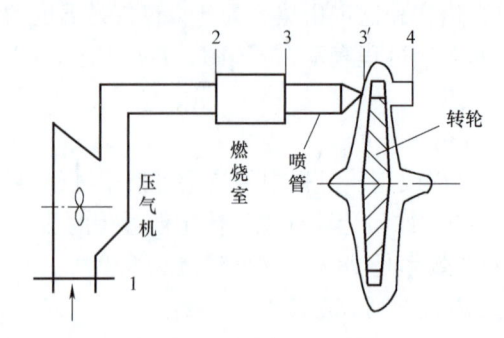

图 1-31 题 1-20 图

1）若空气流量为 100 kg/s，压气机消耗的功率为多大？
2）若燃料的发热值 q_B = 43960 kJ/kg，燃料的耗量为多少？
3）燃气在喷管出口处的流速 c_3 是多少？
4）燃气轮机的功率为多大？
5）燃气轮机装置的总功率为多少？

1-21 有一容积 V = 10 m³ 的刚性储气瓶，内盛氧气，开始时储气瓶压力表的读数为 p_{g1} = 4.5 MPa，温度为 t_1 = 35 ℃。使用了部分氧气后，压力表的读数变为 p_{g2} = 2.6 MPa，温度变为 t_2 = 30 ℃。在这个过程中当地大气压保持 p_b = 0.1 MPa 不变。求使用了多少千克氧气？

1-22 发电机的额定输出功率为 100 MW，发电机的效率为 98.4%，发电机的损失基本上都转化成热能，为了维持发电机正常运行，需要对发电机冷却，将产生的热量传到外界。假设全部用氢气冷却，氢气进入发电机的温度为 22 ℃，离开时的温度不能超过 65 ℃，求氢气的质量流量至少为多少？已知氢气的平均比定压热容为 c_p = 14.3 kJ/(kg·K)。

1-23 试计算每千克氧气从 200 ℃ 定压吸热至 380 ℃ 和从 380 ℃ 定压吸热至 900 ℃ 所吸收的热量。
1）按平均比热容（表）计算。
2）按定值比热容计算。

1-24 压力为 0.12 MPa，温度为 30 ℃，体积为 0.5 m³ 的空气在气缸中被可逆绝热压缩，末态压力为 0.6 MPa，试计算末态温度、末态体积以及所消耗的功。

1-25 一个立式气缸通过能自由活动且无摩擦的活塞密封有 0.3 kg 空气。已知：空气的初始温度 t_1 = 20 ℃，体积 V_1 = 0.14 m³，试计算：
1）若向空气中加入 30 kJ 热量后，空气的温度、压力以及体积各是多少？气体对外做的功是多少？
2）当活塞上升到最终位置并加以固定，再向空气加热 30 kJ 热量后，空气的压力将上升至多少？
3）整个过程空气的热力学能、焓、熵变化多少？

1-26 有 1 kg 氮气，初态为 p_1 = 0.6 MPa、t_1 = 27 ℃，分别经下列三种可逆过程膨胀到 p_2 = 0.1 MPa。试将各过程画在 p-v 图和 T-s 图上，并求各过程末态温度、做功量和熵的变化量。

1）定容过程。

2）$n=1.5$ 的多变过程。

3）绝热过程，且设比热容为定值。

1-27　卡诺循环工作于 600 ℃ 和 40 ℃ 的两个热源之间，该卡诺热循环 1 s 从高温热源吸收 100 kJ，求：

1）卡诺循环的热效率。

2）卡诺循环的功率（kW）。

3）每秒排向冷源的热量。

1-28　利用一逆向卡诺机作为热泵来给房间供暖，室外温度（即低温热源）为 -5 ℃，为使室内（即高温热源）经常保持 20 ℃，1 h 需供给 30000 kJ 热量，试求：

1）逆向卡诺机的供热系数。

2）逆向卡诺机每小时消耗的功。

3）若直接用电炉取暖，每小时需耗电多少度（kW·h）。

第 2 章 传热学基础

学习目标：

1) 了解传热学研究对象与研究方法。
2) 理解热量传递的基本方式、热导率影响因素、导热微分方程及定解条件；掌握导热基本定律、平壁和圆筒壁的导热计算方法。
3) 理解对流换热的基本概念及影响因素，了解自然对流换热的特点；掌握对流换热的数学模型、单相流体强迫对流换热的计算方法、相似理论及对实验研究的指导。
4) 理解热辐射的基本概念、角系数的概念；掌握黑体辐射的基本定律、黑体表面之间和漫灰表面之间的辐射换热计算方法。

重　　点：

1) 导热基本定律、平壁和圆筒壁的导热计算方法。
2) 对流换热的数学模型、单相流体强迫对流换热的计算方法。
3) 热辐射的基本定律、黑体表面之间和漫灰表面之间的辐射换热计算方法。

难　　点：

1) 平壁和圆筒壁的导热计算方法。
2) 对流换热的数学模型、单相流体强迫对流换热的计算方法、相似理论及对实验研究的指导。
3) 黑体辐射的基本定律、黑体表面之间和漫灰表面之间的辐射换热计算方法。

2.1 基本概念

热量传递在生活和生产中普遍存在，传热学是研究热量传递规律的科学。传热学以热力学第一定律和热力学第二定律为基础，主要研究温差所引起的温度和热量的分布规律及其实际应用。

传热学的基本任务是确定温度和热量的分布规律，避免温度分布不均匀引起热应力集中，同时研究最高温度位置，判断是否超过材料的温度限值。在此基础上，研究强化或削弱传热的有效措施，如辅以肋片强化传热或设置保温层以削弱传热等。

传热学的研究方法是解析法、数值模拟、实验研究与实践经验相结合，并且需要高等数学、热力学及流体力学等学科的相关知识。在采用高等数学方法分析热量传递规律时，通常

把所研究的对象假设为连续体，即所研究的对象中各点的温度等宏观物理量都是时间和空间坐标的连续函数。

热量传递现象主要有热传导、热对流及热辐射这三种基本方式及其组合，但生产和生活中的热量传递是一种复杂的现象，表现形式多种多样，需要掌握其特点及基本规律。本章只讨论热量传递的宏观规律，忽略其微观机理。

2.1.1 热传导

按照热力学的观点，温度是物体微观粒子热运动强度的宏观标志。当物体内部或相互接触的物体表面之间温度不同时，热量就会通过分子、原子及自由电子等微观粒子的热运动或碰撞从高温部分传向低温部分。这种热量传递现象称为**热传导**（简称**导热**），导热现象可以发生在固体内部或静止的液体及气体之中。

假设大平壁厚度为 δ，平壁的表面面积为 A，两侧表面分别维持均匀恒定的温度 t_{w1}、t_{w2}，可以近似地认为平壁内的温度只沿着垂直于壁面的方向发生变化，并且不随时间而变，热量也只沿着垂直于壁面的方向传递，这样的导热称为**一维稳态导热**，这也是工业上和生活中最常见的导热，如炉墙及房屋墙壁的导热等。

1. 温度场

导热与物体内的温度分布密切相关，在某一时刻，物体内各点的温度分布称为物体在该时刻的**温度场**。温度场是时间和空间的函数，根据物体内温度是否随时间变化，分为稳态温度场和非稳态温度场。

不随时间变化的温度场称为**稳态温度场**，在直角坐标系中，稳态温度场可表示为

$$t = f(x, y, z) \tag{2-1}$$

式中，t 为温度；x、y、z 为空间直角坐标。

随时间变化的温度场称为**非稳态温度场**，可表示为

$$t = f(x, y, z, \tau) \tag{2-2}$$

式中，τ 为时间。

稳态温度场中的导热称为稳态导热，非稳态温度场中的导热称为非稳态导热。

2. 温度梯度

在某一特定时刻，温度场中温度相同的点所连成的线称为**等温线**，温度场中温度相同的点所连成的面称为**等温面**。一组等温面（线）可以用来描述物体的温度场。

如图 2-1 所示，在温度场中，温度沿不同方向的变化程度不同，沿等温面法线方向 n 的温度变化率最大。等温面法线方向的温度变化称为**温度梯度**，用 grad t 表示。温度梯度是矢量，在数值上等于沿等温面法线方向的温度变化率 $\dfrac{\partial t}{\partial n}$，方向用等温面法线方向的单位矢量 $\boldsymbol{n}$ 表示，指向温度增加的方向。即

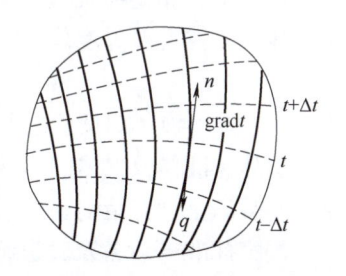

图 2-1 温度梯度与热流密度的方向

$$\text{grad } t = \frac{\partial t}{\partial n}\boldsymbol{n} \tag{2-3}$$

在直角坐标系中，沿等温面法线方向的温度变化率 $\frac{\partial t}{\partial n}$ 可表示为温度在 x、y、z 方向的变化率 $\frac{\partial t}{\partial x}$、$\frac{\partial t}{\partial y}$、$\frac{\partial t}{\partial z}$，等温面法线方向的单位矢量 $\boldsymbol{n}$ 表示为在 x、y、z 方向的单位矢量 $\boldsymbol{i}$、$\boldsymbol{j}$、$\boldsymbol{k}$，则温度梯度可表示为

$$\operatorname{grad} t = \frac{\partial t}{\partial x}\boldsymbol{i} + \frac{\partial t}{\partial y}\boldsymbol{j} + \frac{\partial t}{\partial z}\boldsymbol{k} \tag{2-4}$$

3. 热流密度

在某一特定时刻，温度场中温度相同的点所连成的线称为**等温线**，温度场中温度相同的点所连成的面称为**等温面**。一组等温面（线）可以用来描述物体的温度场。

在传热学中，单位时间传递的热量称为热流量，用 Φ 表示，单位为 W。单位时间通过单位面积的热流量称为**热流密度**，用 q 表示，单位为 W/m²。热量总是从高温物体（部分）传向低温物体（部分），因此，热流密度总是指向温度降低的方向，与温度梯度方向相反。根据热流密度定义，**热流密度矢量 $\boldsymbol{q}$** 可表示为

$$\boldsymbol{q} = -\frac{\mathrm{d}\Phi}{\mathrm{d}A}\boldsymbol{n} \tag{2-5}$$

式中，dΦ 为垂直通过微元面积 dA 上的热流量；负号"-"表示热流密度和温度梯度的方向相反。

在直角坐标系中，热流密度矢量可以表示为

$$\boldsymbol{q} = q_x\boldsymbol{i} + q_y\boldsymbol{j} + q_z\boldsymbol{k} \tag{2-6}$$

式中，q_x、q_y、q_z 为热流密度矢量 $\boldsymbol{q}$ 在 x、y、z 三个坐标方向的分量的大小。

4. 热导率

材料的热导率表示物体材料的导热能力，用 λ 表示，单位为 W/(m·K)，热导率越大，材料的导热能力越强。不同材料的热导率差别很大，热导率一般可以通过实验测得。一般情况下，金属的热导率大于非金属，纯金属的热导率大于其合金，晶体的热导率要大于非晶体。同种物质固态的热导率值最大。导电性能好的金属，其热导率更大。各向异性物体的热导率随方向变化。

热导率主要受物质的成分、组成结构、温度、密度、湿度等因素的影响，其中，温度的影响较大。在一般温度范围内，绝大多数材料的热导率可以近似为温度的线性函数，表示为

$$\lambda = \lambda_0(1+bt) \tag{2-7}$$

式中，λ_0 为 $t=0$ ℃时按照上式计算的值，如图 2-2 所示；b 为与材料有关的常数，由实验确定。

固体、液体及气体的热导率随温度的变化规律大不相同，如图 2-3 所示。工程上，在温差较小且满足计算精度要求时，热导率通常取定值。

国家标准《设备及管道绝热技术通则》（GB/T 4272—2008）规定，保温材料在平均温度为 298 ℃时热导率值不应大于 0.08 W/(m·K)，常见的保温材料有矿渣棉、膨胀珍珠岩和空气等。

2.1.2 热对流

液体或气体等流体的宏观运动使温度不同的流体发生相对位移而引起的热量传递现象，称为**热对流**。

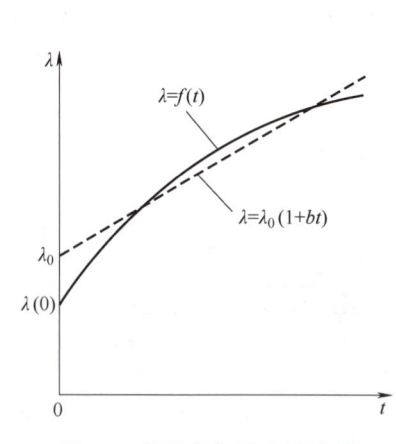

图 2-2　热导率与温度的关系

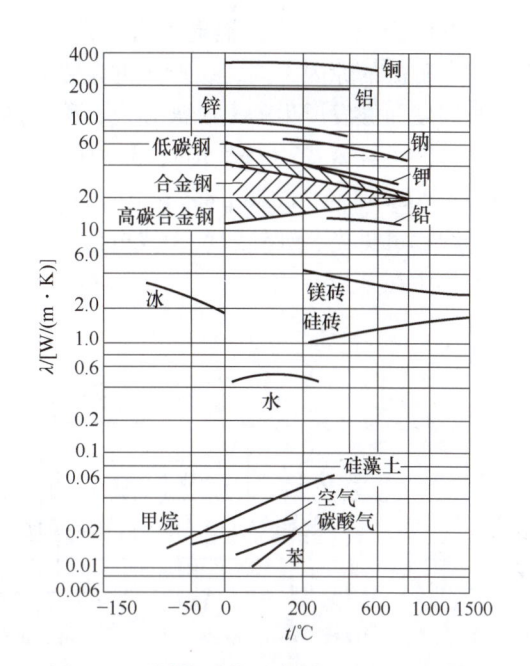

图 2-3　不同物质热导率随温度的变化规律

当流体流过固体表面时，紧贴物体表面的流体由于黏滞作用处于静止状态，以导热的方式进行热量传递；固体表面以外的流体具有宏观运动，以热对流的方式进行热量传递，这种传热现象在传热学中称为**对流换热**（对流传热），如暖气片外表面与室内空气、暖气片内表面与管道中热水之间的热量传递。

对流换热的热流量及热流密度计算公式为

$$\Phi = Ah(t_w - t_f) = \frac{t_w - t_f}{\frac{1}{Ah}} = \frac{t_w - t_f}{R_A} \tag{2-8}$$

$$q = h(t_w - t_f) \tag{2-9}$$

式中，t_w 为固体壁面的平均温度（℃）；t_f 为流体温度（℃）；h 为对流换热的**表面传热系数**或称**对流换热系数**，反映对流换热的强弱，其大小与流体的物理特性、流动的形态、流动的成因、物体表面的形状和尺寸等因素有关 [W/(m²·K)]；$R_A = \dfrac{1}{Ah}$ 为**对流换热热阻**（K/W）。

式（2-8）和式（2-9）称为**牛顿冷却公式**。

2.1.3　热辐射

辐射是物体受某种因素的激发而向环境发射辐射能的现象。由于温度原因（物体内部微观粒子的热运动）而使物体向外发射辐射能的现象称为**热辐射**。理论与实践表明，凡温度高于 0 K 的物体都具有发射和吸收热辐射的能力。物体不停地向环境物体发出辐射，热能转换成辐射能；同时又不断地吸收环境物体发出的辐射，辐射能转换成热能，这种以辐射方式进行的热量传递，称为**辐射换热**（辐射传热），辐射换热量与物体本身的温度、大小、几何形状及相对位置有关。

经典的电磁理论认为，辐射可看作是物体通过电磁波（或光子能）传递能量的现象。由于激发电磁波的原因不同，所产生的电磁效应也不同，由于物体内部微观粒子的热运动或物体自身温度而激发产生的电磁波辐射，称为**热辐射**。电磁波的波长范围非常广，图2-4为电磁波谱，波长在 $\lambda < 5 \times 10^{-5} \mu m$、$5 \times 10^{-7} \mu m < \lambda < 5 \times 10^{-2} \mu m$、$4 \times 10^{-3} \mu m < \lambda < 0.38 \mu m$、$0.38 \mu m < \lambda < 0.76 \mu m$、$0.76 \mu m < \lambda < 10^3 \mu m$ 和 $\lambda > 10^3 \mu m$ 范围的电磁波分别称为 γ 射线、X 射线、紫外线、可见光、红外线、无线电波。工程上，一般物体（$T < 2000$ K）热辐射能量的波长主要集中在 0.76~20 μm。

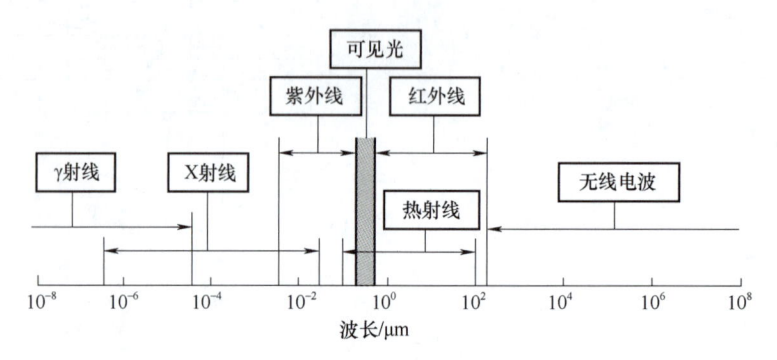

图 2-4　电磁波谱

热辐射具有以下特点：

1）热辐射可以在真空中传播，不依靠中间介质，如太阳辐射。

2）热辐射过程伴随着热能与辐射能之间的相互转化。

3）任何物体都在不断地发射热辐射和吸收热辐射，其热量传递是双向的。当一个物体向另一个物体发出热辐射的同时，也在吸收对方物体发出的热辐射。

1. 吸收、反射与透射

单位时间内投射到单位面积物体表面上的全波长范围内的辐射能称为**投入辐射**，用 G 表示，单位为 W/m^2。如图2-5所示，当热辐射能 G 投射到物体表面上时，被物体吸收、反射和透射的部分分别用 G_α、G_ρ 和 G_τ 表示。

令 $\alpha = \dfrac{G_\alpha}{G}$，$\rho = \dfrac{G_\rho}{G}$，$\tau = \dfrac{G_\tau}{G}$

α、ρ、τ 分别称为物体对投射辐射能的**吸收比**、**反射比**与**透射比**。

根据能量守恒，有

$$G_\alpha + G_\rho + G_\tau = G$$
$$\alpha + \rho + \tau = 1 \qquad (2\text{-}10)$$

当热辐射投射到固体或液体表面时，一部分被反射，其余部分在很薄的表面层内就被完全吸收了，这一表面层的厚度在 1 μm~1 mm 之间，因此，热辐射的透射比为零，即 $\alpha + \rho = 1$。

吸收比 $\alpha = 1$，这样的物体称为**黑体**；反射比 $\rho = 1$ 的物体称为**镜体**（漫反射时称为白

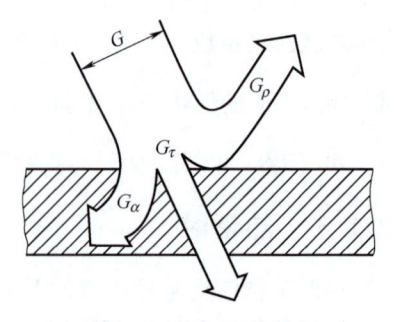

图 2-5　物体对热辐射的吸收、反射与透射

体）；透射比 $\tau=1$ 的物体称为**绝对透明体**。

令某一波长为 λ 的辐射能为 G_λ，其中被物体吸收、反射和透射的部分分别为 $G_{\lambda\alpha}$、$G_{\lambda\rho}$ 和 $G_{\lambda\tau}$，则该波长辐射能的**光谱吸收比** α_λ、**光谱反射比** ρ_λ 和**光谱透射比** τ_λ 分别为

$$\alpha_\lambda = \frac{G_{\lambda\alpha}}{G_\lambda}, \quad \rho_\lambda = \frac{G_{\lambda\rho}}{G_\lambda}, \quad \tau_\lambda = \frac{G_{\lambda\tau}}{G_\lambda}$$

α_λ、ρ_λ、τ_λ 属于物体的光谱辐射特性，是波长 λ 的函数。光谱辐射特性不随波长而变化的假想物体，称为**灰体**，即 α_λ、ρ_λ、τ_λ 为常数，分别等于 α、ρ、τ，大小与波长无关，只取决于灰体本身的性质。

黑体、镜体、绝对透明体与灰体都是理想物体，在自然界中并不存在。

2. 立体角

在半径为 r 的球面上，面积 A 与球心所对应的空间角称为**立体角**，用 Ω 表示，单位为**球面度**（Sr）。如图 2-6 所示，半径为 r 的球面上，在 (θ,φ) 方向的微元面积 dA_2 对应的微元立体角为 $d\Omega$。

3. 辐射力

辐射力指单位时间内单位面积的物体表面向半球空间发射的全部波长的辐射能的总和，用符号 E 表示，单位为 W/m^2。**光谱辐射力**指单位时间内单位面积的物体表面向半球空间发射的某一波长的辐射能，用符号 E_λ 表示，单位为 W/m^3。**定向辐射力**指单位时间内单位面积物体表面向 θ 方向发射的单位立体角内的全部波长的辐射能，用符号 E_θ 表示，单位是 $W/(m^2 \cdot Sr)$。辐射力与光谱辐射力、定向辐射力之间的关系可表示为

$$E = \int_0^\infty E_\lambda d\lambda \tag{2-11}$$

$$E = \int_{\Omega=2\pi} E_\theta d\Omega \tag{2-12}$$

在工程实际中，常常需要知道**波段辐射力**，即黑体在波段 $\lambda_1 \sim \lambda_2$ 内的辐射力 $E_{b(\lambda_1-\lambda_2)}$，如图 2-7 所示。

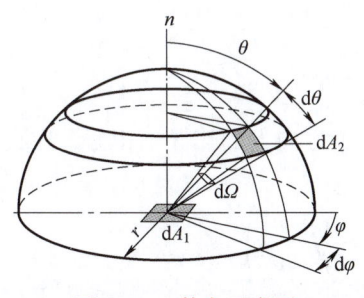

图 2-6 立体角示意图

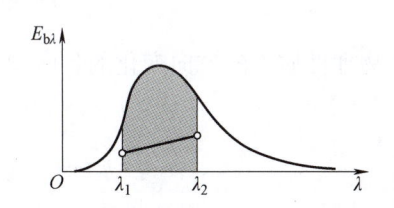

图 2-7 黑体在波段 $\lambda_1 \sim \lambda_2$ 内的辐射力

根据辐射力与光谱辐射力的关系见式（2-11），在波长范围 $\lambda_1 \sim \lambda_2$ 内积分得

$$E_{b(\lambda_1-\lambda_2)} = \int_{\lambda_1}^{\lambda_2} E_{b\lambda} d\lambda = \int_0^{\lambda_2} E_{b\lambda} d\lambda - \int_0^{\lambda_1} E_{b\lambda} d\lambda \tag{2-13}$$

4. 辐射强度

如图 2-8 所示，dA_1 在 (θ,φ) 方向的**辐射强度** $L(\theta,\varphi)$ 指单位投影面积所发出的包含

在单位立体角内的所有波长的辐射能,单位为 W/(m²·Sr),可表示为

$$L(\theta,\varphi) = \frac{\mathrm{d}\Phi}{\mathrm{d}A_1\cos\theta\mathrm{d}\Omega} \tag{2-14}$$

式中,$\mathrm{d}\Phi$ 为单位时间内微元面 $\mathrm{d}A_1$ 向微元球面 $\mathrm{d}A_2$ 所发射的辐射能,如图 2-8 所示;$\mathrm{d}A_1\cos\theta$ 为 $\mathrm{d}A_1$ 在 θ 方向的投影面积。

对于各向同性的物体表面,辐射强度与 φ 角无关,$L(\theta,\varphi) = L(\theta)$。辐射强度描述了物体表面发射的辐射能在空间各个方向上的分布规律。

单位投影面积所发出的包含在单位立体角内的某一波长的辐射能称为**光谱辐射强度**,用符号 $L_\lambda(\theta)$ 表示,单位是 W/(m³·Sr) 或 W/(m²·μm·Sr)。

图 2-8 辐射强度定义示意图

辐射强度与光谱辐射强度之间的关系可表示为

$$L(\theta) = \int_0^\infty L_\lambda(\theta)\mathrm{d}\lambda \tag{2-15}$$

定向辐射力与辐射强度之间的关系为

$$E_\theta = L(\theta)\cos\theta \tag{2-16}$$

辐射力与辐射强度之间的关系可表示为

$$E = \int_{\Omega = 2\pi} L(\theta)\cos\theta\mathrm{d}\Omega \tag{2-17}$$

2.2 导热

2.2.1 导热基本定律

1822 年,法国物理学家傅里叶(Fourier)提出了著名的**傅里叶定律**——导热基本定律,其数学表达式为

$$\boldsymbol{q} = -\lambda\,\mathrm{grad}\,t = -\lambda\frac{\partial t}{\partial n}\boldsymbol{n} \tag{2-18}$$

对于物理性质不随方向变化的各向同性材料,各个方向上的热导率相等,在直角坐标系中,有

$$\boldsymbol{q} = q_x\boldsymbol{i} + q_y\boldsymbol{j} + q_z\boldsymbol{k} = -\lambda\left(\frac{\partial t}{\partial x}\boldsymbol{i} + \frac{\partial t}{\partial y}\boldsymbol{j} + \frac{\partial t}{\partial z}\boldsymbol{k}\right) \tag{2-19}$$

即

$$q_x = -\lambda\frac{\partial t}{\partial x},\ q_y = -\lambda\frac{\partial t}{\partial y},\ q_z = -\lambda\frac{\partial t}{\partial z}$$

傅里叶定律只适用于各向同性物体。除了温度接近于 0 K 的极低温环境和极短时间产生极大热流密度的瞬态导热过程,傅里叶定律表达式对工程技术中一般稳态和非稳态导热问题都适用。

傅里叶定律表明，导热热流密度的大小与热导率和温度的绝对值成正比，方向与温度梯度的方向相反。如果已知物体材料的热导率和物体的温度场，可计算出物体的导热热流量。

导热问题的求解方法主要有分析解法、数值解法和实验法三种，这里主要介绍求解导热问题的分析解法。

运用分析解法求解导热问题，主要分为三步：
1）首先对一个具体的导热过程进行数学描述，即建立导热数学模型。
2）其次对数学模型进行求解，得到物体的温度场。
3）最后根据傅里叶定律确定相应的热流分布。

2.2.2 导热数学模型

一个完整的导热数学模型包括导热微分方程式和单值性条件两个方面。

1. 导热微分方程式

根据导热基本定律计算物体的导热热流量，必须知道物体的温度场 $t=f(x,y,z,\tau)$。求解物体温度场的数学表达式称为**导热微分方程式**。

对于一个各向同性连续介质、含内热源的三维非稳态导热问题，首先选用合适的坐标系，选取微元体作为研究对象，建立微元体的热平衡方程式。当所研究的对象是平壁类物体时，采用直角坐标系，微元体的热平衡可表述为：单位时间内，净导入微元体的热流量 $d\Phi_\lambda$ 与微元体内热源的生成热 $d\Phi_v$ 之和，等于微元体热力学能的增加 dU，即

$$d\Phi_\lambda + d\Phi_v = dU \tag{2-20}$$

根据傅里叶定律及已知条件，对热平衡方程式进行整理可得导热微分方程式为

$$\rho c \frac{\partial t}{\partial \tau} = \left[\frac{\partial}{\partial x}\left(\lambda \frac{\partial t}{\partial x}\right) + \frac{\partial}{\partial y}\left(\lambda \frac{\partial t}{\partial y}\right) + \frac{\partial}{\partial z}\left(\lambda \frac{\partial t}{\partial z}\right)\right] + \dot{\Phi} \tag{2-21}$$

式中，ρ 为物体的密度（kg/m³）；c 为物体的比热容 [J/(kg·K)]；$\frac{\partial t}{\partial \tau}$ 为温度随时间 τ 的变化率；$\dot{\Phi}$ 为物体内部内热源强度（W/m³），表示内热源在单位时间、单位体积内生成的热流量；$\rho c \frac{\partial t}{\partial \tau}$ 表示单位时间、单位微元体热力学能的增加量；$\frac{\partial}{\partial x}\left(\lambda \frac{\partial t}{\partial x}\right) + \frac{\partial}{\partial y}\left(\lambda \frac{\partial t}{\partial y}\right) + \frac{\partial}{\partial z}\left(\lambda \frac{\partial t}{\partial z}\right)$ 表示在单位时间内 x、y、z 三个方向净导入单位微元体的热流量之和。

式（2-21）建立了导热过程中物体的温度随时间和空间变化的函数关系。

当热导率取定值时，导热微分方程式为

$$\frac{\partial t}{\partial \tau} = \frac{\lambda}{\rho c}\left(\frac{\partial^2 t}{\partial x^2} + \frac{\partial^2 t}{\partial y^2} + \frac{\partial^2 t}{\partial z^2}\right) + \frac{\dot{\Phi}}{\rho c} \tag{2-22a}$$

令

$$\nabla^2 t = \frac{\partial^2 t}{\partial x^2} + \frac{\partial^2 t}{\partial y^2} + \frac{\partial^2 t}{\partial z^2},\ a = \frac{\lambda}{\rho c}$$

导热微分方程式可简化为

$$\frac{\partial t}{\partial \tau} = a\nabla^2 t + \frac{\dot{\Phi}}{\rho c} \tag{2-22b}$$

式中，∇^2 为拉普拉斯算子；a 为**热扩散率**，其大小反映物体被瞬态加热或冷却时物体温度变化的快慢（m²/s）。

当所研究的对象是圆筒壁等圆柱状物体时，采用圆柱坐标系（r，φ，z），分析圆柱坐标系中微元体的热平衡，同样可推导出圆柱坐标系中的导热微分方程式为

$$\rho c \frac{\partial t}{\partial \tau} = \frac{1}{r}\frac{\partial}{\partial r}\left(\lambda r \frac{\partial t}{\partial r}\right) + \frac{1}{r^2}\frac{\partial}{\partial \varphi}\left(\lambda \frac{\partial t}{\partial \varphi}\right) + \frac{\partial}{\partial z}\left(\lambda \frac{\partial t}{\partial z}\right) + \dot{\Phi} \tag{2-23}$$

当 λ 为常数时，上式可简化为

$$\frac{\partial t}{\partial \tau} = a\left(\frac{\partial^2 t}{\partial r^2} + \frac{1}{r}\frac{\partial t}{\partial r} + \frac{1}{r^2}\frac{\partial^2 t}{\partial \varphi^2} + \frac{\partial^2 t}{\partial z^2}\right) + \frac{\dot{\Phi}}{\rho c} \tag{2-24}$$

对于常物性且无内热源的一维稳态导热，式（2-22a）和式（2-24）可简化为

$$\frac{d^2 t}{dx^2} = 0 \tag{2-25}$$

$$\frac{d}{dr}\left(r \frac{dt}{dr}\right) = 0 \tag{2-26}$$

对于 λ 变化且无内热源的一维稳态导热，式（2-21）和式（2-23）可简化为

$$\frac{d}{dx}\left(\lambda \frac{dt}{dx}\right) = 0 \tag{2-27}$$

$$\frac{d}{dr}\left(\lambda r \frac{dt}{dr}\right) = 0 \tag{2-28}$$

2. 单值性条件

导热微分方程式是描述物体的温度随空间和时间变化的一般性关系式，有无穷多个解。为了描写某个具体的导热过程，除了给出导热微分方程式之外，还必须说明导热过程的具体条件，即单值性条件，使导热微分方程式具有唯一解。单值性条件一般包括：几何条件、物理条件、时间条件和边界条件。

（1）几何条件 说明参与导热过程的物体的几何形状及尺寸大小，如平壁厚度、圆筒壁内外径。

（2）物理条件 物体的物理状态参数（λ、ρ、a、c 等）及是否随温度变化，有无内热源及其大小和分布等。

（3）时间条件 导热过程是否随时间变化，如是稳态导热还是非稳态导热，以及初始内部的温度分布规律。

（4）边界条件 导热物体边界处的温度状态以及与周围环境之间的传热状况，一般分为三类边界条件：①第一类边界条件，已知物体边界上的温度分布及其随时间的变化关系；②第二类边界条件，已知物体边界上的热流密度分布及其变化规律；③第三类边界条件，已知与物体表面进行对流换热的流体的温度和表面传热系数。

综上所述，对一个具体导热过程完整的数学描述（即导热数学模型），应该包括导热微分方程式和单值性条件两个方面，缺一不可。在建立数学模型的过程中，应该根据导热过程的特点，进行合理的简化，力求能够比较真实地描述所研究的导热问题。建立合理的数学模型，是求解导热问题的第一步，也是最重要的一步。对数学模型进行求解，就可以得到物体的温度场，进而根据傅里叶定律就可以确定相应的热流分布。

2.2.3 稳态导热

温度场不随时间变化的导热过程称为稳态导热。下面主要介绍日常生活和工程上常见的平壁、圆筒壁的一维稳态导热问题。

1. 平壁的稳态导热

当平壁的宽度和高度远远大于厚度（一般 10 倍以上）时，称为无限大平壁或大平壁，生活中常见的保温墙壁、锅炉壁均属于大平壁。下面介绍根据导热数学模型进行求解的一般过程。

（1）单层平壁的稳态导热 如图 2-9 所示，已知平壁表面积为 A，壁厚为 δ，热导率 λ 为常数，设平壁两侧分别维持均匀恒定的温度 t_{w1}、t_{w2}，且 $t_{w1} > t_{w2}$，无内热源。

选取直角坐标系，以垂直于壁面方向为 x 轴，根据已知条件，平壁内的温度只沿 x 方向变化，属于无内热源的一维稳态导热。

1）建立导热过程数学模型。根据式（2-25），该导热过程的微分方程为

$$\frac{d^2 t}{dx^2} = 0$$

定解条件为

$$x = 0, \ t = t_{w1}$$
$$x = \delta, \ t = t_{w2}$$

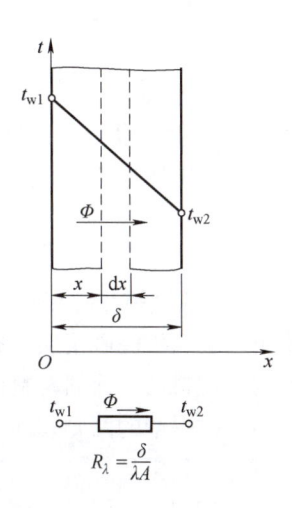

图 2-9 单层平壁的稳态导热

2）求解数学模型，得到物体的温度场。用直接积分法求解导热过程的微分方程，得通解

$$t = C_1 x + C_2$$

代入定解条件，得

$$C_2 = t_{w1}$$
$$C_1 = -\frac{t_{w1} - t_{w2}}{\delta}$$

将 C_1、C_2 代入通解，得平壁温度场函数为

$$t = t_{w1} - \frac{t_{w1} - t_{w2}}{\delta} x \tag{2-29}$$

平壁内的温度呈线性分布，斜率为

$$\frac{dt}{dx} = -\frac{t_{w1} - t_{w2}}{\delta} \tag{2-30}$$

3）根据傅里叶定律确定通过平壁的热流分布。将式（2-30）代入傅里叶定律，得通过平壁的热流密度和热流量

$$q = -\lambda \frac{dt}{dx} = \lambda \frac{t_{w1} - t_{w2}}{\delta} \tag{2-31}$$

$$\Phi = Aq = \lambda A \frac{t_{w1}-t_{w2}}{\delta} = \frac{t_{w1}-t_{w2}}{\dfrac{\delta}{A\lambda}} = \frac{t_{w1}-t_{w2}}{R_\lambda} \tag{2-32}$$

式中，$R_\lambda = \dfrac{\delta}{A\lambda}$ 为平壁的**导热热阻**（K/W），表示物体对热量传递的阻力，热阻越小，传热越强。

例 2-1　水泥珍珠岩锅炉壁，厚度 δ 为 100 mm，壁面积 A 为 5 m²，两侧表面的温差维持为 $\Delta t = t_{w1} - t_{w2} = 500\ ℃$，热导率 $\lambda = 0.094\ \text{W/(m·K)}$，试求通过每块平板的导热热流量。

解　水泥珍珠岩锅炉壁导热可看作大平壁一维稳态导热，根据式（2-32），得

$$\Phi = A\lambda \frac{t_{w1}-t_{w2}}{\delta} = 5 \times 0.094 \times \frac{500}{0.1}\ \text{W} = 2.35 \times 10^3\ \text{W}$$

（2）多层平壁的稳态导热　生活和生产中经常遇到多层平壁的导热问题，如房屋墙壁可能由内层、水泥砂浆层、砖层、水泥沙砾或瓷砖修饰层等多层平壁组成，锅炉和加热炉炉墙由耐火材料层、保温材料层、外墙、钢质护板组成。

当多层平壁的两侧表面维持均匀恒定的温度时，其导热也是一维稳态导热，下面采用热阻的概念，分析具有第一类边界条件的多层平壁的一维稳态导热问题。

图 2-10 所示为由三层平壁组成的多层平壁，各层材料热导率为常数，分别为 λ_1、λ_2、λ_3；厚度分别为 δ_1、δ_2、δ_3；两侧表面温度均匀恒定，各层接触面温度分别为 t_{w1}、t_{w2}、t_{w3} 和 t_{w4}。

根据单层平壁稳态导热的计算公式（2-32），通过各单层的热流量

$$\Phi_1 = \frac{t_{w1}-t_{w2}}{\dfrac{\delta_1}{A\lambda_1}} = \frac{t_{w1}-t_{w2}}{R_{\lambda 1}}$$

$$\Phi_2 = \frac{t_{w2}-t_{w3}}{\dfrac{\delta_2}{A\lambda_2}} = \frac{t_{w2}-t_{w3}}{R_{\lambda 2}}$$

$$\Phi_3 = \frac{t_{w3}-t_{w4}}{\dfrac{\delta_3}{A\lambda_3}} = \frac{t_{w3}-t_{w4}}{R_{\lambda 3}}$$

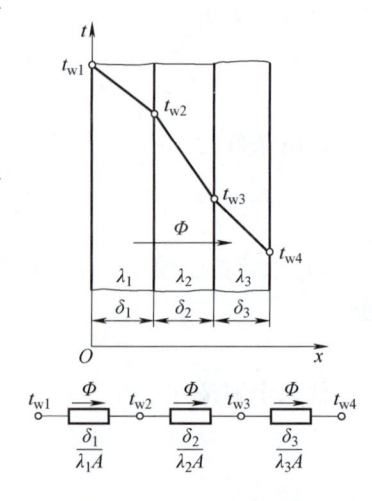

图 2-10　三层平壁导热

由于通过此三层平壁的导热为一维稳态导热，通过各层的热流量相同，$\Phi = \Phi_1 = \Phi_2 = \Phi_3$，由以上三式可得

$$\Phi = \frac{t_{w1}-t_{w4}}{\dfrac{\delta_1}{A\lambda_1}+\dfrac{\delta_2}{A\lambda_2}+\dfrac{\delta_3}{A\lambda_3}} = \frac{t_{w1}-t_{w4}}{R_{\lambda 1}+R_{\lambda 2}+R_{\lambda 3}} \tag{2-33}$$

$$q = \frac{t_{w1}-t_{w4}}{\dfrac{\delta_1}{\lambda_1}+\dfrac{\delta_2}{\lambda_2}+\dfrac{\delta_3}{\lambda_3}} \tag{2-34}$$

可见，三层平壁稳态导热的总导热热阻 R_λ 为各层导热热阻之和，可以用图 2-10 中的热阻网络来表示。同理，对于 n 层平壁的稳态导热，热流量和热流密度的计算公式为

$$\Phi = \frac{t_{w1} - t_{w(n+1)}}{\sum_{i=1}^{n} R_{\lambda i}} \tag{2-35}$$

式中，t_{w1}、$t_{w(n+1)}$ 为多层平壁两侧壁面的温度；$\sum_{i=1}^{n} R_{\lambda i}$ 为各层导热热阻之和。

联立各单层和多层平壁稳态热流量计算公式，可以进一步求出各层间接触面的温度。

例 2-2 空心墙壁混凝土内墙厚度 $\delta_1 = 100$ mm，外墙厚度 $\delta_3 = 50$ mm，热导率 $\lambda_1 = 1.5$ W/(m·K)，测得冬季室内、外表面温度 t_1、t_4 分别为 20 ℃ 和 5 ℃。内外墙间的空气夹层厚度 $\delta_2 = 5$ mm，夹层中的空气静止，空气的热导率 $\lambda_2 = 0.025$ W/(m·K)。求单位面积墙壁的散热损失及空气夹层内、外侧的温度 t_2、t_3。

解 这是一个多层平壁稳态传热过程，据式（2-34），通过单位面积墙壁的散热损失，即热流密度为

$$q = \frac{t_1 - t_4}{\frac{\delta_1}{\lambda_1} + \frac{\delta_2}{\lambda_2} + \frac{\delta_3}{\lambda_1}} = \frac{(20-5)\ \text{K}}{\frac{0.1\ \text{m}}{1.5\ \text{W/(m·K)}} + \frac{0.005\ \text{m}}{0.025\ \text{W/(m·K)}} + \frac{0.05\ \text{m}}{1.5\ \text{W/(m·K)}}} = 50\ \text{W/m}^2$$

根据内墙单层热流密度公式 $q_1 = \dfrac{t_1 - t_2}{\frac{\delta_1}{\lambda_1}}$，得

$$t_2 = t_1 - q_1 \frac{\delta_1}{\lambda_1} = (20+273)\ \text{K} - 50\ \text{W/m}^2 \frac{0.1\ \text{m}}{1.5\ \text{W/(m·K)}} = 289.67\ \text{K} = 16.67\ ℃$$

根据外墙单层热流密度公式 $q_3 = \dfrac{t_3 - t_4}{\frac{\delta_3}{\lambda_3}}$，得

$$t_3 = t_4 + q_3 \frac{\delta_3}{\lambda_3} = (5+273)\ \text{K} + 50\ \text{W/m}^2 \frac{0.05\ \text{m}}{1.5\ \text{W/(m·K)}} = 279.67\ \text{K} = 6.67\ ℃$$

由题可知，空气夹层内、外侧的温度接近内、外侧墙壁温度，空气起主要保温效果。

2. 圆筒壁的稳态导热

生活和生产中广泛存在圆筒壁导热现象，如各类蒸汽管道、供暖热水管道及燃气输送管道等。下面根据导热微分方程式和边界条件分析圆筒壁稳态导热热流量及壁内温度分布。

（1）单层圆筒壁的稳态导热 已知一圆筒壁的热导率 λ 取定值，长度为 l，内、外半径分别为 r_1、r_2，内、外壁面维持均匀恒定的温度 t_{w1}、t_{w2}，且 $t_{w1} > t_{w2}$。无内热源（$q_V = 0$），如图 2-11 所示。

1) 建立单层圆筒壁导热过程数学模型。根据已知条件，壁内的温度只沿径向变化，则圆筒壁内的导热为一维稳态导热，选取圆柱坐标系。

导热微分方程式为

$$\frac{d}{dr}\left(r\frac{dt}{dr}\right)=0$$

边界条件为

$$r=r_1,\ t=t_{w1}$$
$$r=r_2,\ t=t_{w2}$$

2）求解数学模型，得到物体的温度场。对上述微分方程进行两次积分，并代入边界条件，可得圆筒壁的温度场为

$$t=t_{w1}-(t_{w1}-t_{w2})\frac{\ln(r/r_1)}{\ln(r_2/r_1)} \qquad (2\text{-}36)$$

可见，壁内的温度分布为对数曲线。温度沿 r 方向的变化率为

$$\frac{dt}{dr}=-\frac{t_{w1}-t_{w2}}{\ln(r_2/r_1)}\frac{1}{r} \qquad (2\text{-}37)$$

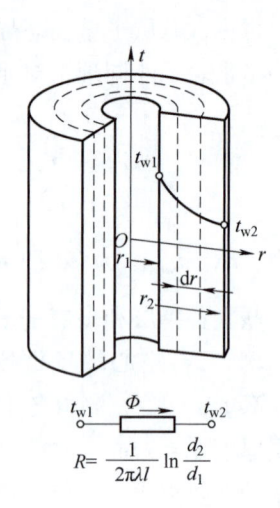

图 2-11 单层圆筒壁的稳态导热

上式说明，温度变化率的绝对值沿 r 方向逐渐减小。

3）根据傅里叶定律确定通过平壁的热流分布。根据傅里叶定律，通过圆筒壁径向的热流密度和热流量为

$$q=-\lambda\frac{dt}{dr}=\lambda\frac{t_{w1}-t_{w2}}{\ln(r_2/r_1)}\frac{1}{r} \qquad (2\text{-}38)$$

$$\Phi=2\pi rlq=\frac{t_{w1}-t_{w2}}{\dfrac{1}{2\pi\lambda l}\ln\dfrac{r_2}{r_1}}=\frac{t_{w1}-t_{w2}}{\dfrac{1}{2\pi\lambda l}\ln\dfrac{d_2}{d_1}}=\frac{t_{w1}-t_{w2}}{R_\lambda} \qquad (2\text{-}39)$$

式中，$R_\lambda=\dfrac{1}{2\pi\lambda l}\ln\dfrac{d_2}{d_1}$ 为整个圆筒壁的导热热阻（K/W），如图 2-11 所示热阻网络。

单位长度圆筒壁的热流量为

$$\Phi_l=\frac{\Phi}{l}=\frac{t_{w1}-t_{w2}}{\dfrac{1}{2\pi\lambda}\ln\dfrac{d_2}{d_1}}=\frac{t_{w1}-t_{w2}}{R_{\lambda l}} \qquad (2\text{-}40)$$

式中，$R_{\lambda l}=\dfrac{1}{2\pi\lambda}\ln\dfrac{d_2}{d_1}$ 为单位长度圆筒壁的导热热阻 [(m·K)/W]。

(2) 多层圆筒壁的稳态导热　运用单层圆筒壁稳态导热热阻的概念，进一步分析多层圆筒壁的稳态导热热流量。图 2-12 所示为三层圆筒壁，各层的热导率 λ_1、λ_2、λ_3 取定值，内、外壁面维持均匀恒温 t_{w1}、t_{w4}，无内热源。

根据已知条件，通过各层圆筒壁的热流量相等，属于多层圆筒壁一维稳态导热问题。总导热热阻等于各层导热热阻之和，可以用图 2-12 中的热阻网络表示。

根据单位长度单层圆筒壁稳态导热的计算公式（2-40），可得通过各单层圆筒壁的热流量为

$$\Phi_1=\frac{t_{w1}-t_{w2}}{R_{\lambda l1}}=\frac{t_{w1}-t_{w2}}{\dfrac{1}{2\pi\lambda_1}\ln\dfrac{d_2}{d_1}} \qquad (2\text{-}41)$$

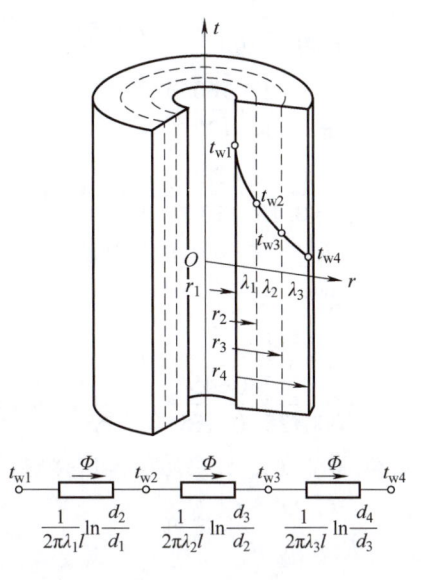

图 2-12 三层圆筒壁的稳态导热

$$\Phi_2 = \frac{t_{w2} - t_{w3}}{R_{\lambda l2}} = \frac{t_{w2} - t_{w3}}{\dfrac{1}{2\pi\lambda_2}\ln\dfrac{d_3}{d_2}} \tag{2-42}$$

$$\Phi_3 = \frac{t_{w3} - t_{w4}}{R_{\lambda l3}} = \frac{t_{w3} - t_{w4}}{\dfrac{1}{2\pi\lambda_3}\ln\dfrac{d_4}{d_3}} \tag{2-43}$$

由于通过各层圆筒壁的热流量相同，$\Phi = \Phi_1 = \Phi_2 = \Phi_3$，联立以上三式可得单位长度圆筒壁的导热热流量，也可以表示为

$$\Phi_l = \frac{t_{w1} - t_{w4}}{R_{\lambda l1} + R_{\lambda l2} + R_{\lambda l3}} = \frac{t_{w1} - t_{w4}}{\dfrac{1}{2\pi\lambda_1}\ln\dfrac{d_2}{d_1} + \dfrac{1}{2\pi\lambda_2}\ln\dfrac{d_3}{d_2} + \dfrac{1}{2\pi\lambda_3}\ln\dfrac{d_4}{d_3}} \tag{2-44}$$

以此类推，n 层圆筒壁的稳态导热，单位管长的热流量为

$$\Phi_l = \frac{t_{w1} - t_{w(n+1)}}{\sum\limits_{i=1}^{n} R_{\lambda li}} = \frac{t_{w1} - t_{w(n+1)}}{\sum\limits_{i=1}^{n} \dfrac{1}{2\pi\lambda_i}\ln\dfrac{d_{i+1}}{d_i}} \tag{2-45}$$

例 2-3 某包有两层保温材料的蒸汽管道，管壁内、外直径分别为 100 mm 和 120 mm，管壁材料的热导率为 40 W/(m·K)；第一层保温材料厚度为 20 mm，热导率为 0.1 W/(m·K)；第二层保温材料厚度为 30 mm，热导率为 0.15 W/(m·K)。蒸汽管道内壁面温度为 380 ℃，最外层壁面温度为 45 ℃。试求：

1）管壁、保温层的热阻。
2）单位长度蒸汽管道的热量损失。
3）第一层保温层与管壁接触面温度 t_{w2}、两层保温层接触面的温度 t_{w3}。

解 1）管壁保温层的热阻。

$$R_1 = \frac{1}{2\pi\lambda_1}\ln\frac{d_2}{d_1} = \frac{1}{2\pi\times 40}\ln\frac{120}{100} \text{ K·m/W} = 0.000725 \text{ K·m/W}$$

$$R_2 = \frac{1}{2\pi\lambda_2}\ln\frac{d_3}{d_2} = \frac{1}{2\pi\times 0.1}\ln\frac{160}{120} \text{ K·m/W} = 0.458 \text{ K·m/W}$$

$$R_3 = \frac{1}{2\pi\lambda_3}\ln\frac{d_4}{d_3} = \frac{1}{2\pi\times 0.15}\ln\frac{220}{160} \text{ K·m/W} = 0.338 \text{ K·m/W}$$

可以看出，相比保温层的导热热阻，管壁的导热热阻非常小，可以忽略。

2) 单位长度蒸汽管道的热量损失。

根据圆筒壁稳态导热计算公式，可得

$$\Phi_l = \frac{t_{w1}-t_{w4}}{R_1+R_2+R_3} = \frac{380-45}{0.000725+0.458+0.338} \text{ W/m} = 420.47 \text{ W/m}$$

3) 第一层保温层与管壁接触面温度 t_{w2}、两层保温层接触面的温度 t_{w3}。

由 $\Phi_l = \dfrac{t_{w1}-t_{w4}}{R_1+R_2+R_3} = \dfrac{t_{w1}-t_{w2}}{R_1} = \dfrac{t_{w2}-t_{w3}}{R_2} = \dfrac{t_{w3}-t_{w4}}{R_3}$ 得到

$$t_{w2} = t_{w1} - \Phi_l R_1 = (380-420.47\times 0.000725) \text{ ℃} = 379.7 \text{ ℃}$$

$$t_{w3} = t_{w1} - \Phi_l(R_1+R_2) = [380-420.47\times(0.000725+0.458)] \text{ ℃} = 187.12 \text{ ℃}$$

2.3 对流换热

2.3.1 对流换热的影响因素

对流换热包括流体的导热和热对流两种基本传热方式，根据牛顿冷却公式计算对流换热的热流量 $\Phi = Ah(t_w-t_f)$ 和热流密度 $q = h(t_w-t_f)$。

由于固体表面的几何形状、固体表面温度和流体温度，以及流体的流动状态会发生变化，因此局部**表面传热系数**沿固体表面发生变化，通常表面传热系数 h 为整个固体表面的**平均表面传热系数**。对流换热的核心问题是表面传热系数值的确定。影响表面传热系数 h 的因素主要有以下几方面。

1. 流动的起因

根据流动的起因，对流换热主要有强迫对流换热与自然对流换热两大类。流体在水泵等外部动力作用下产生的流动称为**强迫对流**。流体在重力场作用下受到不均匀体积力作用而产生的流动称为**自然对流**，如室内暖气片周围空气因温度引起的密度变化而产生浮升力，从而促使空气发生流动。相比强迫对流换热，自然对流换热的流速较低，换热较弱，表面传热系数较小，约为强迫对流换热表面传热系数的1/10。

2. 流动的状态

根据流动状态，主要分为层流对流换热和湍流对流换热。层流对流换热流速较低，各层流体平行于壁面分层流动，各层之间互不掺混，垂直流动方向上的热传递主要靠导热。湍流对流换热除紧贴壁面的层流底层外，流体内存在强烈的脉动和旋涡，各部分流体之间相互掺混。湍流对流换热的热量传递除了紧贴壁面的导热外，主要靠流体宏观的湍流脉动，因此，湍流对流换热比层流对流换热强烈，表面传热系数更大。

3. 流动的相变

对流换热过程中有时候会因温度变化引起流体相变。加热沸腾时，流体由液态变为气态，吸收热量；冷却凝结时，流体由气态变为液态，放出汽化潜热。因此，当流体发生相变时，其对流换热强度和规律均发生改变。

4. 流动的物理性质

影响对流换热的物性参数主要有热导率 λ、密度 ρ、比热容 c、动力黏度 η 等。流体的热导率越大，紧贴壁面流层的导热热阻越小，对流换热越强烈。流体的密度和比热容数值越大，单位体积流体热容量越大，对流换热越强。流体的黏度越大，流动边界层越厚，导致流体对流换热减弱。研究物性参数对对流换热的影响时，往往需要考虑不同参数的综合作用。

不可压缩流体的物性参数值主要受温度影响，用来确定物性参数数值的温度称为**定性温度**。根据对流换热的类型，常用的定性温度有：固体壁面平均温度 t_w、流体的平均温度 t_f 以及流体与壁面的算术平均温度 $\frac{1}{2}(t_w+t_\infty)$。对于管内强迫对流换热，一般选择流体的平均温度 t_f 作为定性温度，在流体温度变化不大的情况下，t_f 近似为流体进出口截面平均温度的算术平均值 $\frac{1}{2}(t'_f+t''_f)$。

5. 换热表面的几何因素

换热表面的几何形状、尺寸、表面粗糙度以及与流体的相对位置等几何因素将影响流体的速度和温度分布，对对流换热产生较大影响。对换热影响最大的尺寸称为换热表面的**特征长度**（或定型尺寸）l。例如，对于管内强迫对流换热，选择管内径作为特征长度；对于外掠圆管的对流换热，选择管外径作为特征长度。

由此可见，影响对流换热及表面传热系数的因素有很多，表面传热系数可表示成多变量的函数关系式

$$h=f(u,t_w,t_f,\lambda,\rho,c,\mu,\alpha,l,\cdots)$$

2.3.2 边界层理论

一般对流换热问题通常采用分析解法，即用数学分析的方法求解描写对流换热的微分方程及单值性条件。为了介绍对流换热微分方程组，首先介绍边界层的概念。

1. 速度边界层

1904 年，德国科学家普朗特（Prantl）提出了边界层的概念。

如图 2-13 所示，当连续性黏性流体流过固体壁面时，由于流体的黏性力作用，靠壁面的一薄层流体内的速度发生显著变化，紧贴壁面（$y=0$）的流体速度为零，随着与壁面距离 y 的增加，速度越来越大，逐渐接近主流速度 u_∞，速度梯度 $\frac{\partial u}{\partial y}$ 越来越小，根据牛顿黏性应力公式 $\tau=\mu\frac{\partial u}{\partial y}$，随着与壁面距离 y 的增加，黏性力的作用也越来越小。**这一速度发生明显变化的流体薄层称为流动边界层**（或**速度边界层**），厚度用 δ 表示，通常规定速度达到 $0.99u_\infty$ 处的 y 值作为边界层的厚度。流动边界层的厚度 δ 与流动方向的平板长度 l 相比是很小的量，通常相差一个数量级以上。

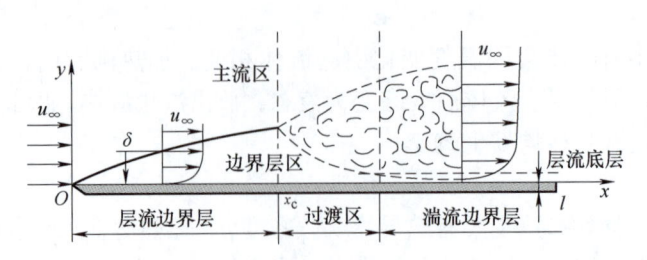

图 2-13　流体外掠平板时流动边界层示意图

边界层以内区域称为**边界层区**（$0 \leq y \leq \delta$），由于速度的显著变化，速度梯度较大，黏性力作用较强，是发生动量传递（即黏性力作用）的主要区域，流体的流动由动量微分方程来表示。

流动边界层以外区域称为**主流区**（$y > \delta$），流速几乎不变，速度梯度趋近于零，黏性力作用很小，可以忽略，流体可近似为理想流体，流体的流动可由理想流体的欧拉方程表示。

根据流动状态，边界层分为层流边界层、过渡区和湍流边界层。当速度均匀分布的层流平行掠过平板时，在平板前端 $x = 0$ 处，黏性力只影响紧贴壁面的流体，流动边界层的厚度 $\delta = 0$；随着流体向前流动，壁面处的黏性力逐层向外扩展，边界层厚度也随之增加。在距平板前端的一段距离之内（$0 \sim x_c$），边界层内的流动处于层流状态，这段边界层称为**层流边界层**。在层流边界层内，垂直于壁面方向上的速度梯度和黏性力从内向外逐渐变小，惯性力的影响逐渐增大，热量传递主要靠导热。

当边界层达到一定厚度之后，边界层的边缘处的惯性力作用逐渐大于黏性力的影响，边界层的边缘开始出现扰动，并且随着向前流动，扰动的范围越来越大，逐渐形成旺盛的**湍流核心**，边界层过渡为**湍流边界层**。根据湍流边界层的三层结构模型，将**湍流边界层分为层流底层、缓冲层与湍流核心三层**。紧靠壁面处，相比惯性力，黏性力占绝对优势，因此紧贴壁面的薄层流体仍然保持层流，称之为**层流底层**，其速度梯度很大；在湍流核心内由于强烈的扰动混合使速度趋于均匀，速度梯度较小。层流底层和湍流核心之间为层流到湍流的过渡层，称为**缓冲层**。在层流底层内，垂直于壁面方向上的热量传递主要靠导热，是湍流边界层的主要热阻。

层流边界层和湍流边界层中间存在一段**过渡区**。边界层从层流开始向湍流过渡的距离 x_c 称为**临界距离**，其大小与固体壁面的几何因素、流体的物理性质和流速有关。临界距离 x_c 一般由实验获得，也可以用**临界雷诺数**的特征数 Re_c 表示，流体外掠平板时，$Re_c = \dfrac{u_\infty x_c}{\nu} = 2 \times 10^5 \sim 3 \times 10^6$，通常取 $Re_c = 5 \times 10^5$。

2. 热边界层

1921 年，玻尔豪森（Pohlhausen）提出热边界层概念。当流体温度低于壁面温度时，流体被加热，如图 2-14a 所示；当流体温度高于壁面温度时，流体被冷却，如图 2-14b 所示。流体掠过固体壁面被加热或冷却时，在壁面附近形成一层温度变化很大的流体薄层，称为**热边界层**。在热边界层内，紧贴壁面的流体温度等于壁面温度 t_w，垂直于壁面方向上，流体温度 t 从内向外迅速增大或减小，并接近主流温度 t_f。类似流动边界层，规定流体过余温度

$t-t_w = 0.99(t_f-t_w)$ 处到壁面的距离为热边界层的厚度 δ_t。热边界层内的温度梯度较大，是发生热量扩散的主要区域。热边界层之外的温度接近主流温度 t_f，温度变化小，温度梯度可以忽略。

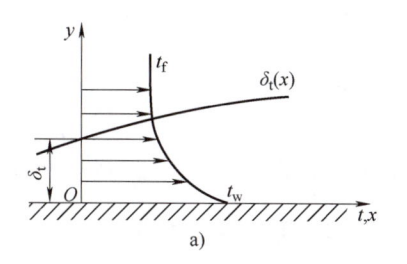

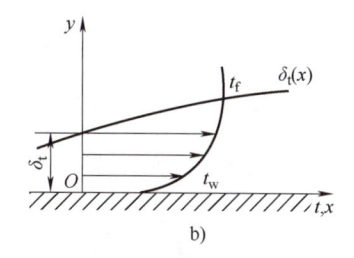

图 2-14 热边界层厚度及温度分布
a) 流体被固体加热 b) 流体被固体冷却

流体的温度场与速度场密切相关。如前所述，在层流边界层和湍流边界层的层流底层内，速度梯度变化大，对应的热边界层内温度梯度的变化较大，垂直于壁面方向上的热量传递主要依靠导热。湍流边界层的湍流核心内，强烈的扰动使得速度和温度都趋于均匀，速度梯度和温度梯度都较小，热量传递主要靠对流。

当平板只有局部被加热或冷却时，流动边界层和热边界层不会同时形成和发展。当流体掠过平板，整个平板发生对流换热时，速度边界层和热边界层均从平板前端开始同时形成和发展。相同位置两种边界层的厚度大小主要受流体运动黏度 ν 和热扩散率 a 的影响。令 $Pr=\nu/a$，Pr 称为**普朗特数**，是一个无量纲特征数，其物理意义为流体的动量扩散能力与热量扩散能力之比。运动黏度反映流体动量扩散的能力，ν 值越大，流动边界层越厚；热扩散率 a 反映物体热量扩散的能力，a 值越大，热边界层 δ 越厚。当 $Pr \geq 1$ 时，$\delta \geq \delta_t$；当 $Pr \leq 1$ 时，$\delta \leq \delta_t$。

2.3.3 对流换热的数学模型

对于简单的对流换热问题，解析法能清楚地显示各种因素对对流换热的影响。利用解析法研究对流换热问题时，首先需要建立描述对流换热的数学模型，通过对流换热微分方程组及其单值性条件进行求解。

现以常物性、无内热源的不可压缩牛顿流体的二维稳态对流换热为例，介绍对流换热的数学模型。

1. 对流换热微分方程组

假设图 2-15 所示平板垂直于纸面方向无限宽，壁面具有恒定的温度 t_w，热边界层外主流区的流体温度为 t_∞。

当流体掠过平板壁面时，根据流体连续性介质假设和黏性力的作用，与平板壁面接触的流体是静止的，速度为零。紧贴壁面处依靠导热进行热量传递，根据导热傅里叶定律，平板壁面任意位置 x 处的局部热流密度为

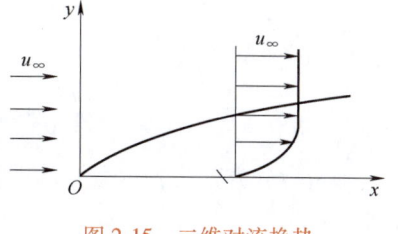

图 2-15 二维对流换热

$$q_x = -\lambda \frac{\partial t}{\partial y}\bigg|_{y=0,x}$$

按照牛顿冷却公式：

$$q_x = h_x(t_w - t_\infty)_x$$

根据上边两个公式，可求得局部表面传热系数为

$$h_x = -\frac{\lambda}{(t_w - t_\infty)_x} \frac{\partial t}{\partial y}\bigg|_{y=0,x} \tag{2-46}$$

式中，t_w 为固体壁面的温度，也是紧靠壁面处流体的温度（℃）；t_∞ 为热边界层以外主流区的流体温度（℃）；$\frac{\partial t}{\partial y}\bigg|_{y=0,x}$ 为壁面 x 处 y 方向的流体温度梯度（℃/m 或 K/m）。

如果热流密度、表面传热系数、温度梯度及温差都取整个壁面的平均值，则上式可写成

$$h = -\frac{\lambda}{t_w - t_\infty} \frac{\partial t}{\partial y}\bigg|_{y=0} \tag{2-47}$$

由式（2-46）和式（2-47）可知，流体表面传热系数除了受热导率、温差影响之外，还受流体的温度场的影响。

由于流体的温度场和速度场紧密相关。对流换热的微分方程包括表示流体温度场和速度场关系的能量微分方程以及流体速度场的连续性微分方程和动量微分方程。

（1）连续性微分方程　在一般工作状态下（定常流动），流体基本上是不可压缩的，同时，流体又是连续的，不可能有间隙存在。从流场中任意取一个微元体，根据质量守恒定律，在单位时间内流入与流出微元体各方向流体的质量流量一定相等。对于不可压缩流体定常流动，二维流动连续性方程为

$$\frac{\partial u}{\partial x} + \frac{\partial v}{\partial y} = 0 \tag{2-48}$$

式中，u 为流体在 x 方向的速度；v 为流体在 y 方向的速度。

（2）动量微分方程　根据牛顿第二定律，作用在物体上的合外力的大小等于物体在力的作用方向上的动量变化率，根据流场中微元体的动量守恒可以导出动量微分方程，形式如下：

x 方向的动量微分方程为

$$\rho\left(\frac{\partial u}{\partial \tau} + u\frac{\partial u}{\partial x} + v\frac{\partial u}{\partial y}\right) = F_x - \frac{\partial p}{\partial x} + \mu\left(\frac{\partial^2 u}{\partial x^2} + \frac{\partial^2 u}{\partial y^2}\right) \tag{2-49}$$

y 方向动量微分方程为

$$\rho\left(\frac{\partial v}{\partial \tau} + u\frac{\partial v}{\partial x} + v\frac{\partial v}{\partial y}\right) = F_y - \frac{\partial p}{\partial y} + \mu\left(\frac{\partial^2 v}{\partial x^2} + \frac{\partial^2 v}{\partial y^2}\right) \tag{2-50}$$

动量微分方程式表示微元体动量的变化等于作用在微元体上的外力之和，方程式各项含义如下：

1）方程式左边 $\rho\left(\frac{\partial u}{\partial \tau} + u\frac{\partial u}{\partial x} + v\frac{\partial u}{\partial y}\right)$ 和 $\rho\left(\frac{\partial v}{\partial \tau} + u\frac{\partial v}{\partial x} + v\frac{\partial v}{\partial y}\right)$ 被称为**惯性力项**，表示微元体动量的变化。当稳态流动时，$\frac{\partial u}{\partial \tau} = \frac{\partial v}{\partial \tau} = 0$。

2）方程式等号右边第一项 F_x 和 F_y 为**体积力项**，包括重力、浮升力、弯曲流动时的离心力、流体通过电磁场时产生的电磁力等项。对于体积力可忽略的强迫对流换热，$F_x = F_y = 0$。

3）方程式等号右边第二项 $\dfrac{\partial p}{\partial x}$ 和 $\dfrac{\partial p}{\partial y}$ 为**压力梯度项**，表明边界层内的压力梯度沿 x 和 y 方向的变化。

4）方程式等号右边第三项 $\mu\left(\dfrac{\partial^2 u}{\partial x^2} + \dfrac{\partial^2 u}{\partial y^2}\right)$ 和 $\mu\left(\dfrac{\partial^2 v}{\partial x^2} + \dfrac{\partial^2 v}{\partial y^2}\right)$ 为**黏性力项**。

根据边界层理论对上述能量方程中的各项进行数量级分析，速度边界层的厚度 δ_t 与壁面特征长度 l 相比很小，即 $\delta \ll l$，$y \ll x$，依此可得 $u \gg v$，$\dfrac{\partial u}{\partial x} \gg \dfrac{\partial v}{\partial x}$，$\dfrac{\partial u}{\partial y} \gg \dfrac{\partial v}{\partial y}$，$\dfrac{\partial^2 u}{\partial x^2} \gg \dfrac{\partial^2 v}{\partial x^2}$，$\dfrac{\partial^2 u}{\partial y^2} \gg \dfrac{\partial^2 v}{\partial y^2}$，上述结果表明，$y$ 方向动量微分方程中的各项与 x 方向动量微分方程中的各项相比很小，可以忽略，只保留 x 方向的动量微分方程。

x 方向动量微分方程中的 $\dfrac{\partial^2 u}{\partial x^2}$ 与 $\dfrac{\partial^2 u}{\partial y^2}$ 相比很小，也可以忽略，即不考虑边界层中 x 方向的动量扩散，则动量微分方程可以简化为

$$u\frac{\partial u}{\partial x} + v\frac{\partial u}{\partial y} = -\frac{1}{\rho}\frac{\partial p}{\partial x} + \nu\frac{\partial^2 u}{\partial y^2} \tag{2-51}$$

同时，因为 y 方向在动量微分方程中被忽略，y 方向的压力变化 $\dfrac{\partial p}{\partial y}$ 也一同被忽略，即边界层中的压力只沿 x 方向变化，所以 $\dfrac{\partial p}{\partial x}$ 写为 $\dfrac{\mathrm{d}p}{\mathrm{d}x}$，且 $\dfrac{\mathrm{d}p}{\mathrm{d}x}$ 与边界层外的主流区相同，可由主流区理想流体的伯努利方程确定。如果忽略位能的变化，伯努利方程可表示为

$$p + \frac{1}{2}\rho u_\infty^2 = 常数$$

得

$$\frac{\mathrm{d}p}{\mathrm{d}x} = -\rho u_\infty \frac{\mathrm{d}u_\infty}{\mathrm{d}x}$$

代入动量微分方程式（2-51），得

$$u\frac{\partial u}{\partial x} + v\frac{\partial u}{\partial y} = u_\infty\frac{\mathrm{d}u_\infty}{\mathrm{d}x} + \nu\frac{\partial^2 u}{\partial y^2} \tag{2-52}$$

对于常物性、无内热源、不可压缩牛顿流体平行外掠平板的稳态对流换热，动量微分方程式（2-52）中的 $\dfrac{\mathrm{d}u_\infty}{\mathrm{d}x} = 0$，动量微分方程式可简化为

$$u\frac{\partial u}{\partial x} + v\frac{\partial u}{\partial y} = \nu\frac{\partial^2 u}{\partial y^2} \tag{2-53}$$

（3）能量微分方程　根据微元体的能量守恒可导出能量微分方程，微元体的能量守恒可表述为：单位时间内，由导热进入微元体的净热量 $\varPhi_\lambda$ 和由对流进入微元体的净热量 $\varPhi_h$ 之和等于微元体热力学能的增加 $\dfrac{\mathrm{d}U}{\mathrm{d}\tau}$，即

$$\Phi_\lambda + \Phi_h = \frac{\mathrm{d}U}{\mathrm{d}\tau} \tag{2-54}$$

其中，根据导热微分方程，单位时间内由导热进入微元体的净热量为

$$\Phi_\lambda = \lambda \left(\frac{\partial^2 t}{\partial x^2} + \frac{\partial^2 t}{\partial y^2} \right) \mathrm{d}x\mathrm{d}y \tag{2-55}$$

单位时间内，由对流进入微元体的净热量 Φ_h 等于从 x 方向和 y 方向净进入微元体的质量所携带的能量之和，即

$$\Phi_h = \Phi_{h,x} + \Phi_{h,y} = -\rho c_p \left[\frac{\partial(ut)}{\partial x} + \frac{\partial(vt)}{\partial y} \right] \mathrm{d}x\mathrm{d}y \tag{2-56}$$

单位时间内微元体热力学能的增加为

$$\frac{\mathrm{d}U}{\mathrm{d}\tau} = \rho c_p \frac{\partial t}{\partial \tau} \mathrm{d}x\mathrm{d}y \tag{2-57}$$

将式（2-55）、式（2-56）、式（2-57）代入能量守恒表达式（2-54），得

$$\lambda \left(\frac{\partial^2 t}{\partial x^2} + \frac{\partial^2 t}{\partial y^2} \right) \mathrm{d}x\mathrm{d}y - \rho c_p \left[\frac{\partial(ut)}{\partial x} + \frac{\partial(vt)}{\partial y} \right] \mathrm{d}x\mathrm{d}y = \rho c_p \frac{\partial t}{\partial \tau} \mathrm{d}x\mathrm{d}y \tag{2-58}$$

整理并根据连续性微分方程 $\frac{\partial u}{\partial x} + \frac{\partial v}{\partial y} = 0$，可简化为

$$\rho c_p \left(\frac{\partial t}{\partial \tau} + u \frac{\partial t}{\partial x} + v \frac{\partial t}{\partial y} \right) = \lambda \left(\frac{\partial^2 t}{\partial x^2} + \frac{\partial^2 t}{\partial y^2} \right) \tag{2-58a}$$

式（2-58a）就是常物性、无内热源、不可压缩牛顿流体二维对流换热的能量微分方程式。

对于稳态对流换热，$\frac{\partial t}{\partial \tau} = 0$；由于热边界层厚度远小于微元体离平板前缘的距离，能量微分方程中的 $\frac{\partial^2 t}{\partial y^2} \gg \frac{\partial^2 t}{\partial x^2}$，$\frac{\partial^2 t}{\partial x^2}$ 可以忽略，即不考虑边界层中 x 方向的能量扩散，则能量微分方程式（2-58a）可简化为

$$u \frac{\partial t}{\partial x} + v \frac{\partial t}{\partial y} = a \frac{\partial^2 t}{\partial y^2} \tag{2-58b}$$

以上连续性微分方程式（2-48），动量微分方程式（2-49）、式（2-50），以及能量微分方程式（2-58a）共同构成了**对流换热微分方程组**

$$\begin{cases} \dfrac{\partial u}{\partial x} + \dfrac{\partial v}{\partial y} = 0 \\[6pt] \rho \left(\dfrac{\partial u}{\partial \tau} + u \dfrac{\partial u}{\partial x} + v \dfrac{\partial u}{\partial y} \right) = F_x - \dfrac{\partial p}{\partial x} + \mu \left(\dfrac{\partial^2 u}{\partial x^2} + \dfrac{\partial^2 u}{\partial y^2} \right) \\[6pt] \rho \left(\dfrac{\partial v}{\partial \tau} + u \dfrac{\partial v}{\partial x} + v \dfrac{\partial v}{\partial y} \right) = F_y - \dfrac{\partial p}{\partial y} + \mu \left(\dfrac{\partial^2 v}{\partial x^2} + \dfrac{\partial^2 v}{\partial y^2} \right) \\[6pt] \rho c_p \left(\dfrac{\partial t}{\partial \tau} + u \dfrac{\partial t}{\partial x} + v \dfrac{\partial t}{\partial y} \right) = \lambda \left(\dfrac{\partial^2 t}{\partial x^2} + \dfrac{\partial^2 t}{\partial y^2} \right) \end{cases} \tag{2-59}$$

式（2-59）适用于所有满足上述假设条件的对流换热。

对于体积力可以忽略的稳态强迫对流换热，根据边界层理论，忽略对流换热微分方程中的较小量后，根据式（2-48）、式（2-53）、式（2-58b），**对流换热微分方程组简化表达式**为

$$\begin{cases} \dfrac{\partial u}{\partial x}+\dfrac{\partial v}{\partial y}=0 \\[2mm] u\dfrac{\partial u}{\partial x}+v\dfrac{\partial u}{\partial y}=\nu\dfrac{\partial^2 u}{\partial y^2} \\[2mm] u\dfrac{\partial t}{\partial x}+v\dfrac{\partial t}{\partial y}=a\dfrac{\partial^2 t}{\partial y^2} \end{cases} \quad (2\text{-}60)$$

简化后的3个方程含有 u、v、t 三个未知量，方程组封闭，可以用来分析求解简单的层流对流换热问题。

2. 对流换热的单值性条件

对于一个具体的对流换热过程，除了给出微分方程组外，还必须给出单值性条件，才能构成其完整的数学描述。对流换热过程的单值性条件用来描述具体对流换热问题的特征，使对流换热微分方程组具有唯一的解。对流换热过程的单值性条件包含几何条件、物理条件、时间条件和边界条件4个方面。

（1）几何条件　对流换热固体表面的几何形状、尺寸大小和粗糙度，以及壁面与流体之间的相对位置等。一般根据几何条件选取合适的坐标系。

（2）物理条件　流体的物理性质，如热物性参数 λ、ρ、c_p、a 等的数值及其变化规律，物体有无内热源以及内热源的释热规律等。

（3）时间条件　对流换热过程进行的时间上的特点，如是稳态对流换热过程还是非稳态对流换热过程。对于非稳态对流换热过程，还应该给出初始条件，即过程开始时刻的速度场与温度场。

（4）边界条件　描述所研究的对流换热在边界上的状态，如边界上的速度分布、温度分布规律以及与周围环境之间热流密度的作用情况。一般分为以下两类：①第一类边界条件，已知边界上的温度分布规律，当固体壁面上的温度 t_w = 常数时，称为**等壁温边界条件**；②第二类边界条件，已知边界上的热流密度分布规律 $q_w=f(x,y,z,\tau)$，根据傅里叶定律，可计算得到边界面法线方向的流体温度变化率。当 q_w = 常数，则称为**常热流边界条件**。

上述对流换热微分方程组和单值性条件构成了对一个具体对流换热过程的完整的数学描述，通过求解流体边界层的温度分布，进而求出对流换热表面传热系数和热流量。

3. 对流换热特征数关联式

为了减少**对流换热微分方程组**中变量的个数，使求解结果更具有代表性，引入特征数。特征数是由一些物理量组成的无量纲的数，使方程组无量纲化，可以用特征数函数的形式表示对流换热的解，称为**特征数关联式**。

令

$$X=\frac{x}{l},\ Y=\frac{y}{l},\ U=\frac{u}{u_\infty},\ V=\frac{v}{u_\infty},\ \Theta=\frac{t-t_w}{t_\infty-t_w}$$

首先将上述无量纲变量代入式（2-46），得

$$h=\frac{\lambda}{t_w-t_\infty}\frac{t_w-t_\infty}{l}\left.\frac{\partial \Theta}{\partial Y}\right|_{Y=0}=\frac{\lambda}{l}\left.\frac{\partial \Theta}{\partial Y}\right|_{Y=0}$$

整理为

$$\frac{hl}{\lambda} = \frac{\partial \Theta}{\partial Y}\bigg|_{Y=0} \tag{2-61}$$

式中，l 为特征长度，是反映对流换热固体边界几何特征的尺度，如外掠平板对流换热过程中沿流动方向平板的长度；h 为平均表面传热系数；λ 为流体的热导率；等号右边为整个平板外法线方向上的平均无量纲温度梯度。

令 $Nu = \dfrac{hl}{\lambda}$，Nu 称为**平均努塞尔数**。于是，式（2-61）可写成

$$Nu = \frac{\partial \Theta}{\partial Y}\bigg|_{Y=0} \tag{2-62}$$

平均努塞尔数 Nu 等于壁面处（$Y=0$）沿法线方向的流体平均无量纲温度梯度，其大小反映对流换热强弱的总体情况。

再将上述无量纲变量分别代入式（2-48）、式（2-53）、式（2-58b），对流换热微分方程组（2-60）可无量纲化为

$$\frac{\partial U}{\partial X} + \frac{\partial V}{\partial Y} = 0 \tag{2-63}$$

$$U\frac{\partial U}{\partial X} + V\frac{\partial U}{\partial Y} = \frac{1}{Re}\frac{\partial^2 U}{\partial Y^2} \tag{2-64}$$

$$U\frac{\partial \Theta}{\partial X} + V\frac{\partial \Theta}{\partial Y} = \frac{1}{Re \cdot Pr}\frac{\partial^2 \Theta}{\partial Y^2} \tag{2-65}$$

式中，雷诺数 $Re = \dfrac{u_\infty l}{\nu}$，表征流体惯性力与黏性力的相对大小，$Re$ 越大，惯性力的影响越大，一般根据 Re 的大小判断流态；普朗特数 $Pr = \dfrac{\nu}{a}$，它表征流体动量扩散能力与热量扩散能力的相对大小。

由式（2-63）、式（2-64）、式（2-65）可以看出，流动边界层内无量纲速度和热边界层内的无量纲温度分布可以表示为无量纲数的函数，即

$$U = f(X, Y, Re)$$
$$V = f(X, Y, Re)$$
$$\Theta = f(X, Y, U, V, Re, Pr)$$

综合上面三个公式可得

$$\Theta = f(X, Y, Re, Pr)$$

对应整个平板的平均无量纲温度梯度 $\dfrac{\partial \Theta}{\partial Y}\bigg|_{Y=0}$，与 X、Y 无关，只是 Re 和 Pr 的函数。因此由式（2-62）可知，Nu 只取决于 Re 和 Pr，可表示为

$$Nu = f(Re, Pr) \tag{2-66}$$

式中，Re、Pr 由已知的物理量组成，称为**已定特征数**；Nu 含有待定的表面传热系数 h，称为**待定特征数**。

因此，流体平行外掠平板强迫对流换热可以通过式（2-66）所示的特征数关联式的形式

进行求解，理论上，所有对流换热问题的解都可以表示成特征数关联式的形式。特征数关联式和表面传热系数与各影响因素之间的一般函数关系式相比，变量个数大为减少。

2.3.4 单相流体强迫对流换热

经过多年的理论分析，已经获得了常见单相流体对流换热问题表面传热系数的特征数关联式，并在工程应用中得到了验证。下面主要介绍外掠壁面强迫对流换热和管内强迫对流换热两种典型的单相流体强迫对流换热过程。

1. 外掠壁面强迫对流换热

根据壁面几何形状，通常有流体外掠平板、横掠单管与管束的对流换热。

（1）外掠平板　现以常物性、无内热源的不可压缩牛顿流体的二维稳态对流换热为例，介绍对流换热的数学模型。

对于常物性、无内热源、不可压缩牛顿流体平行外掠平板对流换热，首先，根据边界层能量微分方程求出边界层的温度分布；其次，根据式（2-46），由边界层的温度分布求出局部表面传热系数 h_x，结果以无量纲特征数关联式的形式给出。

表 2-1 列出了不同流态下外掠平板对流换热的特征数关联式，主要包括平均努塞尔数 Nu、雷诺数 Re、流动边界层厚度 δ、热边界层的厚度 δ_t（从平板前缘就开始换热）等，其中，局部努塞尔数 $Nu_x = \dfrac{h_x x}{\lambda}$、雷诺数 $Re_x = \dfrac{u_\infty x}{\nu}$。

表 2-1　不同流态下外掠平板对流换热的实验关联式

流态	适用条件	特征数关联式	
		等壁温平板	常热流平板
层流换热	$0.5 \leqslant Pr \leqslant 1000$	$Nu_x = 0.332 Re_x^{1/2} Pr^{1/3}$ $Nu = 0.664 Re^{1/2} Pr^{1/3}$ $Nu = \dfrac{hl}{\lambda} = \dfrac{2h_l l}{\lambda} = 2Nu_l$	$Nu_x = 0.453 Re_x^{1/2} Pr^{1/3}$ $Nu = 0.680 Re^{1/2} Pr^{1/3}$
		$\dfrac{\delta}{x} = 5.0 Re_x^{-1/2}$ $\dfrac{\delta_t}{\delta} = Pr^{-1/3}$ （$0.6 \leqslant Pr \leqslant 15$）	
湍流换热	$t_w =$ 常数 $0.6 < Pr < 60$ $5 \times 10^5 < Re_x < 10^7$	$Nu_x = 0.0296 Re_x^{4/5} Pr^{1/3}$	$Nu_x = 0.0308 Re_x^{4/5} Pr^{1/3}$
整个平板 （含层流和湍流）	$t_w =$ 常数 $0.6 < Pr < 60$ $5 \times 10^5 < Re_x < 10^7$ 临界雷诺数 $Re_{x,c} = 5 \times 10^5$	$h = \dfrac{1}{l}\left(\displaystyle\int_0^{x_c} h_{x,l} \mathrm{d}x + \int_{x_c}^{l} h_{x,l} \mathrm{d}x\right)$ $Nu = (0.037 Re^{4/5} - 871) Pr^{1/3}$	

注：上述关联式中物性参数的定性温度为边界层的算术平均温度 $t_m = \dfrac{1}{2}(t_w + t_\infty)$。

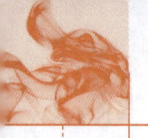

例 2-4 25 ℃的空气以 0.6 m/s 的速度平行掠过长 0.5 m、宽 0.2 m、温度为 55 ℃的平板，求空气与平板的换热量。

解 无论对空气还是水，边界温度的平均温度都为

$$t_m = \frac{1}{2}(t_w + t_\infty) = \frac{1}{2}(25+55) \text{ ℃} = 40 \text{ ℃}$$

以 40 ℃为定性温度，查"干空气的热物理性质"表，可得 $\nu = 16.96\times10^{-6}$ m²/s、$\lambda = 2.76\times10^{-2}$ W/(m·K)、$Pr = 0.699$。在离平板前沿 0.5 m 处，雷诺数为

$$Re = \frac{ul}{\nu} = \frac{0.6 \text{ m/s} \times 0.5 \text{ m}}{16.96\times10^{-6} \text{ m}^2/\text{s}} = 1.77\times10^4$$

然后求取整个平板的平均表面传热系数

$$Nu = 0.664 Re^{1/2} Pr^{1/3} = 0.664 \times (1.77\times10^4)^{1/2} \times 0.699^{1/3} = 78.40$$

$$h = \frac{\lambda}{l} Nu = \frac{2.76\times10^{-2} \text{ W/(m·K)}}{0.5 \text{ m}} \times 78.40 = 4.33 \text{ W/(m}^2\text{·K)}$$

空气与平板的换热量为

$$\Phi = Ah(t_w - t_\infty) = 0.5 \text{ m} \times 0.2 \text{ m} \times 4.33 \text{ W/(m}^2\text{·K)} \times (55-25) \text{ K} = 12.99 \text{ W}$$

（2）横掠单管和管束　由流体力学知识可知，当流体横向（与圆管轴线垂直）流过单根圆管的表面时，其流动状态取决于雷诺数 $Re = \frac{u_\infty d}{\nu}$ 的大小。当黏性流体流过圆柱体时，随着圆柱截面的变化，流体的流速和压力发生变化，使流体在绕流圆柱体时发生边界层脱体现象。在圆柱体的前半部，沿流动方向流通截面减小，流速增加，压力降低，压力势能转变为动能；在圆柱体的后半部，随着流通截面增加，流速降低，压力增加，流体克服压力的增加向前流动，当其动量不足以克服压力的增加保持向前流动时，就会产生反方向的流动，形成旋涡，使边界层离开壁面，发生脱体现象。大量实验结果表明，$Re<5$ 时，不会产生脱体现象；当 $Re>5$ 时，出现脱体现象，尾流形成旋涡，脱体点的位置取决于 Re 的大小，随着 Re 的增大，脱体点向后推移，见表 2-2。

表 2-2 流体横掠单管的流动状态

雷诺数范围	流动状态	说明
$Re<5$		未脱体
$5<Re<40$		开始脱体，尾部出现旋涡
$40<Re<150$		脱体，尾部出现层流涡街

(续)

雷诺数范围	流动状态	说明
$150<Re<3\times10^5$		脱体前边界层保持层流，湍流涡街
$3\times10^5<Re<3.5\times10^6$		边界层从层流过渡到湍流再脱体，尾流湍乱
$Re>3.5\times10^6$		出现更狭窄的湍流涡街

当流体横掠管束时，管束的排列方式、管间距以及管排数对换热有较大的影响。管束通常有**顺排**与**叉排**两种排列方式，如图2-16所示。

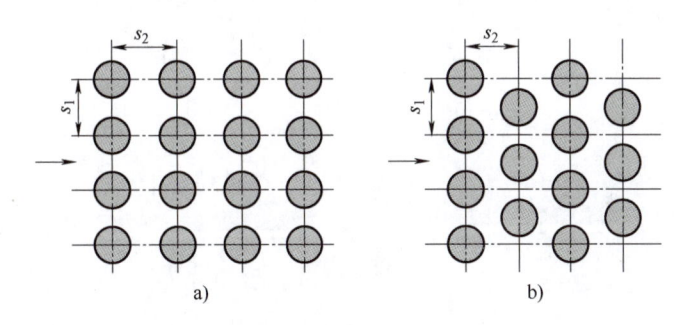

图 2-16 横掠管束
a) 顺排 b) 叉排

对于流体横掠单管和管束的对流换热，**茹卡乌思卡斯**分析了大量实验数据，总结得出单管和管束平均表面传热系数的特征数关联式，具体见表2-3。

表 2-3 横掠单管和管束时平均表面传热系数的特征数关联式

流态	适用条件	特征数关联式	定性温度
横掠单管	$0.7<Pr<500$ $1<Re<10^6$	$Nu=CRe^n Pr^m(Pr/Pr_w)^{1/4}$	Pr_w定性温度为壁面温度t_w，其他物性的定性温度为主流温度t_∞，特征长度为圆柱体直径d，雷诺数中的速度为来流速度u_∞
横掠管束	$1<Re_f<2\times10^6$ $0.6<Pr_f<500$	$Nu_f=C_f Re_f^k Pr_f^{0.36}\left(\dfrac{Pr_f}{Pr_w}\right)^{0.25}\varepsilon_n$	Pr_w采用管束平均壁面温度t_w，其他物性参数的定性温度为管束进出口流体的平均温度t_f，Re_f中的流速采用管束最窄流通截面处的平均流速

表2-3中，流体横掠单管时，若$Pr\leq10$，$m=0.37$；若$Pr>10$，$m=0.36$。式中常数C和

n 的数值见表2-4。

表2-4 横掠单管式中常数 C 和 n 的数值

Re	C	n	Re	C	n
1~40	0.75	0.4	$10^3 \sim 2 \times 10^5$	0.26	0.6
40~1000	0.51	0.5	$2 \times 10^5 \sim 10^6$	0.076	0.7

流体外掠管束时，常数 C_f 和 k 的值见表2-5，ε_n 为管排修正系数，其数值见表2-6。

表2-5 常数 C_f 和 k 的值

管束排列	Re_f	C_f	k
顺排	$1 \sim 10^2$	0.9	0.4
	$10^2 \sim 10^3$	0.52	0.5
	$10^3 \sim 2 \times 10^5$	0.27	0.63
	$2 \times 10^5 \sim 2 \times 10^6$	0.033	0.8
叉排	$1 \sim 5 \times 10^2$	1.04	0.4
	$5 \times 10^2 \sim 10^3$	0.7	0.5
	$10^3 \sim 2 \times 10^5$, $\frac{s_1}{s_2} \leq 2$	$0.35 \left(\frac{s_1}{s_2}\right)^{0.2}$	0.6
	$10^3 \sim 2 \times 10^5$, $\frac{s_1}{s_2} > 2$	0.4	0.6
	$2 \times 10^5 \sim 2 \times 10^6$	$0.31 \left(\frac{s_1}{s_2}\right)^{0.2}$	0.8

表2-6 管排修正系数 ε_n

条件		管排数 n										
		1	2	3	4	5	7	9	10	13	15	≥16
顺排	$Re_f > 10^3$	0.07	0.80	0.86	0.91	0.93	0.95	0.97	0.98	0.99	0.994	1.0
叉排	$10^2 < Re_f < 10^3$	0.83	0.87	0.91	0.94	0.95	0.97	0.98	0.984	0.993	0.996	1.0
	$Re_f > 10^3$	0.62	0.76	0.84	0.90	0.92	0.95	0.97	0.98	0.99	0.997	1.0

表2-3仅适用于流体流动方向与圆柱体或管束轴向夹角（称为冲击角）$\psi = 90°$ 的情况。如果 $\psi < 90°$，对流换热将减弱，可在关联式的右边乘以一个与冲击角有关的修正系数 ε_ψ 来计算平均表面传热系数。

2. 管内强迫对流换热

单相流体管内强迫对流换热包括各类流体管道、换热器排管内的对流换热，在工业生产

和日常生活中非常普遍。

（1）管内强迫对流换热的特征　管内强迫对流换热的特征包含以下三个方面。

1）流体的流动状态。单相流体管内强迫对流换热与管内流体的流动状态紧密相关，特别是流体进入管道前的稳定程度。根据常用一般光滑管道的测量结果，可以按照雷诺数 Re 的大小范围判断流态：当 $Re \leqslant 2300$ 时，流态为层流；当 $2300 < Re < 10^4$ 时，流态为由层流到湍流的过渡阶段；当 $Re > 10^4$ 时，流态为旺盛湍流。目前，利用高新技术能使管道内层流保持至 $Re \approx 4 \times 10^4$，甚至达几十万。

2）进口段与充分发展段。当不可压缩牛顿流体以均匀的流速从大空间稳态流进圆管时，根据流动边界层的变化分为流动进口段和流动充分发展阶段，如图 2-17 所示。在流动进口段，从管子进口处开始，管内流动边界层逐渐加厚，圆管横截面上的速度分布沿流动方向不断变化。随着流动边界层的加厚，流动边界层的边缘在圆管的中心线汇合之后，圆管横截面上的速度分布沿轴向不再变化，这时称流体进入了**流动充分发展阶段**。此时，沿轴向的速度、压力梯度和阻力系数 f 均不变，且圆管横截面上的速度分布为抛物线。

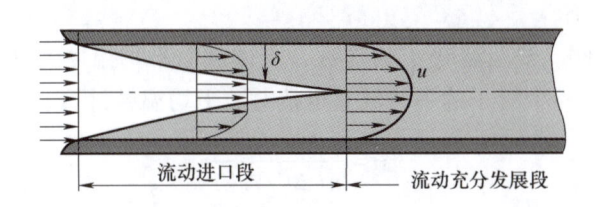

图 2-17　层流流动进口段与流动充分发展段

同理，当流体进入管内因温差发生对流换热，根据热边界层的变化分为热进口段和热充分发展阶段，如图 2-18a 所示。**在热流动进口段**，从管口处开始，热边界层沿流动方向逐渐加厚，流体的温度沿 x 和 r 方向不断变化。当热边界层的边缘在圆管的中心线汇合之后，虽然流体的温度仍然沿 x 方向不断发生变化，但无量纲温度 $(t_w - t)/(t_w - t_f)$ 不再随 x 而变，只是 r 的函数，从这时起称管内的对流换热进入了**热充分发展段**。

在热流动进口段，进口处边界层很薄，局部表面传热系数 h_x 很大，对流换热较强，随着边界层的加厚，h_x 沿 x 方向逐渐减小，对流换热逐渐减弱；当进入热充分发展段后，对于管内层流和湍流、等壁温边界条件和常热流边界条件，**表面传热系数沿流动方向保持不变**，如图 2-18b 所示。为了考虑进口段的影响，通常在特征数关联式的右端乘以一个修正系数 c_l。

3）对流换热过程中管壁与管内流体的温差。管内强迫对流换热时，管壁温度和流体温度都沿管轴向变化。

① 常热流边界条件。常热流边界条件下，热流密度为常数，流体的截面平均温度 t_m 和管壁温度 t_w 沿流动方向变化。流体的截面平均温度可以通过实验进行测量。如果管子较长，忽略进口段的影响，一般取热充分发展段的温差（即管子出口处的温差）作为整个管子的平均温差；如果管子较短，进口段的影响不能忽略，则管子的平均温差可近似地取管子进口温差和出口温差的平均值。

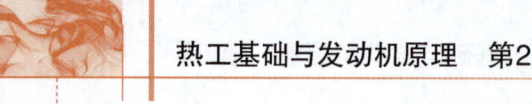

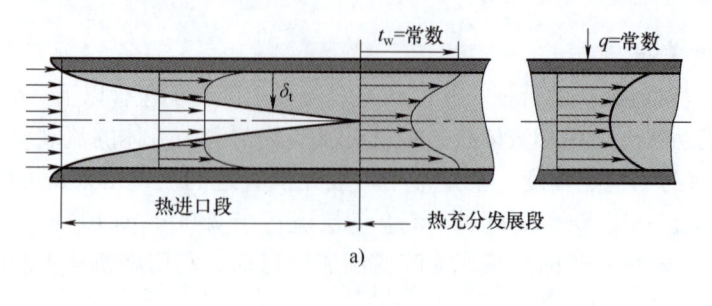

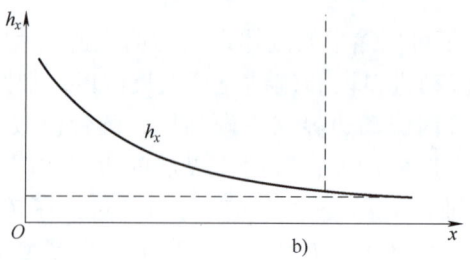

图 2-18 热进口段与热充分发展段及局部表面传热系数
a）热进口段和热充分发展段 b）局部表面传热系数

② 等壁温边界条件。壁面温度 t_w 为常数，流体截面平均温度 t_m 和温差 Δt_x 沿流动方向按指数函数规律变化，整个管子的平均温差可按对数平均温差计算，即

$$\Delta t = \frac{\Delta t' - \Delta t''}{\ln(\Delta t'/\Delta t'')} \tag{2-67}$$

如果进口温差 $\Delta t'$ 与出口温差 $\Delta t''$ 相差不大，$0.5 < \Delta t'/\Delta t'' < 2$ 时，Δt 近似地取管子进口温差与出口温差的算术平均值，计算偏差小于 4%。

另外，流体的所有物性参数几乎都是温度的函数，为了考虑物性场不均匀的影响，一般在特征数关联式的右端乘以一个修正系数 c_t。同时，在直管内强迫对流湍流换热特征数关联式的右端乘以一个修正系数 C_R 来考虑管道弯曲的影响，对于管内层流换热，管道弯曲影响较小，可以忽略。

（2）管内强迫对流换热特征数关联式 如前所述，管内强迫对流换热与流动状态紧密相关，经过大量理论分析与实验研究，已经获得了管内强迫对流换热的特征数关联式，见表 2-7；截面形状不同的管道内充分发展层流换热的努塞尔数和阻力系数见表 2-8。

表 2-7 不同流态下管内强迫对流换热的实验关联式

流态	特征数关联式	适用条件
层流	席德-塔特（Sieder-Tate）公式 $$Nu_f = 1.86\left(Re_f Pr_f \frac{d}{l}\right)^{1/3}\left(\frac{\eta_f}{\eta_w}\right)^{0.14}$$ 下标 f 表示定性温度为流体的平均温度 t_f，下标 w 表示按壁面温度 t_w 确定	1. 管子较短，进口段的影响不能忽略 2. 等壁温边界条件为 $0.48 < Pr_f < 16700$ $0.0044 < \frac{\eta_f}{\eta_w} < 9.75$ $\left(Re_f Pr_f \frac{d}{l}\right)^{1/3}\left(\frac{\eta_f}{\eta_w}\right)^{0.14} \geq 2$
	Nu 的数值为常数，具体见表 2-8	1. 管子较长，进口段的影响可以忽略 2. 常热流和等壁温边界条件

（续）

流态		特征数关联式	适用条件
湍流（光滑管道）	流体与管壁温度相差不大，气体温差小于50℃，水温差小于30℃，油温差小于10℃	迪图斯-贝尔特（Dittus-Boelter）公式 $Nu_f = 0.023 Re_f^{0.8} Pr_f^n$ $n = \begin{cases} 0.4, & t_w > t_f \\ 0.3, & t_w < t_f \end{cases}$ $0.7 \leq Pr_f \leq 160$ $Re_f \geq 10^4$，$l/d \geq 60$	1. 常热流和等壁温边界条件 2. 实验数据的偏差较大（达25%），精确度不高，用于一般的工程计算
	流体与管壁温度相差较大，流体物性场不均匀性影响较大	席德-塔特公式 $Nu = 0.027 Re_f^{0.8} Pr_f^{1/3} \left(\dfrac{\eta_f}{\eta_w}\right)^{0.14}$ $0.7 \leq Pr_f \leq 16700$ $Re \geq 10^4$，$l/d \geq 60$	
	气体 $Nu = 0.0214(Re_f^{0.8} - 100) Pr_f^{0.4} \left[1 + \left(\dfrac{d}{l}\right)^{2/3}\right] \left(\dfrac{T_f}{T_w}\right)^{0.45}$ 液体 $Nu = 0.012(Re_f^{0.87} - 280) Pr_f^{0.4} \left[1 + \left(\dfrac{d}{l}\right)^{2/3}\right] \left(\dfrac{Pr_f}{Pr_w}\right)^{0.11}$		适用于管内旺盛湍流换热，也适用于从层流到湍流之间的过渡流换热 $1.5 < Pr_f < 500$，$0.05 < \dfrac{Pr_f}{Pr_w} < 20$ $2300 < Re_f < 10^6$

表2-8 截面形状不同的管道内充分发展层流换热的努塞尔数 Nu 和阻力系数 f

截面形状		$Nu = \dfrac{hd_e}{\lambda}$		$fRe \left(Re = \dfrac{u_m d_e}{\nu}\right)$
		常热流边界	等壁温边界	
圆形		4.36	3.66	64
等边三角形		3.11	2.47	53
正方形		3.61	3.98	57
正六边形		4.00	3.34	60
长方形（长 a、宽 b）	$a/b = 2$	4.12	3.39	62
	$a/b = 3$	4.79	3.96	69
	$a/b = 4$	5.33	4.44	73
	$a/b = 8$	49	5.60	82
	$a/b = \infty$	8.24	7.54	96

注：1. u_m 为管内流体平均流速；非圆形截面管道采用当量直径 $d_e = \dfrac{4A_c}{P}$ 作为特征长度，其中，A_c 为管道流通截面面积；P 为管道流通截面的润湿周边的长度。
2. 对于粗糙管，如内螺纹管，其湍流对流换热比一般的光滑管道强，上述公式不再适用，通常采用动量传递与热量传递类比关系式进行计算。

例2-5 冷却水以 2 m/s 的流速流过内径为 20 mm、长度为 3 m 的铜管，冷却水的进、

出口温度分别为 20 ℃ 和 40 ℃，忽略流体物性场不均匀的影响，试计算管内的表面传热系数。

解 由于 l/d 较大，管子细长，可以忽略进口段的影响。冷却水的平均温度为

$$t_f = \frac{1}{2} \times (20+40) \ ℃ = 30 \ ℃$$

查饱和水的热物理性质表，可得

$$\lambda_f = 0.618 \ \text{W/(m·K)}, \quad \nu_f = 0.805 \times 10^{-6} \ \text{m}^2/\text{s}, \quad Pr_f = 5.42$$

计算管内雷诺数：

$$Re_f = \frac{ud}{\nu_f} = \frac{2 \ \text{m/s} \times 0.02 \ \text{m}}{0.805 \times 10^{-6} \ \text{m}^2/\text{s}} = 4.97 \times 10^4$$

管内流体为旺盛湍流，由表 2-7 可得

$$Nu_f = 0.023 Re_f^{0.8} Pr_f^{0.4}$$
$$= 0.023 \times (4.97 \times 10^4)^{0.8} \times 5.42^{0.4}$$
$$= 258.47$$

$$h = \frac{\lambda_f}{d} Nu_f = \frac{0.618 \ \text{W/(m·K)}}{0.02 \ \text{m}} \times 258.47 = 7986.72 \ \text{W/(m}^2\text{·K)}$$

2.3.5 自然对流换热

当流体与温度不同的壁面接触，在壁面附近的流体温度发生变化，进而引起密度变化，在重力场作用下产生浮升力，使流体发生流动，形成自然对流，引起热量交换，这种由自然对流而产生的换热过程就称为**自然对流换热**，如室内暖气片与周围空气间的换热。

根据自然对流所在空间的大小和对流边界层的影响，区分有**大空间自然对流**和**有限空间自然对流**。如果流体的自然对流发生的空间很大，换热面上边界层的形成和发展不受其他物体的影响，称为大空间自然对流换热，如暖气片的散热等；如果在有限的空间内产生自然对流并相互影响，则称为有限空间自然对流换热。大空间和有限空间是相对的，有时单纯从几何形状大小来看，它是有限空间，但如果它并不干扰边界层的形成和发展，仍称为大空间自然对流换热。本节重点介绍大空间恒壁温边界条件下的自然对流换热计算。

1. 自然对流换热的特点

图 2-19 所示为大空间内沿竖直壁面的自然对流换热。一个具有均匀温度的竖直壁面位于一大空间内，远离壁面处的流体处于静止状态，没有强迫对流。假设壁面温度（t_w）大于流体的温度（t_∞），紧靠壁面的流体由于被加热而发生自下而上的自然对流，并在紧贴壁面处形成自然对流边界层。与流体外掠平板的强迫对流换热类似，从壁面的下边开始向上，由层流边界层逐渐过渡到湍流边界层。

随着层流边界层厚度的增加，局部表面传热系数 h_x 沿竖直壁面高度方向逐渐减小；当边界层从层流向湍流过渡时 h_x 又增大，在旺盛湍流阶段，h_x 基本稳定。

在前面分析的强迫对流换热中忽略了动量微分方程式中

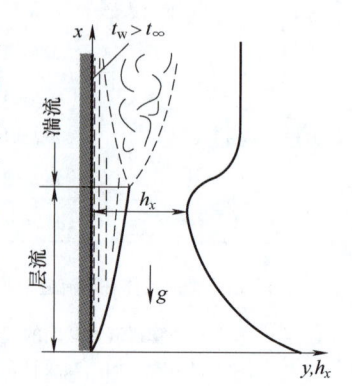

图 2-19 大空间内沿竖直壁面的自然对流换热

的体积力项 F_x。而浮升力是自然对流的动力，自然对流边界层内的流体在浮升力与黏性力的共同作用下运动，浮升力对自然对流换热起决定作用。

令 $Gr = \dfrac{g\alpha_V \Delta t l^3}{\nu^2}$，$Gr$ 称为**格拉晓夫数**。其中，$\Delta t = t_w - t_\infty$，$\alpha_V$ 为体胀系数。Gr 表征浮升力与黏性力的相对大小，反映自然对流的强弱。Gr 越大，浮升力的相对作用越大，自然对流越强。Gr 的大小决定了自然对流的流态。一般推荐用**瑞利数** $Ra = GrPr$ 作为流态的判据，例如对于竖直壁面的自然对流换热，当 $Ra < 10^9$ 时为层流，当 $Ra > 10^9$ 时为湍流。

同时，自然对流换热还具有以下特点：

1) 自然对流的最大速度位于边界层内部，并随着 Pr 的增大无量纲速度的最大值减小，并且位置向壁面移动。

2) 随着 Pr 的增大，层流边界层的流动边界层厚度 δ 变化不大，但热边界层的厚度 δ_t 迅速减小，壁面处温度梯度的绝对值增大，换热增强。

2. 大空间自然对流换热特征数关联式

经过理论分析和实验研究，自然对流换热的特征数关联式可以用幂函数形式表达为

$$Nu = C(GrPr)^n = CRa^n \tag{2-68}$$

定性温度为边界层的算术平均温度

$$t_m = \frac{1}{2}(t_w + t_\infty)$$

常见的自然对流换热有等壁温和常热流两种边界条件，下面介绍等壁温边界条件下的特征数关联式。

对于等壁温边界条件的自然对流换热，可直接利用式（2-68）进行计算，表 2-9 列出了几种典型的自然对流换热的常数 C 和 n 的数值。

表 2-9　几种典型的自然对流换热的常数 C 和 n

壁面形状与位置	流动情况	特征长度	C	n	$GrPr$ 适用范围
竖直平壁或竖直圆柱		壁面高度 H	0.59 0.10	1/4 1/3	$10^4 \sim 10^9$ $10^9 \sim 10^{13}$
水平圆柱		圆柱外径 d	0.85 0.48 0.125	0.188 1/4 1/3	$10^{-1} \sim 10^2$ $10^2 \sim 10^4$ $10^4 \sim 10^7$ $10^7 \sim 10^{12}$
水平热面朝上或水平冷面朝下		平壁面积与周长之比 A/U，圆盘取 $0.9d$	0.54 0.15	1/4 1/3	$10^4 \sim 10^7$ $10^7 \sim 10^{11}$

(续)

壁面形状与位置	流动情况	特征长度	C	n	$GrPr$ 适用范围
水平热面朝下或水平冷面朝上	或	平壁面积与周长之比 A/U，圆盘取 $0.9d$	0.27	1/4	$10^5 \sim 10^{11}$

从上述竖直壁面和水平圆柱的自然对流湍流换热特征数关联式可以看出，关联式等号两边的特征长度消失。这说明，自然对流湍流换热的表面传热系数与特征长度无关，这一现象称为**自模化现象**。根据这一特点，可以用较小尺寸物体的自然对流湍流换热来模拟较大尺寸物体的自然对流湍流换热。

例 2-6 室内暖气管道外径为 60 mm，表面温度为 95 ℃，室内温度为 25 ℃，试计算单位管长暖气管道外壁面的自然对流换热损失。

解 定性温度取管壁与流体的平均温度，即

$$t_m = \frac{1}{2}(t_w + t_\infty) = \frac{1}{2} \times (95\ ℃ + 25\ ℃) = 60\ ℃$$

按温度 60 ℃ 查表得空气的物性参数值为

$$\nu = 18.97 \times 10^{-6}\ m^2/s,\ \lambda = 2.9 \times 10^{-2}\ W/(m \cdot K),\ Pr = 0.696$$

$$\alpha_V = \frac{1}{T_m} = \frac{1}{(273+60)\ K} = 3.0 \times 10^{-3}\ K^{-1}$$

$$GrPr = \frac{g\alpha_V \Delta t d^3}{\nu^2} Pr = \frac{9.8\ m/s^2 \times 3.0 \times 10^{-3}\ K^{-1} \times (95-25)\ K \times (0.06\ m)^3}{(18.97 \times 10^{-6}\ m^2/s)^2} \times 0.696 = 8.6 \times 10^5$$

从表 2-9 查得 $C = 0.48$、$n = 1/4$，于是根据式（2-68）有

$$Nu = 0.48(GrPr)^{1/4} = 0.48 \times (8.6 \times 10^5)^{1/4} = 14.62$$

$$h = \frac{\lambda}{d} Nu = \frac{2.9 \times 10^{-2}\ W/(m \cdot K)}{0.06\ m} \times 14.62 = 7.07\ W/(m^2 \cdot K)$$

单位管长的对流散热损失为

$$\Phi_l = \pi d h (t_w - t_\infty) = \pi \times 0.06\ m \times 7.07\ W/(m^2 \cdot K) \times (95-25)\ K = 93.29\ W/m$$

2.3.6 对流换热的实验研究

1. 相似原理

任何一个物理现象都可描述为物理量随时间和地点变化的过程，如果同类物理现象之间对应的同名物理量在所有对应瞬间、对应地点的数值都成比例，则称为**物理现象相似**。

同类物理现象是指那些具有相同性质、服从于同一自然规律的物理过程，它们用形式和内容完全相同的微分方程式来描写。例如，强迫对流换热与自然对流换热、层流换热与湍流换热，它们的微分方程形式和内容不完全相同，不属于同类现象。

假设 φ 为两个相似物理现象的同名物理量，根据物理现象相似的定义，在这两个现象所有对应时间和对应地点，φ' 和 φ'' 数值成比例，即

$$\frac{\varphi'}{\varphi''} = C_\varphi \tag{2-69}$$

式中，C_φ 为物理量 φ 的**相似倍数**。例如，在图 2-20 所示的两个相似的管内稳态层流速度场，所有相似地点的速度成比例，即

$$\frac{u_1'}{u_1''}=\frac{u_2'}{u_2''}=\frac{u_3'}{u_3''}=\cdots=\frac{u_0'}{u_0''}=C_u \tag{2-70}$$

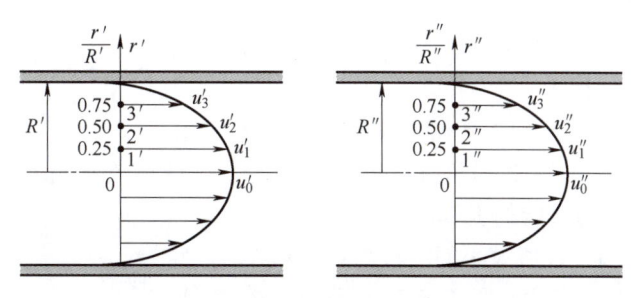

图 2-20 管内稳态层流速度场相似示意图

C_u 称为**速度相似倍数**，可以写成无量纲速度形式，即

$$\frac{u_1'}{u_0'}=\frac{u_1''}{u_0''},\ \frac{u_2'}{u_0'}=\frac{u_2''}{u_0''},\ \frac{u_3'}{u_0'}=\frac{u_3''}{u_0''},\cdots \tag{2-71}$$

上式表明，两个相似的速度场具有完全相同的无量纲速度场。同理，**相似物理现象具有完全相同的所有同名无量纲物理量场**。当彼此相似的物理现象由多个物理量来描述时，不同物理量一般具有不同的相似倍数。

采用相似分析方法，根据动量微分方程和能量微分方程，可知常物性、不可压缩牛顿流体外掠等壁温平板的对流换热时，**彼此相似物理现象的同名相似特征数相等**，即平均努塞尔数 Nu、雷诺数 Re 和普朗特数 Pr 相等。因此，所有相似的物理现象的解必定用同一个特征数关联式来描写，即从一个物理现象所获得的特征数关联式适用于与其相似的所有物理现象。

根据物理现象相似的概念和性质，判断物理现象是否相似的依据为：
1）用形式和内容完全相同的微分方程描写的同类物理现象。
2）单值性条件相似。
3）同名已定特征数相等。

2. 相似原理对实验的指导

为了求解复杂对流换热问题，通常利用模型实验来模拟实际的对流换热过程，确定对流换热特征数关联式，依据相似原理探索对流换热规律。

（1）模型实验设置　根据相似原理，首先需要设置与实际原型对流换热过程相似的模型实验，模型实验中的对流换热过程必须满足同类物理现象、单值性条件相似和同名已定特征数相等 3 个物理现象相似条件。但要实现对流换热过程的准确相似，往往会遇到难以克服的困难，如保持模型与原型的普朗特数相等较难实现。

在实践中通常采用近似模拟法，模拟实验时忽略次要条件，只保持主要条件相似，如进行气体对流换热的模拟实验时，忽略普朗特数 Pr 随温度的变化。根据工程计算需要，有时可以只保持局部的对流换热相似，只研究物理场中局部位置的变化规律。

（2）实验数据的整理　通过实验研究确定待定特征数与已定特征数之间的函数关系，

即特征数关联式的函数形式。对于工程上常见的无相变单相流体的强迫对流换热问题，根据经验，特征数关联式可写成幂函数的形式，即

$$Nu = f(Re, Pr) = cRe^n Pr^m \tag{2-72}$$

式中，c、n、m 为待定常数，由实验确定。

对于气体，Pr 近似等于常数，上式可简化为

$$Nu = f(Re) = c'Re^n \tag{2-73}$$

两边同时取对数，得

$$\lg Nu = \lg c' + n\lg Re$$

如图 2-21 所示，以 $\lg Re$ 为横坐标，$\lg Nu$ 为纵坐标，上式在坐标中为直线，$\lg c'$ 为直线在纵坐标上的截距，n 为直线的斜率。

通过实验确定 c 和 n 数值大小的过程为：

1) 选定特征长度和定性温度，确定 λ、ν 的数值。通过改变气体的流速 u 设定多个不同的实验工况，根据 $Re = \dfrac{ul}{\nu}$，得到不同的 Re 值。

2) 测量不同的实验工况实验段的热流量 Φ、换热面积 A、管内壁的平均温度 t_w、流体的平均温度 t_f，根据牛顿冷却公式 $h = \dfrac{\Phi}{A(t_w - t_f)}$ 得到平均表面传热系数 h，根据 $Nu = \dfrac{hl}{\lambda}$ 确定对应的 Nu 值。

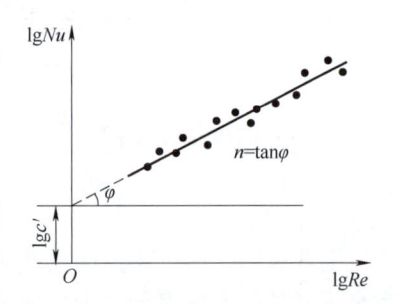

图 2-21 实验数据整理方法示意图

3) 根据不同的工况，以 Re 为自变量，以 Nu 为因变量，在对数坐标图上绘制相应的实验点。

4) 采用最小二乘法对坐标图中的多个实验点进行曲线拟合，即可确定常数 c'、n 的数值，并可以求出实验点的标准偏差。

当 Pr 不为常数时，通过实验确定一般流体的强迫对流换热特征数关联式 $Nu = cRe^n Pr^m$ 中 m、c 和 n 值大小的过程为：

1) 首先，固定某个 Re 值，用 Pr 不同的流体进行实验，测得不同的 Nu 值。将实验点描绘在以 $\lg Pr$ 为横坐标，$\lg Nu$ 为纵坐标的双对数坐标图上，用最小二乘法确定 m 的数值。

2) 再用同一种流体在不同的 Re 下进行实验，用与上述相同的方法确定 c 和 n 的数值。

工程实际中，用 Pr 变化较大的多种流体进行实验难度较大，因此，m 值一般用前人理论分析或实验研究的结果，如层流时，取 $m = 1/3$；湍流时，取 $m = 0.4$ 或其他数值。

综上所述，根据相似原理，从一个对流换热模型实验所获得的特征数关联式适用于与其相似的所有对流换热过程，成为解决复杂对流换热问题的主要方法。

例 2-7 在高温蒸汽管道中，横置着一根水管，已知：蒸汽温度 $t_f = 300$ ℃，蒸汽的流速 $u = 5$ m/s，其他物性参数假设为常数；水管外径 $d = 200$ mm，水管外壁面温度 $t_w = 60$ ℃，单位长度水管的换热量 $\Phi_l = 2 \times 10^4$ W/m。如果将蒸汽的速度增加为 $u' = 10$ m/s，水管的外径减少为 $d' = 100$ mm，其他物性参数值不变，求此时单位长度水管的换热量为多少？

解 水管外侧与蒸汽侧的强迫对流换热为无相变单相流体的强迫对流换热，其热特征数关联式为

$$Nu=f(Re,Pr)$$

已知 $u'=2u$，$d'=0.5d$，于是可得

$$Re'=\frac{u'd'}{\nu}=\frac{ud}{\nu}=Re, \quad Pr'=Pr$$

由此可见，根据相似理论，流速和管径改变前的对流换热与改变后的对流换热完全相似，可得 $Nu'=Nu$。由于 $Re'=Re$，$Pr'=Pr$，由特征数关联式也可得 $Nu'=Nu$。

即

$$\frac{h'd'}{\lambda}=\frac{hd}{\lambda}$$

由此可得

$$h'=\frac{d}{d'}h=2h$$

根据牛顿冷却公式

$$\Phi_t'=\pi d'h'(t_f-t_w)=\pi\cdot\frac{1}{2}d\cdot 2h(t_f-t_w)=\Phi_t=2\times10^4\ \text{W/m}$$

2.4 辐射换热

2.4.1 黑体辐射的基本定律

由于实际物体的热辐射特性非常复杂，黑体辐射相对简单，所以首先研究黑体辐射规律，再分析实际物体与黑体辐射的区别，将黑体辐射的规律进行修正后用于实际物体。

1. 普朗克定律

1900 年，**普朗克**（Planck）从量子理论出发给出了黑体的光谱辐射力与热力学温度、波长之间的函数关系，称之为**普朗克定律**：

$$E_{b\lambda}=\frac{C_1\lambda^{-5}}{e^{C_2/(\lambda T)}-1} \tag{2-74}$$

式中，$E_{b\lambda}$ 为黑体的光谱辐射力，指黑体在单位时间内单位面积表面向半球空间发射的某一波长（$\lambda\sim\lambda+d\lambda$）的辐射能（W/m³）；$\lambda$ 为波长（m）；T 为热力学温度（K）；C_1 为普朗克第一常数，$C_1=3.742\times10^{-16}$ W·m²；C_2 为普朗克第二常数，$C_2=1.439\times10^{-2}$ m·K。

普朗克定律揭示了黑体辐射的光谱分布规律，根据式（2-74），可得到不同温度下黑体的光谱辐射力随波长的变化图。

如图 2-22 所示，温度越高，相同波长对应的光谱辐射力越大；在一定的温度下，黑体的光谱辐射力随波长连续变化，并在某一波长 λ_{max} 下具有最大值；温度越高，最大光谱辐射力对应的 λ_{max} 越小，λ_{max} 的位置向短波方向移动。

2. 维恩位移定律

维恩位移定律给出了黑体的光谱辐射力取得最大值的波长 λ_{max} 与热力学温度 T 之间的关

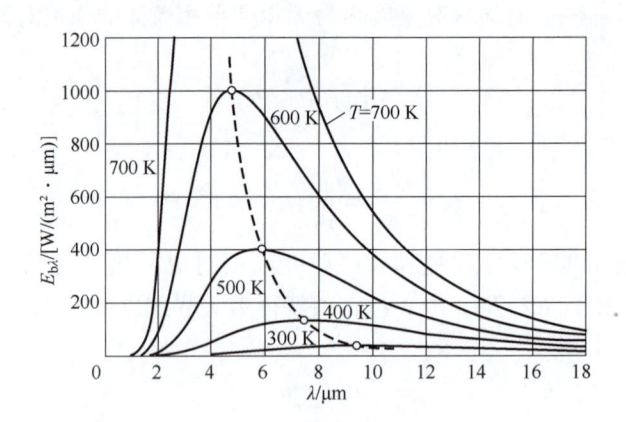

图 2-22 光谱的辐射力

系，表达式为

$$\lambda_{\max} T = 2.8976 \times 10^{-3} \text{ m} \cdot \text{K} \approx 2.9 \times 10^{-3} \text{ m} \cdot \text{K} \tag{2-75}$$

根据维恩位移定律，在工程生产中通过测试近似黑体表面最大光谱辐射力的波长，即可确定该表面的热力学温度。

例 2-8 将太阳近似为黑体，用光学仪器测得的太阳光谱辐射力最大时的波长 $\lambda_{\max} \approx 0.5 \ \mu\text{m}$，估算太阳表面的温度。

解 根据维恩位移定律得

$$T = \frac{2.9 \times 10^{-3} \text{ m} \cdot \text{K}}{\lambda_{\max}} = \frac{2.9 \times 10^{-3}}{0.5 \times 10^{-6}} \text{ K} = 5800 \text{ K}$$

可得太阳表面温度近似为 5800 K。

3. 斯特藩-玻尔兹曼定律

物体温度越高，辐射能力越强。1879 年斯特藩（Stefan）从实验中得出黑体的辐射力 E_b 与热力学温度 T 之间的关系，1884 年路德维希·玻尔兹曼（Ludwig Edward Boltzmann）运用热力学理论进行了证明，共同得出了斯特藩-玻尔兹曼定律（也称四次方定律），表达式为

$$E_b = \sigma T^4 \tag{2-76}$$

式中，σ 为黑体辐射常数，$\sigma = 5.67 \times 10^{-8} \text{ W}/(\text{m}^2 \cdot \text{K}^4)$。

在工程实际中，为了计算波段辐射力，即黑体在波长范围 $\lambda_1 \sim \lambda_2$ 内的辐射力 $E_{b(\lambda_1 - \lambda_2)}$，通常先求同温度下波段辐射力与黑体辐射力 E_b 的比值 $F_{b(\lambda_1 - \lambda_2)}$。

$$F_{b(\lambda_1 - \lambda_2)} = \frac{E_{b(\lambda_1 - \lambda_2)}}{E_b} = \frac{\int_{\lambda_1}^{\lambda_2} E_{b\lambda} d\lambda}{E_b} = \frac{\int_0^{\lambda_2} E_{b\lambda} d\lambda}{E_b} - \frac{\int_0^{\lambda_1} E_{b\lambda} d\lambda}{E_b} = F_{b(0-\lambda_2)} - F_{b(0-\lambda_1)}$$

式中，$F_{b(0-\lambda_1)}$、$F_{b(0-\lambda_2)}$ 表示波段 $0 \sim \lambda_1$、$0 \sim \lambda_2$ 的辐射能占同温度下黑体辐射力的百分数。

根据普朗克定律表达式可得

$$F_{b(0-\lambda)} = \frac{\int_0^\lambda E_{b\lambda} d\lambda}{\sigma T^4} = \frac{\int_0^\lambda \frac{C_1 \lambda^{-5}}{e^{C_2/(\lambda T)} - 1} d\lambda}{\sigma T^4} = \frac{1}{\sigma} \int_0^{\lambda T} \frac{C_1 (\lambda T)^{-5}}{e^{C_2/(\lambda T)} - 1} d(\lambda T) = f(\lambda T) \tag{2-77}$$

式中，$F_{b(0-\lambda)} = f(\lambda T)$ 称为**黑体辐射函数**，表面同温度下 $0 \sim \lambda$ 波段辐射力与黑体辐射力 E_b

的比值 $F_{b(0-\lambda)}$ 取决于 λT 的值，黑体辐射函数见表 2-10。

表 2-10 黑体辐射函数

$\lambda T/(\mu m \cdot K)$	$F_{b(0-\lambda)}$	$\lambda T/(\mu m \cdot K)$	$F_{b(0-\lambda)}$
1000	0.0323%	6500	77.66%
1100	0.0916%	7000	80.83%
1200	0.214%	7500	83.46%
1300	0.434%	8000	85.64%
1400	0.782%	8500	87.47%
1500	1.290%	9000	89.07%
1600	1.979%	9500	90.32%
1700	2.862%	10000	91.43%
1800	3.946%	12000	94.51%
1900	5.225%	14000	96.29%
2000	6.690%	16000	97.38%
2200	10.11%	18000	98.08%
2400	14.05%	20000	98.56%
2600	18.34%	22000	98.89%
2800	22.82%	24000	99.12%
3000	27.36%	26000	99.30%
3200	31.85%	28000	99.43%
3400	36.21%	30000	99.53%
3600	40.40%	35000	99.70%
3800	44.38%	40000	99.79%
4000	48.13%	45000	99.85%
4200	51.64%	50000	99.89%
4400	54.92%	55000	99.92%
4600	57.96%	60000	99.94%
4800	60.79%	70000	99.96%
5000	63.41%	80000	99.97%
5500	69.12%	90000	99.98%
6000	73.81%	100000	99.99%

通过 $F_{b(0-\lambda)}$ 可求出任意波段的波段辐射力，即

$$E_{b(\lambda_1-\lambda_2)} = F_{b(\lambda_1-\lambda_2)} E_b = [F_{b(0-\lambda_2)} - F_{b(0-\lambda_1)}] E_b \tag{2-78}$$

例 2-9 灯泡发光时钨丝的温度为 3000 K。若钨丝辐射可近似看作黑体辐射，试求其辐射中可见光辐射能所占的比例。

解 可见光的波长范围是 0.38~0.76 μm，即 $\lambda_1 = 0.38$ μm，$\lambda_2 = 0.76$ μm。于是有

$$\lambda_1 T = 0.38 \times 3000 \text{ μm} \cdot \text{K} = 1140 \text{ μm} \cdot \text{K}$$
$$\lambda_2 T = 0.76 \times 3000 \text{ μm} \cdot \text{K} = 2280 \text{ μm} \cdot \text{K}$$

查表 2-10，并插值得

$$F_{b(0-\lambda_1)} = 0.0916\% + \frac{0.214\% - 0.0916\%}{1200 - 1100} \times (1140 - 1100) = 0.14\%$$

$$F_{b(0-\lambda_2)} = 10.11\% + \frac{14.05\% - 10.11\%}{2400 - 2200} \times (2280 - 2200) = 11.69\%$$

可见光所占的比例为

$$F_{b(\lambda_1-\lambda_2)} = F_{b(0-\lambda_2)} - F_{b(0-\lambda_1)} = 11.69\% - 0.14\% = 11.55\%$$

灯泡可见光辐射能占总辐射能的 11.55%，占比较小，说明该热辐射照明经济性较差。

4. 兰贝特定律

兰贝特（Lambert）定律指出，黑体的辐射强度与方向无关，在半球空间均匀分布，各方向上的辐射强度都相等。兰贝特定律表达式为

$$L(\theta) = L = \text{常数} \tag{2-79}$$

辐射强度在空间各个方向上都相等的物体也称为漫发射体。对于漫发射体，根据辐射力与辐射强度之间的关系式有

$$E = \int_0^{2\pi} d\varphi \int_0^{\pi/2} L\sin\theta\cos\theta d\theta = L\int_0^{2\pi} d\varphi \int_0^{\pi/2} \sin\theta\cos\theta d\theta = \pi L \tag{2-80}$$

由此可知，漫发射体的辐射力是辐射强度的 π 倍。

5. 基尔霍夫定律

实际物体的辐射特性与黑体有很大的区别。

（1）实际物体的发射特性和吸收特性　实际物体的辐射力与同温度下黑体的辐射力之比称为该物体的**发射率**（或称为黑度），用符号 ε 表示，即

$$\varepsilon = \frac{E}{E_b} \tag{2-81}$$

发射率的大小反映了物体发射辐射能的能力的大小。

实际物体的光谱辐射力与同温度下黑体的光谱辐射力之比称为该物体的**光谱发射率**（或称为光谱黑度），用符号 ε_λ 表示，即

$$\varepsilon_\lambda = \frac{E_\lambda}{E_{b\lambda}} \tag{2-82}$$

对于灰体，光谱辐射特性不随波长而变化，$\varepsilon = \varepsilon_\lambda$，因此，灰体的光谱辐射力随波长的变化趋势与黑体相同。

实际物体的光谱辐射力和光谱发射率随波长的变化规律不同于黑体和灰体。图 2-23 是同温度下黑体、灰体和实际物体的光谱辐射力和光谱发射率随波长变化示意图。

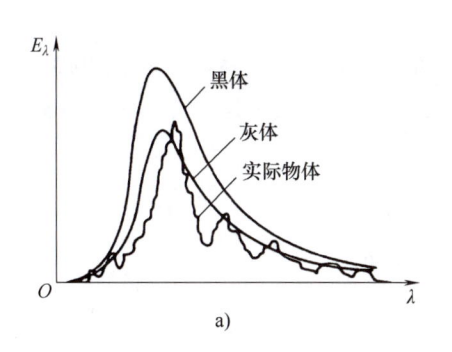

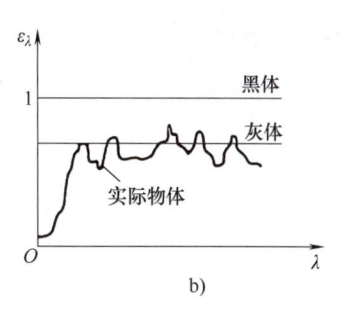

图 2-23 光谱辐射力和光谱发射率随波长变化示意图
a) 光谱辐射力　b) 光谱发射率

在工程计算中，实际物体的辐射力 E 可以根据发射率的定义式（2-81）计算，即

$$E = \varepsilon E_b = \varepsilon \sigma T^4 \tag{2-83}$$

实际物体的辐射强度具有方向性，并不遵循兰贝特定律，是方向角 θ 的函数。实际物体在 θ 方向上的定向辐射力 E_θ 与同温度下黑体在该方向的定向辐射力之比称为该物体在 θ 方向的**定向发射率**（或称为定向黑度），用 ε_θ 表示，即

$$\varepsilon_\theta = \frac{E_\theta}{E_{b\theta}} \tag{2-84}$$

漫发射体遵循兰贝特定律，各方向的定向发射率相等。对于工程设计中遇到的绝大多数材料，都可以忽略 ε_θ 随 θ 的变化，而近似地看作漫发射体。

发射率数值的大小取决于材料的种类、温度和表面状况，通常由实验测定。表 2-11 中列举了一些常用材料的法向发射率值。

表 2-11　常用材料的法向发射率 ε_n 值

材料类别与表面状况	温度/℃	法向发射率
铝：高度抛光，纯度 98%	50~500	0.04~0.06
铝：工业用铝板	100	0.09
铝：严重氧化的	100~150	0.2~0.31
黄铜：高度抛光的	260	0.03
黄铜：无光泽的	40~260	0.22
黄铜：氧化的	40~260	0.46~0.56
铜：高度抛光的电解铜	100	0.02
铜：轻微抛光的	40	0.12
铜：氧化变黑的	40	0.76
金：高度抛光的纯金	100~600	0.02~0.035
钢：抛光的	40~260	0.07~0.1
钢：轧制的钢板	40	0.65

（续）

材料类别与表面状况	温度/℃	法向发射率
钢：严重氧化的钢板	40	0.8
铸铁：抛光的	200	0.21
铸铁：新车削的	40	0.44
铸铁：氧化的	40~260	0.57~0.68
不锈钢：抛光的	40	0.07~017
红砖	20	0.88~0.93
耐火砖	500~1000	0.80~0.90
玻璃	40	0.94
各种颜色的油漆	40	0.92~0.96
雪	-12~0	0.82
水（厚度0.1 mm）	0~100	0.96
人体皮肤	32	0.98

实际物体的光谱吸收比 α_λ 也与黑体、灰体不同，是波长的函数。由于实际物体的光谱吸收比对波长具有选择性，使实际物体的吸收比不仅取决于物体本身材料的种类、温度及表面性质，还与投入辐射的波长分布有关，因此和投入辐射能的发射体温度有关。

这种辐射特性随波长变化的性质称为**辐射特性对波长的选择性**。由于工程上的热辐射主要位于 0.76~10 μm 的红外波长范围内，绝大多数工程材料的光谱辐射特性在此波长范围内变化不大，因此在工程计算时可以近似地将其当作灰体（即光谱辐射特性不随波长变化的假想物体）处理，误差不大。

（2）基尔霍夫定律内容 1860 年，基尔霍夫（Kirchhoff）揭示了物体吸收辐射能的能力与发射辐射能的能力之间的关系：任何一个热力学温度为 T 的物体在相同方向、相同波长下的光谱吸收比与光谱发射率相同，可表达为

$$\alpha_\lambda(\theta,\varphi,T) = \varepsilon_\lambda(\theta,\varphi,T) \tag{2-85}$$

上式称为基尔霍夫定律。

漫射体的辐射特性与方向无关，基尔霍夫定律可表达为

$$\alpha_\lambda(T) = \varepsilon_\lambda(T) \tag{2-86}$$

对于漫射灰体，辐射特性既与方向无关，也与波长无关，可得

$$\alpha(T) = \varepsilon(T) \tag{2-87}$$

根据基尔霍夫定律，可知：
1) 吸收辐射能能力越强的物体，发射辐射能的能力也就越强。
2) 在温度相同的物体中，黑体吸收辐射能的能力最强，发射辐射能的能力也最强。

必须指出，基尔霍夫定律适用于工程上常见的温度范围（$T \leqslant 2000$ K），大部分辐射能都处于红外波长范围内，绝大多数工程材料都可以近似为漫射灰体，不会引起较大的误差。但该定律不适用于研究物体表面对太阳能的吸收和本身的热辐射，因为近 50% 的太阳辐射

位于可见光的波长范围内，而物体自身热辐射位于红外波长范围内，由于实际物体的光谱吸收比对投入辐射的波长具有选择性，所以一般物体对太阳辐射的吸收比与自身辐射的发射率并不相等。例如，应用于太阳能集热器上的选择性表面涂层材料，其对太阳能的吸收比高达0.9，而自身发射率只有0.1左右，既有利于太阳能的吸收，又减少了自身的辐射散热损失。

2.4.2 辐射换热的计算方法

1. 角系数

（1）角系数的性质

物体表面产生的辐射能是向整个半球空间辐射的，漫射表面在半球空间内各方向的辐射强度是相同的。因此，半球空间内任一有限大小的物体表面，只能接受一部分辐射热。也就是说，两个任意放置的物体表面，表面1发出的辐射能只有一部分能够投射到表面2上，把表面1发出的总辐射能中直接投射到表面2上的能量所占的百分数称为表面1对表面2的**角系数**，记为 $X_{1,2}$，同理表面2对表面1的角系数为 $X_{2,1}$。角系数具有如下性质：

1）相对性。两个任意位置的漫射表面 A_1 和 A_2 之间角系数的相互关系为

$$A_1 X_{1,2} = A_2 X_{2,1} \tag{2-88}$$

2）完整性。任何物体都与周围其他所有参与辐射换热的物体构成一个封闭空腔，其发出的辐射能全部落在封闭空腔的各个表面之上，该物体对构成封闭空腔的所有表面的角系数之和等于1，即下式成立：

$$\sum_{j=1}^{n} X_{i,j} = X_{i,1} + X_{i,2} + \cdots + X_{i,i} + \cdots + X_{i,n} = 1 \tag{2-89}$$

式（2-89）称为角系数的完整性。

3）可加性。角系数的可加性实质上是辐射能的可加性，体现为能量守恒。对于图2-24所示的系统，有关系式

$$A_1 X_{1,2} = A_1 X_{1,a} + A_1 X_{1,b}$$

即

$$X_{1,2} = X_{1,a} + X_{1,b} \tag{2-90}$$

$$A_1 X_{1,(2+3)} = A_1 X_{1,2} + A_1 X_{1,3} \tag{2-91}$$

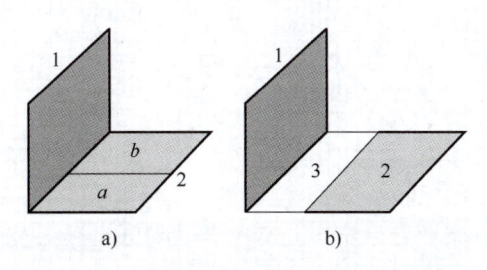

图2-24 角系数的可加性示意图

为简化起见，假设进行辐射换热的物体表面之间是不参与辐射的介质或真空，参与辐射换热的物体表面都是漫射，每个表面的温度、辐射特性及投入辐射分布均匀。这使角系数成为一个纯几何因素，仅与物体的几何形状、大小和相对位置有关。

（2）角系数的计算方法　角系数的确定方法有很多，如积分法、几何分析法、代数分

析法、投影法或几何图形法等。

1）几何分析法。利用已知几何关系的角系数曲线图和基本性质获得角系数，常见的几何关系的角系数曲线图如图 2-25a、图 2-25b、图 2-26 所示。

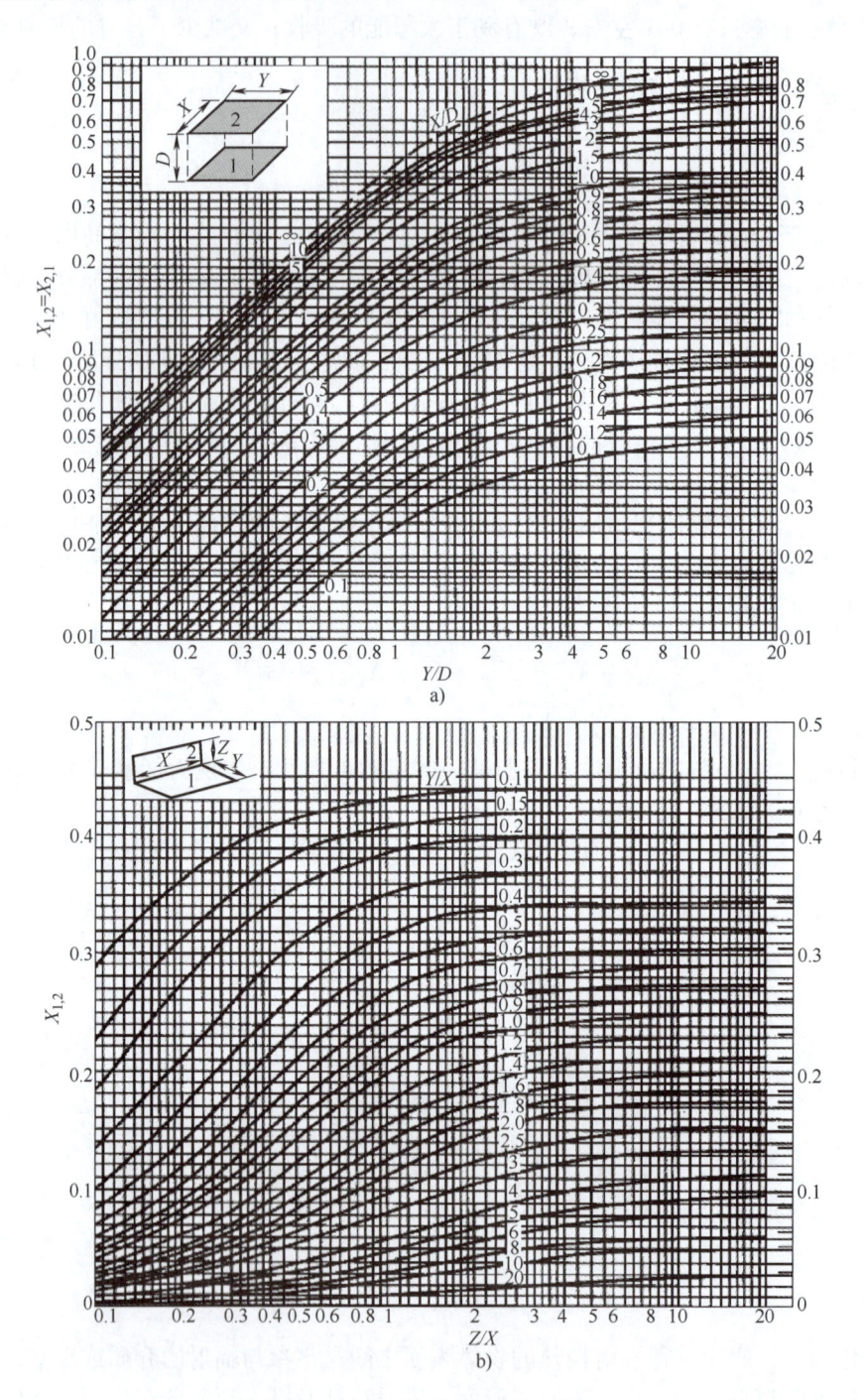

图 2-25 两矩形表面间的角系数
a）平行的两矩形 b）相互垂直且有公共边的两矩形

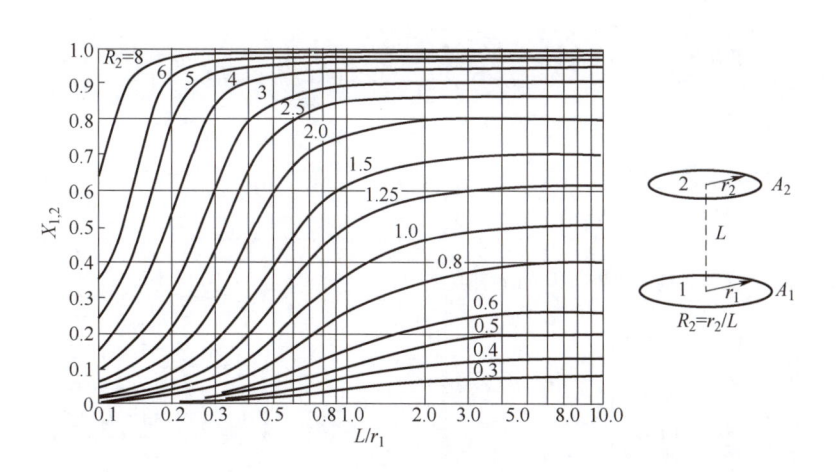

图 2-26 两同轴圆盘间的角系数

2）代数分析法。图 2-27a 所示为由一个非凹形表面 1 与一个凹形表面 2 构成的封闭空腔，图 2-27b 所示为由凸形表面物体 1 与包壳 2 构成的封闭空腔。

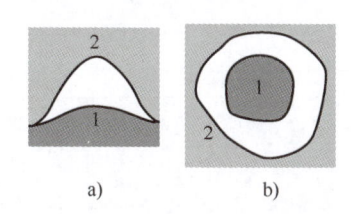

图 2-27 两个表面构成的封闭空腔
a) 非凹形表面 1 与凹形表面 2 构成的封闭空腔　b) 凸形表面物体 1 与包壳 2 构成的封闭空腔

由于角系数 $X_{1,2}=1$，根据角系数的相对性，有

$$A_1 X_{1,2} = A_2 X_{2,1}$$

可得

$$X_{2,1} = \frac{A_1}{A_2} \tag{2-92}$$

为了工程计算方便，常见几何系统的角系数计算结果用公式或线算图的形式给出，表 2-12 列出了几种简单几何系统的角系数计算公式。

表 2-12 几种简单几何系统的角系数计算公式

几何系统	角系数
两个凹形表面 1、2 构成的封闭空腔	$X_{1,2} = X_{1,2a} = \dfrac{A_{2a}}{A_1}$（2a 为假想平面）

(续)

几何系统	角系数
两块距离很近的大平壁 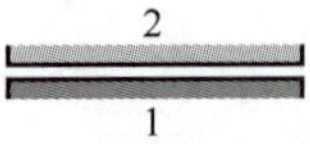	$X_{1,2} = X_{2,1} = 1$
三个垂直于纸面方向无限长的非凹表面构成的封闭空腔 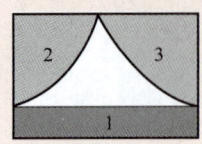	$X_{1,2} = \dfrac{A_1+A_2-A_3}{2A_1} = \dfrac{l_1+l_2-l_3}{2l_1}$ $X_{1,3} = \dfrac{A_1+A_3-A_2}{2A_1} = \dfrac{l_1+l_3-l_2}{2l_1}$ $X_{2,3} = \dfrac{A_2+A_3-A_1}{2A_2} = \dfrac{l_2+l_3-l_1}{2l_2}$
两个在垂直于纸面方向无限长的非凹表面 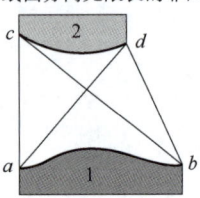	$X_{1,2} = \dfrac{(ad+bc)-(ac+bd)}{2ab}$
两个同样大小、平行相对的矩形表面 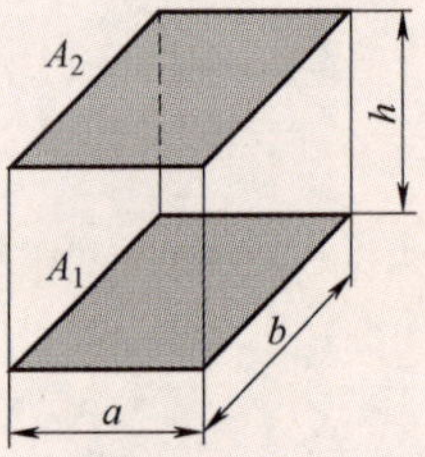	$x=a/h, y=b/h$ $X_{1,2} = \dfrac{2}{\pi xy}\left[\dfrac{1}{2}\ln\dfrac{(1+x^2)(1+y^2)}{1+x^2+y^2} - x\arctan x + x\sqrt{1+y^2}\arctan\dfrac{x}{\sqrt{1+y^2}} - y\arctan y + y\sqrt{1+x^2}\arctan\dfrac{y}{\sqrt{1+x^2}}\right]$
两个相互垂直、具有一条公共边的矩形表面 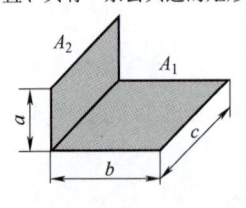	$x=b/c, y=a/c$ $X_{1,2} = \dfrac{1}{\pi x}\left[x\arctan\dfrac{1}{x} + y\arctan\dfrac{1}{y} - \sqrt{x^2+y^2}\arctan\dfrac{1}{\sqrt{x^2+y^2}} + \dfrac{1}{4}\ln\dfrac{(1+x^2)(1+y^2)}{(1+x^2+y^2)} + \dfrac{x^2}{4}\ln\dfrac{x^2(1+x^2+y^2)}{(1+x^2)(x^2+y^2)} + \dfrac{y^2}{4}\ln\dfrac{y^2(1+x^2+y^2)}{(1+y^2)(x^2+y^2)}\right]$
两个相互平行、具有公共中垂线的圆盘 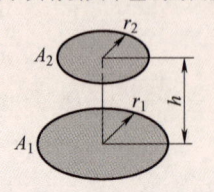	$x=r_1/h, y=r_2/h, z=1+(1+y^2)/x^2$ $X_{1,2} = \dfrac{1}{2}\left[z-\sqrt{z^2-4(y/x)^2}\right]$

(续)

几何系统	角系数
一个圆盘和一个中心在其中垂线上的球	$X_{1,2} = \dfrac{1}{2}\left(1 - \dfrac{1}{\sqrt{1+(r_2/h)^2}}\right)$

2. 黑体表面之间的辐射换热

对于任意位置的两个黑体表面1、2，根据角系数的定义，从表面1发出并直接投射到表面2上的辐射能为

$$\Phi_{1\to 2} = A_1 X_{1,2} E_{b1}$$

同时，从表面2发出并直接投射到表面1上的辐射能为

$$\Phi_{2\to 1} = A_2 X_{2,1} E_{b2}$$

由于两个表面都是黑体表面，落在它们上面的辐射能会被各自全部吸收，所以两个表面之间的直接辐射换热量为

$$\Phi_{1,2} = \Phi_{1\to 2} - \Phi_{2\to 1}$$
$$= A_1 X_{1,2} E_{b1} - A_2 X_{2,1} E_{b2}$$

根据角系数的相对性，$A_1 X_{1,2} = A_2 X_{2,1}$，上式可写成

$$\Phi_{1,2} = A_1 X_{1,2}(E_{b1} - E_{b2}) = A_2 X_{2,1}(E_{b1} - E_{b2}) = \dfrac{E_{b1}-E_{b2}}{\dfrac{1}{A_1 X_{1,2}}} = \dfrac{E_{b1}-E_{b2}}{\dfrac{1}{A_2 X_{2,1}}} \quad (2\text{-}93)$$

式（2-93）类似电学中欧姆定律表达式，$E_{b1} - E_{b2}$ 相当于电势差，$\dfrac{1}{A_1 X_{1,2}}$ 和 $\dfrac{1}{A_2 X_{2,1}}$ 相当于电阻，称为**空间辐射热阻**（m^{-2}），可以理解为由于两个表面的几何形状、大小及相对位置产生的它们之间辐射换热的阻力。可以用图2-28所示的辐射换热网络来表示，其中的 E_{b1}、E_{b2} 相当于直流电源。

若由 n 个黑体表面组成辐射的封闭空腔，各表面间相互进行辐射换热，则任一表面的净辐射换热量为该表面与封闭空腔内其余表面之间辐射换热量的代数和，即

$$\Phi_i = \sum_{j=1}^{n} \dfrac{E_{bi} - E_{bj}}{\dfrac{1}{A_i X_{i,j}}} \quad (2\text{-}94)$$

图2-28 辐射换热网络

式中，$X_{i,j}$ 为表面 i 对封闭腔内任意表面 j 的辐射角系数。

3. 漫灰表面之间的辐射换热

漫灰表面之间的辐射换热要比黑体表面复杂，因为投射到漫灰表面上的辐射能，除了部分被吸收，其余被反射。为了简化计算，引进有效辐射的概念。

（1）有效辐射 有效辐射是指单位时间内离开单位面积表面的总辐射能，用符号 J 表

示，单位为 W/m，如图 2-29 所示，有效辐射是单位面积表面自身的辐射力 $E=\varepsilon E_b$ 与反射的投入辐射 ρG 之和，即

$$J = E + \rho G = \varepsilon E_b + (1-\alpha) G \tag{2-95}$$

得

$$G = \frac{J - \varepsilon E_b}{1-\alpha} \tag{2-96}$$

物体表面辐射换热量等于有效辐射 J 与投入辐射 G 之差，同时也等于自身辐射力与吸收的投入辐射能之差，即

$$\Phi = A(J-G) = A(\varepsilon E_b - \alpha G) \tag{2-97}$$

将式（2-96）代入式（2-97），可得净辐射换热损失为

$$\Phi = \frac{A\varepsilon}{1-\alpha}(E_b - J) = \frac{E_b - \dfrac{\alpha J}{\varepsilon}}{\dfrac{1-\alpha}{A\varepsilon}} \tag{2-98}$$

由于漫灰表面的 $\alpha = \varepsilon$，公式（2-98）简化为

$$\Phi = \frac{A\varepsilon}{1-\varepsilon}(E_b - J) = \frac{E_b - J}{\dfrac{1-\varepsilon}{A\varepsilon}} \tag{2-99}$$

式（2-99）与电路欧姆定律相似，分子 $E_b - J$ 类似于电势差，分母 $\dfrac{1-\varepsilon}{A\varepsilon}$ 相当于电阻，称为**表面辐射热阻**，单位为 m^{-2}，图 2-30 所示为表面辐射热阻网络单元。黑体表面 $\varepsilon = 1$，则表面辐射热阻为零，即 $J = E_b$。

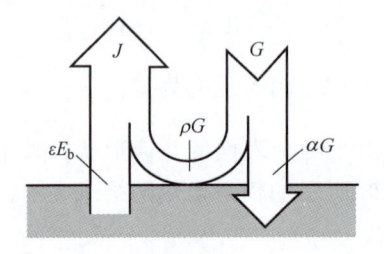

图 2-29　有效辐射示意图　　　图 2-30　表面辐射热阻

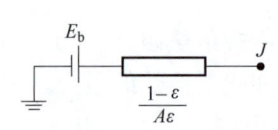

（2）两个漫灰表面构成的封闭空腔中的辐射换热　如图 2-27 所示，封闭空腔由两个漫灰表面 1、2 构成，一个非凹形表面 1 与一个凹形表面 2 或凸形表面物体 1 与包壳 2 构成。由于表面 1、2 构成一个封闭空腔，表面 1 净损失的辐射热 Φ_1、表面 2 净获得的辐射热 Φ_2 和表面 1、2 之间净辐射换热量 $\Phi_{1,2}$ 相等，即 $\Phi_1 = \Phi_2 = \Phi_{1,2}$。

假设 $T_1 > T_2$，根据式（2-99），表面 1 净损失的辐射热为

$$\Phi_1 = \frac{E_{b1} - J_1}{\dfrac{1-\varepsilon_1}{A_1 \varepsilon_1}} \tag{2-100}$$

表面 2 净获得的辐射热为

$$\Phi_2 = \frac{J_2 - E_{b2}}{\frac{1-\varepsilon_2}{A_2 \varepsilon_2}} \tag{2-101}$$

根据有效辐射的定义，表面 1、2 之间净辐射换热量 $\Phi_{1,2}$ 为

$$\Phi_{1,2} = A_1 X_{1,2} J_1 - A_2 X_{2,1} J_2 \tag{2-102}$$

根据角系数的相对性 $A_1 X_{1,2} = A_2 X_{2,1}$，式（2-102）简化为

$$\Phi_{1,2} = \frac{J_1 - J_2}{\frac{1}{A_1 X_{1,2}}} \tag{2-103}$$

式中，$\dfrac{1}{A_1 X_{1,2}}$ 为表面 1、2 之间的**空间辐射热阻**。

图 2-31 为空间辐射热阻网络单元。

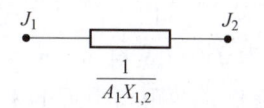

图 2-31　空间辐射热阻网络单元

于是，联立式（2-100）、式（2-101）、式（2-103），可得构成封闭空腔的两个漫灰表面 1、2 之间的辐射换热为

$$\Phi_{1,2} = \frac{E_{b1} - E_{b2}}{\frac{1-\varepsilon_1}{A_1 \varepsilon_1} + \frac{1}{A_1 X_{1,2}} + \frac{1-\varepsilon_2}{A_2 \varepsilon_2}} = \frac{\sigma_b (T_1^4 - T_2^4)}{\frac{1-\varepsilon_1}{A_1 \varepsilon_1} + \frac{1}{A_1 X_{1,2}} + \frac{1-\varepsilon_2}{A_2 \varepsilon_2}} \tag{2-104}$$

由式（2-104）可知，两个漫灰表面之间的辐射换热热阻由三个串联的辐射热阻组成：两个表面辐射热阻 $\dfrac{1-\varepsilon_1}{A_1 \varepsilon_1}$ 与 $\dfrac{1-\varepsilon_2}{A_2 \varepsilon_2}$，一个空间辐射热阻 $\dfrac{1}{A_1 X_{1,2}}$，可用图 2-32 所示的辐射网络表示。

图 2-32　两个漫灰表面构成的封闭空腔的辐射网络

对于两块漫灰平行壁面构成的封闭空腔，$A_1 = A_2 = A$，$X_{1,2} = X_{2,1} = 1$，式（2-104）可简化为

$$\Phi_{1,2} = \frac{E_{b1} - E_{b2}}{\frac{1}{A\varepsilon_1} - \frac{1}{A} + \frac{1}{A\varepsilon_2}} = \frac{\sigma_b (T_1^4 - T_2^4)}{\frac{1}{A\varepsilon_1} - \frac{1}{A} + \frac{1}{A\varepsilon_2}} = \frac{A\sigma_b (T_1^4 - T_2^4)}{\frac{1}{\varepsilon_1} - 1 + \frac{1}{\varepsilon_2}} \tag{2-105}$$

式中，$\dfrac{1}{\varepsilon_1} - 1 + \dfrac{1}{\varepsilon_2}$ 为**系统黑度**。

图 2-27 中凸形表面物体 1 与包壳 2 之间的换热，$X_{1,2}=1$，式（2-104）可简化为

$$\Phi_{1,2} = \frac{A_1(E_{b1}-E_{b2})}{\frac{1}{\varepsilon_1}+\frac{A_1}{A_2}\left(\frac{1}{\varepsilon_2}-1\right)} \tag{2-106}$$

对于 n 个表面构成的封闭空腔，可以写出 n 个节点方程，组成关于 n 个有效辐射 J_1，J_2，…，J_n 的线性方程组。只要每个表面的温度、发射率已知，相关角系数可求，就可以通过求解线性方程组得到各表面的有效辐射，进而由式（2-99）求得每个表面的净辐射换热量。

例 2-10 保温杯具有表面均匀的夹层结构，环境温度为 25 ℃，杯内存放温度为 98 ℃ 的开水，若夹层内、外温度分别与杯内开水及环境温度相同，并且夹层内壁外侧与外壁内侧都涂银，夹层中间抽真空，夹层两侧壁面黑度分别为 0.023 和 0.3。试求：

1) 保温杯夹层内单位面积的辐射换热量。
2) 若以软木作为保温材料代替夹层结构，需要多厚的软木才能达到相同的保温效果？可近似按平壁处理，软木的导热率为 0.042 W/(m·K)。

解 1) 保温杯夹层两侧壁可看作是两距离很近的平行平壁，夹层单位面积的辐射换热量 q_r 为

$$q_r = \frac{\Phi}{A} = \frac{E_{b1}-E_{b2}}{\frac{1}{\varepsilon_1}+\frac{1}{\varepsilon_2}-1} = \frac{\sigma_b(T_1^4-T_2^4)}{\frac{1}{\varepsilon_1}+\frac{1}{\varepsilon_2}-1}$$

$$= \frac{(5.67\times10^{-8})\times[(98+273)^4-(25+273)^4]}{\frac{1}{0.023}+\frac{1}{0.03}-1}\ \text{W/m}^2$$

$$= 8.27\ \text{W/m}^2$$

2) 软木以导热方式传递热量，根据傅里叶定律可得夹层单位面积的导热量 q_λ 为

$$q_\lambda = \frac{\lambda \Delta t}{\delta}$$

导热量 q_λ = 辐射换热量 q_r，则软木厚度 δ 为

$$\delta = \frac{\lambda \Delta t}{q_r} = \frac{(98-25)\times 0.042}{8.27}\ \text{m} = 0.371\ \text{m} = 371\ \text{mm}$$

2.5 传热过程和换热器

2.5.1 常见传热过程

热传导、热对流和热辐射是三种基本的传热方式，日常生活和生产中，热量传递方式往往不是单一的，可能是两种或三种传热方式同时存在并起作用，如热量从暖气片中的热水通过暖气片传给室内空气的过程。在传热学中，这种热量从固体壁面一侧的流体通过固体壁面传递到另一侧流体的过程称为**传热过程**。

1. 通过平壁的传热过程

图 2-33 所示为流体通过单层平壁的传热过程，平壁热导率为 λ，厚度为 δ，平壁左侧远离壁面处的流体温度为 t_{f1}，表面传热系数为 h_1，平壁右侧远离壁面处的流体温度 t_{f2}，表面传热系数为 h_2，假设 $t_{f1} > t_{f2}$，且以上参数不随时间变化。

平壁的稳态传热过程由平壁左侧的对流换热、平壁的导热及平壁右侧的对流换热三种传热方式串联组成。热量以对流换热的方式从高温流体传给壁面一侧，然后以导热的方式从高温流体侧壁面传递到低温流体侧壁面，最后以对流换热的方式从低温流体侧壁面传给低温流体。平壁左侧对流换热热阻 $R_{h1} = \dfrac{1}{Ah_1}$、平壁导热热阻 $R_\lambda = \dfrac{\delta}{A\lambda}$ 及平壁右侧对流换热热阻 $R_{h2} = \dfrac{1}{Ah_2}$，则热流量为

$$\Phi = \frac{t_{f1} - t_{f2}}{\dfrac{1}{Ah_1} + \dfrac{\delta}{A\lambda} + \dfrac{1}{Ah_2}} = \frac{t_{f1} - t_{f2}}{R_{h1} + R_\lambda + R_{h2}} = \frac{t_{f1} - t_{f2}}{R_k} \quad (2\text{-}107)$$

式中，R_k 为总热阻，称为**传热热阻**（K/W）。

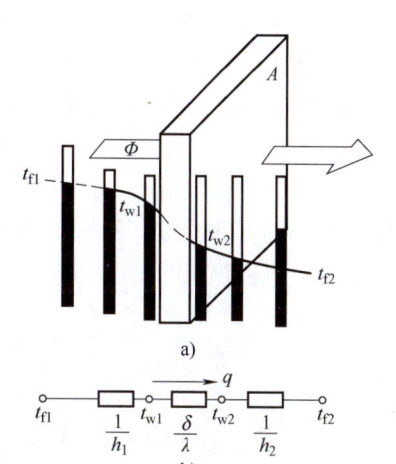

图 2-33 单层平壁传热过程

热流密度为

$$q = k(t_{f1} - t_{f2}) = \frac{t_{f1} - t_{f2}}{\dfrac{1}{h_1} + \dfrac{\delta}{\lambda} + \dfrac{1}{h_2}} \quad (2\text{-}108)$$

例 2-11 单层玻璃窗高 1 m，宽 0.5 m，厚 2 mm，热导率 $\lambda = 1$ W/(m·K)，室内、外的空气温度分别为 25 ℃ 和 5 ℃，室内、外空气与玻璃之间对流换热的表面传热系数分别为 $h_1 = 10$ W/(m²·K) 和 $h_2 = 20$ W/(m²·K)。试求：

1）单位面积玻璃的导热热阻、两侧的对流换热热阻及整个玻璃窗的散热损失。

2）如果采用双层玻璃，玻璃夹层中的空气完全静止，厚度为 4 mm，空气热导率为 $\lambda = 0.02$ W/(m·K)。试求空气夹层的导热热阻及玻璃窗的散热损失。

解 1）导热热阻： $R_1 = \dfrac{\delta}{\lambda} = \dfrac{0.002}{1}$ K/W = 0.002 K/W

室内侧对流换热热阻： $R_2 = \dfrac{1}{h_1} = \dfrac{1}{10}$ K/W = 0.1 K/W

外侧对流换热热阻： $R_3 = \dfrac{1}{h_2} = \dfrac{1}{20}$ K/W = 0.05 K/W

玻璃窗的散热损失：

$$Q = A \frac{t_{f1} - t_{f2}}{\dfrac{1}{h_1} + \dfrac{\delta}{\lambda} + \dfrac{1}{h_2}} = 1 \times 0.5 \times \frac{25 - 5}{0.1 + 0.002 + 0.05} \text{ W} = 65.79 \text{ W}$$

2）空气夹层导热热阻： $R = \dfrac{\delta}{\lambda} = \dfrac{0.004}{0.02}$ K/W = 0.2 K/W

玻璃窗的散热损失：

$$Q = A \frac{t_{f1}-t_{f2}}{\frac{1}{h_1}+2\times\frac{\delta_1}{\lambda_1}+\frac{\delta_2}{\lambda_2}+\frac{1}{h_2}} = 1\times 0.5 \times \frac{25-5}{0.1+2\times 0.002+0.2+0.05} \text{ W} = 28.25 \text{ W}$$

由此可知，双层玻璃可以降低散热损失。

通过无内热源的多层（假设 n 层）平壁的稳态传热过程，是一个由平壁外侧的对流换热、各层平壁的导热和平壁内侧的对流换热 $n+3$ 个热量传递环节组成的传热过程。各层平壁材料的热导率 λ_1，λ_2，…，λ_n 都为常数，厚度分别为 δ_1，δ_2，…，δ_n，层与层之间接触良好，各层平壁温度为 t_1，t_2，…，t_n，t_{n+1}，无接触热阻，两侧流体温度 t_{f1} 和 t_{f2}，表面传热系数为 h_1 和 h_2，则通过多层平壁的传热热量为各层温度差与热阻的比值，也等于多层平壁两侧温度差和总热阻的比值，即

$$\Phi = \frac{t_{f1}-t_{w1}}{R_{h1}} = \frac{t_{w1}-t_{w2}}{R_{\lambda 1}} = \frac{t_{w2}-t_{w3}}{R_{\lambda 2}} = \cdots = \frac{t_{n+1}-t_{f2}}{R_{h2}} = \frac{t_{f1}-t_{f2}}{R_{h1}+\sum_{i=1}^{n}R_{\lambda i}+R_{h2}}$$

$$= Ak(t_{f1}-t_{f2}) = Ak\Delta t \tag{2-109}$$

式中，k 为总传热系数。

$$k = \frac{1}{\frac{1}{h_1}+\sum_{i=1}^{n}\frac{\delta_i}{\lambda_i}+\frac{1}{h_2}} \tag{2-110}$$

2. 通过圆管壁的传热过程

如图 2-34 所示，对于一个无内热源，热导率 λ 为常数，内、外半径分别为 r_1、r_2，长度为 l 的单层圆管壁的稳态传热过程，圆管内、外两侧的流体温度为 t_{f1}、t_{f2}，且 $t_{f1}>t_{f2}$，两侧的表面传热系数分别为 h_1、h_2，根据牛顿冷却公式以及圆管壁的稳态导热计算公式，通过圆管的热流量可以分别表示如下。

圆管内侧的对流换热量为

$$\Phi = \pi d_1 l h_1(t_{f1}-t_{w1}) = \frac{t_{f1}-t_{w1}}{\frac{1}{\pi d_1 l h_1}} = \frac{t_{f1}-t_{w1}}{R_{h1}} \tag{2-111}$$

圆管壁的导热量为

$$\Phi = \frac{t_{w1}-t_{w2}}{\frac{1}{2\pi\lambda l}\ln\frac{d_2}{d_1}} = \frac{t_{w1}-t_{w2}}{R_\lambda} \tag{2-112}$$

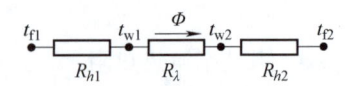

图 2-34 圆管壁的传热过程

圆管外侧的对流换热量为

$$\Phi = \pi d_2 l h_2(t_{w2}-t_{f2}) = \frac{t_{w2}-t_{f2}}{\frac{1}{\pi d_2 l h_2}} = \frac{t_{w2}-t_{f2}}{R_{h2}} \tag{2-113}$$

式中，R_{h1}、R_λ、R_{h2} 分别为圆管内侧的对流换热热阻、管壁的导热热阻和圆管外侧的对流换

热热阻。

在稳态情况下，式（2-111）、式（2-112）、式（2-113）中的 Φ 是相同的，于是可得

$$\Phi = \frac{t_{f1}-t_{f2}}{\frac{1}{\pi d_1 l h_1}+\frac{1}{2\pi \lambda l}\ln\frac{d_2}{d_1}+\frac{1}{\pi d_2 l h_2}} = \frac{t_{f1}-t_{f2}}{R_{h1}+R_\lambda+R_{h2}} = \frac{t_{f1}-t_{f2}}{R_k} \tag{2-114}$$

式中，R_k 为传热热阻（K/W），是三个串联的热阻之和，如图 2-34 所示。

式（2-114）还可以写成

$$\Phi = \pi d_2 l k_0 (t_{f1}-t_{f2}) = \pi d_2 l k_0 \Delta t \tag{2-115}$$

式中，k_0 为以圆管外壁面面积为基准计算的总传热系数。

对比式（2-114）、式（2-115）可得

$$k_0 = \frac{1}{\frac{d_2}{d_1}\frac{1}{h_1}+\frac{d_2}{2\lambda}\ln\frac{d_2}{d_1}+\frac{1}{h_2}} \tag{2-116}$$

对于通过 n 层不同材料组成的无内热源的多层圆管的稳态传热过程，如果圆管内、外直径分别为 d_1，d_2，$\cdots$，d_{n+1}，各层材料的热导率均为常数，层与层之间无接触热阻，则总传热热阻为相互串联的各热阻之和，于是可直接写出热流量的表达式：

$$\Phi = \frac{t_{f1}-t_{f2}}{R_{h1}+\sum_{i=1}^{n}R_{\lambda i}+R_{h2}} = \frac{t_{f1}-t_{f2}}{\frac{1}{\pi d_1 l h_1}+\sum_{i=1}^{n}\frac{1}{2\pi \lambda_i l}\ln\frac{d_{i+1}}{d_i}+\frac{1}{\pi d_{n+1} l h_2}} \tag{2-117}$$

3. 复合换热

当壁面与流体或周围环境的辐射换热不能忽略时，需要同时考虑对流换热与辐射换热，即复合换热。为了计算方便，工程上通常将辐射换热量折合成对流换热量，引进辐射换热表面传热系数 h_r。于是，复合换热表面传热系数 h 为对流换热表面传热系数 h_c 与辐射换热表面传热系数 h_r 之和，即

$$h = h_c + h_r \tag{2-118}$$

总换热量 Φ 为对流换热量 Φ_c 与辐射换热量 Φ_r 之和，即

$$\Phi = \Phi_c + \Phi_r = (h_c+h_r)A(t_w-t_f) = hA(t_w-t_f) \tag{2-119}$$

式中，h 为复合换热表面传热系数。

例 2-12 蒸汽管道水平放置，内径 $d_1 = 90$ mm，壁厚 $\delta_1 = 2$ mm，钢管材料的热导率 $\lambda_1 = 40$ W/(m·K)，外包厚度 $\delta_2 = 60$ mm 的保温层，保温材料的热导率 $\lambda_2 = 0.05$ W/(m·K)，保温层外涂防腐层，厚度 $\delta_3 = 3$ mm，防腐材料的热导率 $\lambda_3 = 30$ W/(m·K)。管内蒸汽温度 $t_{f1} = 350$ ℃，管内表面传热系数 $h_1 = 180$ W/(m²·K)，保温层外壁面复合换热表面传热系数 $h_2 = 10$ W/(m²·K)，周围空气的温度 $t_\infty = 25$ ℃。试计算单位长度蒸汽管道的散热损失 Φ_l 及管道外壁面与周围环境辐射换热的表面传热系数 h_{r2}。

解 这是一个通过两层圆管的传热过程。根据式（2-117）有

$$\Phi_l = \frac{t_{f1}-t_{f2}}{\frac{1}{\pi d_1 h_1}+\frac{1}{2\pi \lambda_1}\ln\frac{d_2}{d_1}+\frac{1}{2\pi \lambda_2}\ln\frac{d_3}{d_2}+\frac{1}{2\pi \lambda_3}\ln\frac{d_4}{d_3}+\frac{1}{\pi d_4 h_2}}$$

式中

$$\frac{1}{\pi d_1 h_1} = \frac{1}{\pi \times 0.09 \text{ m} \times 180 \text{ W/(m}^2 \cdot \text{K)}} = 1.97 \times 10^{-2} \text{ m} \cdot \text{K/W}$$

$$\frac{1}{2\pi \lambda_1} \ln \frac{d_2}{d_1} = \frac{1}{2 \times \pi \times 40 \text{ W/(m} \cdot \text{K)}} \ln \frac{94 \text{ mm}}{90 \text{ mm}} = 1.73 \times 10^{-4} \text{ m} \cdot \text{K/W}$$

$$\frac{1}{2\pi \lambda_2} \ln \frac{d_3}{d_2} = \frac{1}{2 \times \pi \times 0.05 \text{ W/(m} \cdot \text{K)}} \ln \frac{214 \text{ mm}}{94 \text{ mm}} = 2.62 \text{ m} \cdot \text{K/W}$$

$$\frac{1}{2\pi \lambda_3} \ln \frac{d_4}{d_3} = \frac{1}{2 \times \pi \times 30 \text{ W/(m} \cdot \text{K)}} \ln \frac{220 \text{ mm}}{214 \text{ mm}} = 1.47 \times 10^{-4} \text{ m} \cdot \text{K/W}$$

$$\frac{1}{\pi d_4 h_2} = \frac{1}{\pi \times 0.220 \text{ m} \times 10 \text{ W/(m}^2 \cdot \text{K)}} = 0.14 \text{ m} \cdot \text{K/W}$$

所以

$$\Phi_l = \frac{(350-25) \text{ K}}{(1.97 \times 10^{-2} + 1.73 \times 10^{-4} + 2.62 + 1.47 \times 10^{-4} + 0.14) \text{ m} \cdot \text{K/W}} = 116.91 \text{ W/m}$$

由式 $\Phi_l = \pi d_4 h_2 (t_{w4} - t_{f2})$，可求得管道外壁面温度为

$$t_{w4} = t_{f2} + \frac{\Phi_l}{\pi d_4 h_2} = 25 \text{ °C} + \frac{116.91 \text{ W/m}}{\pi \times 0.22 \text{ m} \times 10 \text{ W/(m}^2 \cdot \text{K)}} = 42 \text{ °C}$$

根据自然对流换热的特征数关联式计算管道外侧对流换热表面传热系数。特征温度为

$$t_m = \frac{1}{2}(t_{w4} + t_{f2}) = \frac{1}{2}(42+25) \text{ °C} = 33.5 \text{ °C}$$

按此温度查表得空气的物性参数值为

$$\nu = 16.34 \times 10^{-6} \text{ m}^2/\text{s}, \quad \lambda = 2.70 \times 10^{-2} \text{ W/(m} \cdot \text{K)}, \quad Pr = 0.700$$

$$\alpha_V = \frac{1}{T_m} = \frac{1}{(273+33.5) \text{ K}} = 3.26 \times 10^{-3} \text{ K}^{-1}$$

$$GrPr = \frac{g \alpha_V \Delta t d_4^3}{\nu^2} Pr$$

$$= \frac{9.8 \text{ m/s}^2 \times 3.26 \times 10^{-3} \text{ K}^{-1} \times (42-25) \text{ K} \times (0.22 \text{ m})^3}{(16.34 \times 10^{-6} \text{ m}^2/\text{s})^2} \times 0.7$$

$$= 1.52 \times 10^7$$

从表 2-9 可查得 $C = 0.125$，$n = 1/3$。于是，根据式（2-68）得

$$Nu = 0.125 (GrPr)^{1/3} = 0.125 \times (1.52 \times 10^7)^{1/3} = 30.96$$

可得对流换热表面传热系数为

$$h_{c2} = \frac{\lambda}{d_4} Nu = \frac{2.70 \times 10^{-2} \text{ W/(m} \cdot \text{K)}}{0.22 \text{ m}} \times 30.96 = 3.80 \text{ W/(m}^2 \cdot \text{K)}$$

于是可得辐射换热表面传热系数为

$$h_{r2} = h_2 - h_{c2} = (10 - 3.80) \text{ W/(m}^2 \cdot \text{K)} = 6.20 \text{ W/(m}^2 \cdot \text{K)}$$

该管道辐射散热损失大于对流散热损失。工程上常在管道外面包一层表面发射率很小的镀锌铁皮，在减少辐射散热损失的同时也起到保护保温层的作用。

2.5.2 换热器

将热量从热流体传递到冷流体的热量交换设备称为**换热器**,换热器在工业和日常生活中被广泛应用。

1. 换热器的分类

(1) 按工作原理分类　按工作原理的不同,换热器可分为间壁式、蓄热式及混合式换热器。

1) 间壁式换热器。间壁式换热器的特点是冷热两种流体同时在固体换热面的两侧连续流过,在换热过程中,两种流体并不接触,由壁面隔开,热流体通过壁面将热量传给冷流体。间壁式换热器是目前使用较为广泛的一种换热器。

2) 蓄热式换热器。在这类换热器中,冷热两种流体依次交替流过同一换热面。当热流体与固体材料接触时,加热面吸收并积蓄热流体放出的热量;当冷流体流过该表面时,加热面又将蓄积的热量释放给冷流体,属于非稳态热量传递过程,如火力发电厂大型锅炉中的蓄热式空气预热器、锅炉的再生空气预热器等。

3) 混合式换热器。在这类换热器中,冷热两种流体通过直接接触并相互混合进行热量交换,不需要用固体壁面将两种流体隔开,可省金属材料,如火电厂喷水式蒸汽减温器和空调系统中的中小型冷却水塔。在工程实际中,绝大多数情况下冷热两种流体不能相互混合,所以混合式换热器在应用上受到限制。

(2) 按结构分类　按结构的不同,换热器可分为管壳式、肋片管式、板式、板翅式及螺旋板式换热器。

1) 管壳式换热器。管壳式换热器是间壁式换热器的一种主要形式。管壳式换热器是由管子和外壳构成的换热装置,一种流体在管内流动,另一种流体在管外流动。根据冷热两种流体的相对流动方向不同,又有顺流及逆流之别(图 2-35)。管内流体从管子的一端流到另一端为 1 个管程,管外流体从换热器的一端流到另一端为 1 个壳程。工程中常根据需要将几个管壳式换热器串联起来,形成多管程多壳程的管壳式换热器。

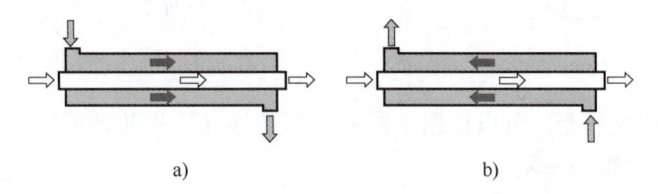

图 2-35　管壳式换热器示意图
a) 顺流　b) 逆流

2) 肋片管式换热器。肋片管式换热器由带肋片的管束构成,如图 2-36 所示。由于肋片管的肋片加在管子外壁空气侧,大大增加了空气侧的换热面积,强化了传热。这类换热器适用于管内液体和管外气体之间的换热,且两侧表面传热系数相差较大的场合,如高层建筑供暖系统采用的钢管散热器、汽车水箱散热器等。

3) 板式换热器。板式换热器以板作为间壁,由若干片压制成形的波纹状金属传热板片叠加而成,冷热两种流体分别由一个角孔流入,间隔地在板间沿着由垫片和波纹所设定的流

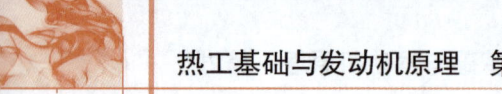

道流动，然后在另一对角线角孔流出，如图2-37所示。板式换热器传热系数高，阻力相对较小，结构紧凑，金属消耗量低，使用灵活性大，拆装清洗方便，广泛应用于供热采暖系统及食品、医药、化工等行业。

图2-36　肋片管式换热器示意图

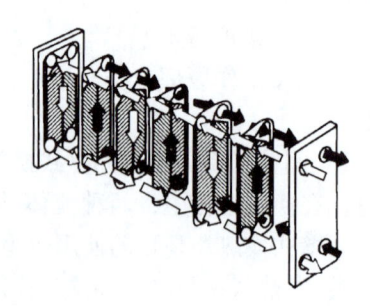

图2-37　板式换热器示意图

4）板翅式换热器。板翅式换热器是由金属板和波纹板形翅片层叠、交错焊接而成，使冷热两种流体的流向交叉，如图2-38所示。这种换热器结构紧凑，单位体积的换热面积大，但清洗困难，不易检修，适用于清洁，无腐蚀性流体间的换热。

5）螺旋板式换热器。如图2-39所示，螺旋板式换热器由两块平行金属板卷制而成，构成两个螺旋通道，分别供冷热两种流体在其中流动。螺旋板式换热器结构与制造工艺简单，价格低廉，流通阻力小，但不易清洗，承压能力低。

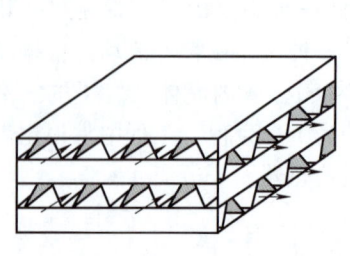

图2-38　板翅式换热器示意图

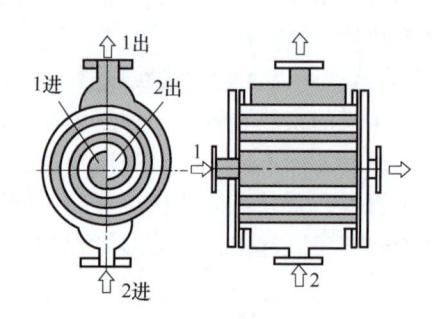

图2-39　螺旋板式换热器示意图

以上5种典型的换热器，可以根据不同的应用条件（冷热两种流体的性质、温度及压力范围、污染程度等）加以选择。

（3）按流动形式分类　按冷热两种流体的相对流动方向，换热器又可分为顺流、逆流、交叉流及混合流换热器，如图2-40所示。流体的流动形式是进行换热器设计时必须考虑的重要问题之一。

2. 换热器的传热计算

换热器的传热计算主要用于确定换热器的形式、结构及换热面积，或对已有的换热器进行校核计算，看其能否满足一定的换热要求。如图2-40所示，换热器内冷热两种流体的方向不同，图2-40a为顺流，图2-40b为逆流。同时，冷热两种流体的温度沿流向不断变化，冷热两种流体间的传热温差 Δt_m 沿程也发生变化，因此，对于换热器的传热计算一般采用平均温差。

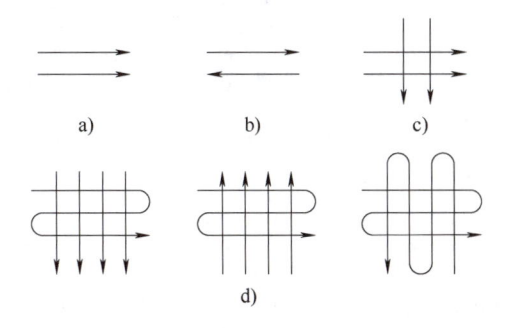

图 2-40　流动形式示意图

a）顺流　b）逆流　c）交叉流　d）混合流

根据平均温差法，换热器传热量有三个基本公式：

$$\Phi = kA\Delta t_m \tag{2-120}$$

$$\Phi = q_{m1}c_{p1}(t_1'-t_1'') \tag{2-121}$$

$$\Phi = q_{m2}c_{p2}(t_2''-t_2') \tag{2-122}$$

式中，q_{m1}、q_{m2} 分别为冷热两种流体的质量流量；c_{p1}、c_{p2} 分别为冷热两种流体的比定压热容；t_1'、t_1'' 分别为热流体的进出口温度；t_2'、t_2'' 分别为冷流体的进出口温度；Δt_m 为传热温差，取整个换热器传热面的平均温差。

这三个公式用于设计计算时，根据生产任务给定流体的质量流量 q_{m1}、q_{m2} 和 4 个进出口温度（t_1'、t_1''、t_2'、t_2''）中的 3 个，可以确定换热器的形式、结构，然后计算总传热系数和换热面积 A。用于校核计算时，一般已知换热器的换热面积 A、两侧流体的质量流量 q_{m1} 和 q_{m2}、进口温度 t_1' 和 t_2' 共 5 个参数，可以采用试算法计算换热面两侧对流换热的表面传热系数及通过换热面的传热系数，实际试算过程通常采用计算机迭代法进行运算。

如图 2-41 所示，换热器进出口两端的传热温差分别为 $\Delta t'$、$\Delta t''$。如果用 Δt_{max}、Δt_{min} 分别表示 $\Delta t'$ 和 $\Delta t''$ 中的最大和最小者，则顺流和逆流均可用下面的公式计算换热器的平均温差：

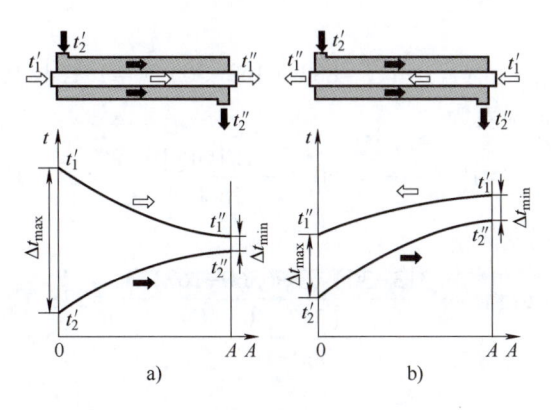

图 2-41　换热器内冷热两种流体沿程温度变化

a）顺流　b）逆流

$$\Delta t_m = \frac{\Delta t_{max} - \Delta t_{min}}{\ln \dfrac{\Delta t_{max}}{\Delta t_{min}}} \qquad (2\text{-}123)$$

因为上式中出现对数运算，所以由上式计算的温差称为对数平均温差。

工程上，当 $\Delta t_{max}/\Delta t_{min} \leqslant 2$ 时，可以采用算术平均温差，即

$$\Delta t_m = \frac{\Delta t_{max} + \Delta t_{min}}{2} \qquad (2\text{-}124)$$

在各种流动形式中，顺流和逆流是两种最简单的流动情况。对于其他流动形式，可以看作是介于顺流和逆流之间的流动，其平均传热温差可以采用下式计算：

$$\Delta t_m = \psi (\Delta t_m)_{cf} \qquad (2\text{-}125)$$

式中，$(\Delta t_m)_{cf}$ 为冷热两种流体进、出口温度相同情况下逆流时的对数平均温差；ψ 为小于1的修正系数，其数值取决于流动形式和所选用的换热器，工程上常见的流动形式已绘制成线算图，可查阅有关传热学或换热器设计手册。

例 2-13 一台逆流式换热器，刚投入工作时的运行参数为 $t_1' = 360\ ℃$、$t_1'' = 300\ ℃$、$t_2' = 30\ ℃$、$t_2'' = 200\ ℃$。已知 $q_{m1}c_{p1} = 2500\ W/K$，$k = 800\ W/(m^2 \cdot K)$。运行一年后发现，在 $q_{m1}c_{p1}$、$q_{m2}c_{p2}$ 及 t_1'、t_2' 保持不变的情况下，由于结垢使得冷流体只能被加热到 $162\ ℃$，而热流体的出口温度则高于 $300\ ℃$。试确定此情况下的热流体出口温度及污垢热阻。

解 如果忽略换热器的散热损失，根据冷热两种流体的热平衡可得

$$\Phi = q_{m1}c_{p1}(t_1' - t_1'') = q_{m2}c_{p2}(t_2'' - t_2')$$
$$= 2500\ W/K \times (360 - 300)\ K = 1.5 \times 10^5\ W$$

$$q_{m2}c_{p2} = \frac{\Phi}{t_2'' - t_2'} = \frac{1.5 \times 10^5\ W}{(200 - 30)\ K} = 882\ W/K$$

对数平均温差为

$$\Delta t_m = \frac{\Delta t_{max} - \Delta t_{min}}{\ln \dfrac{\Delta t_{max}}{\Delta t_{min}}} = \frac{(300-30)\ ℃ - (360-200)\ ℃}{\ln \dfrac{(300-30)\ ℃}{(360-200)\ ℃}} = 210\ ℃$$

结垢后的传热量为

$$\Phi' = q_{m2}c_{p2}[(t_2'')' - t_2'] = 882 \times (162 - 30)\ W = 1.164 \times 10^5\ W$$

结垢后热流体的出口温度为

$$(t_1'')' = t_1' - \frac{\Phi'}{q_{m1}c_{p1}} = 360\ ℃ - \frac{1.164 \times 10^5\ W}{2500\ W/℃} = 313\ ℃$$

结垢后的对数平均温差为

$$(\Delta t_m)' = \frac{(313-30)\ ℃ - (360-162)\ ℃}{\ln \dfrac{(313-30)\ ℃}{(360-162)\ ℃}} = 238\ ℃$$

根据

$$\Phi = Ak\Delta t_m = \frac{\Delta t_m}{\dfrac{1}{Ak}} = \frac{\Delta t_m}{R_k}$$

$$\varPhi' = Ak'(\Delta t_m)' = \frac{(\Delta t_m)'}{\dfrac{1}{Ak'}} = \frac{(\Delta t_m)'}{(R_k)'}$$

式中，R_k、$(R_k)'$ 分别为结垢前、后的换热器的传热热阻，污垢热阻为二者之差，即

$$R' = (R_k)' - R_k = \frac{(\Delta t_m)'}{\varPhi} - \frac{\Delta t_m}{\varPhi}$$

$$= \frac{238}{1.164\times10^5}\text{ K/W} - \frac{210}{1.5\times10^5}\text{ K/W} = 0.64\times10^{-3}\text{ K/W}$$

2.5.3 传热的强化与削弱

为满足不同工程实际的需要，对热量传递过程的控制形成了两种方向截然相反的技术：强化传热技术与削弱传热技术（又称隔热保温技术）。所谓**强化传热**是指采取措施提高换热设备的热流量，使换热更快，换热效率更高，如各类发动机、核反应堆、电力设施、电子设备中元器件的冷却。而**削弱传热**则是采取措施减少换热设备的热流量，避免热量损失，如冷冻仓库、电冰箱的隔热，载人航天器面对太阳高温辐射的隔热保温技术。

1. 传热的强化

传热过程计算公式为

$$\varPhi = kA\Delta t_m = \frac{\Delta t_m}{\dfrac{1}{kA}} = \frac{\Delta t_m}{R_k} = \frac{\Delta t_m}{R_{h1} + R_\lambda + R_{h2}}$$

从上式可以看出，加大传热温差 Δt_m 和减小传热热阻 R_k 是强化传热过程的基本途径。

强化对流换热技术是国内外强化传热研究的重点，目前已开发出的强化对流换热方法主要有以下几种。

（1）扩展换热面　扩展换热面是工程技术中最为广泛的强化传热措施，如肋片管式换热器、板翅式换热器等。

（2）改变换热面的形状、大小和位置　如管外自然对流换热和凝结换热，管子水平放置时的表面传热系数一般要高于竖直放置；采用直径小的管子或者在管内流通截面面积相同的情况下用椭圆管代替圆管时，可以取得强化管内湍流对流换热的效果。

（3）改变表面状况　增加换热面的表面粗糙度、在换热表面形成一层多孔层、在换热面上形成沟槽或螺纹等，都可以强化传热。

（4）改变流体的流动状况　利用机械、声波或用射流直接冲击换热面等方法，增强流体扰动，强化对流换热。

2. 传热的削弱

工程上常常需要限制或削弱传热，如保温车、冷藏车及各种热力设备和热力传输管道等。

为了减少传热量，增大传热总热阻，一般采用增加附加导热热阻的方法。对于平壁来说，敷设或加厚热绝缘层会加大总热阻，从而达到削弱传热的目的。但是，对于管道，在管道外面敷设附加的热绝缘层后，导热热阻增大了，同时热绝缘层外表面的对流换热热阻却由于外直径的增大而减小了。因此，只有热绝缘层外径超过某一值后，才能起到减少单位管长

热损失的作用，此直径称为临界热绝缘直径。

削弱辐射传热的措施是在两辐射表面间插入遮热板，遮热板的作用是增加辐射换热热阻，削弱辐射换热，如炼钢工人的遮热面罩、航天器的多层真空舱壁、低温技术中的多层隔热容器，以及测温技术中测温元件的辐射屏蔽等。由于在辐射换热的同时，还往往存在导热和对流换热，所以通常在多层遮热板中间抽真空，将导热和对流换热减少到最低限度。这种隔热保温技术在航天、低温工程中广泛应用。

本 章 小 结

本章介绍了热量传递的三种基本方式：热传导、热对流和热辐射；热导率影响因素、导热基本定律、导热微分方程及定解条件，以及平壁和圆筒壁的导热计算方法；对流换热的基本概念、数学描述及实验研究，此外还讨论了一些工业和日常生活中常见的单相流体强迫对流换热的计算方法和自然对流换热的特点。本章还介绍了热辐射的基本概念、黑体辐射的基本定律及辐射换热的计算方法；复合换热的概念、影响传热系数的主要因素、一维传热过程（平壁、圆筒壁）的计算方法、换热器的分类及计算方法、传热的强化和削弱方法。

习题与思考题

2-1 分析热传导、热对流和热辐射三种热量传递基本方式的特点。

2-2 请举例说明生活和生产中常见的导热、对流换热、辐射换热现象。

2-3 分析暖气片和家用空调机的传热方式，并从传热学角度分析它们放在室内什么位置合适。

2-4 试说明保温杯的保温机理。

2-5 在有空调的房间内，夏天和冬天的室温均控制在 20 ℃，夏天只需穿衬衫，但冬天穿衬衫会感到冷，这是为什么？

2-6 为什么在计算机 CPU 和电源旁加风扇？试说明 CPU 散热过程的基本传热方式。

2-7 空气在一根内径为 50 mm、长 2.5 m 的管子内流动并被加热，已知空气平均温度为 80 ℃，管内对流换热的表面传热系数 $h=70$ W/(m²·K)，热流密度 $q=5000$ W/m，试求管壁温度及热流量。

2-8 一冷库的墙由内向外由钢板、矿渣棉和石棉板 3 层材料构成，各层的厚度分别为 0.8 mm、150 mm 和 10 mm，热导率分别为 45 W/(m·K)、0.07 W/(m·K) 和 0.1 W/(m·K)。冷库内、外气温分别为-2 ℃和 30 ℃，冷库内、外壁面的表面传热系数分别为 2 W/(m²·K) 和 3 W/(m²·K)。为了维持冷库内温度恒定，试确定制冷设备每小时需要从冷库内取走的热量。

2-9 炉墙由一层耐火砖和一层红砖构成，厚度都为 250 mm，热导率分别为 0.6 W/(m·K) 和 0.4 W/(m·K)，炉墙内、外壁面温度分别维持 700 ℃和 80 ℃不变。试求：

1）通过炉墙的热流密度。

2）如果用热导率为 0.076 W/(m·K) 的珍珠岩混凝土保温层代替红砖层，并保持通过炉墙的热流密度及其他条件不变，试确定该保温层的厚度。

2-10 有一炉墙，厚度为 20 cm，墙体材料的热导率为 1.3 W/(m·K)，为使散热损失不超过 1500 W/m²，紧贴墙外壁面加一层热导率为 0.1 W/(m·K) 的保温层。已知复合墙壁内、外两侧壁面温度分别为 800 ℃ 和 50 ℃，试确定保温层的厚度。

2-11 图 2-42 所示为比较法测量材料热导率装置的示意图。标准试件的厚度 δ_1 = 15 mm，热导率 λ_1 = 0.15 W/(m·K)；待测试件的厚度 δ_2 = 16 mm。试件边缘绝热良好。稳态时测得壁面温度 t_{w1} = 45 ℃、t_{w2} = 23 ℃、t_{w3} = 18 ℃。忽略试件边缘的散热损失，试求待测试件的热导率 λ_2。

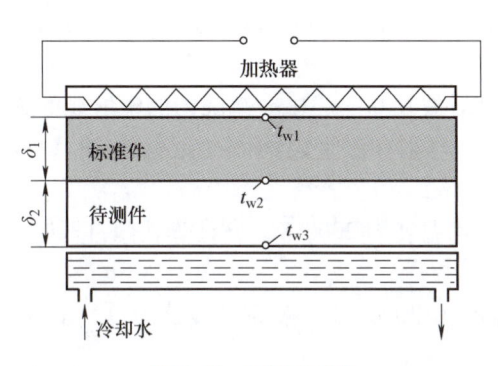

图 2-42 题 2-11 图

2-12 有一 3 层平壁，各层材料热导率均为常数。已测得壁面温度 t_{w1} = 600 ℃、t_{w2} = 500 ℃、t_{w3} = 250 ℃、t_{w4} = 50 ℃，试比较各层导热热阻的大小，并绘出壁内温度分布示意图。

2-13 热电厂有一外径为 100 mm 的过热蒸汽管道（钢管），用热导率 λ = 0.04 W/(m·K) 的玻璃棉保温。已知钢管外壁面温度为 400 ℃，要求保温层外壁面温度不超过 50 ℃，并且每米长管道的散热损失要小于 160 W，试确定保温层的厚度。

2-14 已知空气的温度 t_∞ = 25 ℃，速度 u_∞ = 2 m/s，平板的壁面温度 t_w = 45 ℃。试求空气平行掠过长度为 0.4 m 的平板时，x = 0.2 m 处的局部表面传热系数。

2-15 25 ℃ 的水以 u_∞ = 1 m/s 的速度平行流过长 0.5 m、宽 0.2 m 的平板，边界层的平均温度为 50 ℃，试求出水与平板的换热量。

2-16 温度为 30 ℃ 的空气以 1 m/s 的速度在内径为 20 mm、长为 3 m 的管内流动，管壁温度为 60 ℃，求管内对流换热的热流量。如果空气的流速增加到 2 m/s，空气的平均温度为 60 ℃，管壁温度为 90 ℃，试求管内对流换热的热流量。

2-17 冷却水以 1 m/s 的流速流过内径为 10 mm、长度为 2 m 的铜管，冷却水的进、出口温度分别为 25 ℃ 和 45 ℃，试计算管内的表面传热系数。

2-18 有一水平放置的蒸汽管道，外径 d = 350 mm，壁温 t_w = 55 ℃，周围空气的温度 t_∞ = 25 ℃。试计算单位长度蒸汽管道外壁面的对流散热损失。

2-19 室内有一外径为 60 mm 的水平暖气管道，壁面温度为 85 ℃，室内空气温度为 25 ℃，试求暖气管外壁面处自然对流换热的表面传热系数及单位管长的散热量。

2-20 水以 2 m/s 的速度流过长度为 5 m、内径为 20 mm、壁面温度均匀的直管，水温从 25 ℃ 被加热到 35 ℃，试求管内对流换热的表面传热系数。

2-21 如果用特征长度为原型 1/3 的模型来模拟原型中速度为 5 m/s、温度为 250 ℃ 的空气强迫对流换热，模型中空气的温度为 20 ℃。试问模型中空气的速度应为多少？如果测

得模型中对流换热的平均表面传热系数为 180 W/(m²·K)，求原型中的平均表面传热系数。

2-22 某种材料对波长 1~3 μm 范围内的射线的透射比近似为 0.93，而对其他波长射线的透射比近似为 0，试计算此材料对温度为 1000 K 和 2000 K 的黑体辐射的透射比。

2-23 某黑体辐射波长 λ = 2.9 μm 时对应最大光谱辐射力，试计算该黑体辐射在波长 2~4 μm 范围所占的辐射能份额。

2-24 太阳表面温度约为 5800 ℃，试计算太阳所发射的可见光占其总辐射能的份额。

2-25 把钢块表面看作黑体，分别计算其温度为 1500 ℃、2500 ℃ 和 3500 ℃ 时所发射的可见光占其全波长辐射能的份额。解释钢块在炉内加热时，其颜色随着温度升高由暗红变成亮白的现象。

2-26 某温室的窗玻璃对波长 0.3~3 μm 范围内的辐射线的透射比约为 0.96。试计算太阳（近似为 5800 K 的黑体）辐射和温室内物体（近似为 28 ℃ 的黑体）辐射透过窗玻璃的部分占其总辐射的份额。

2-27 钢炉内火焰的平均温度为 2000 K，试计算孔门打开时，钢炉向外的辐射力及光谱辐射力取得最大值的波长。

2-28 有一块钢板温度为 3000 ℃，板面黑度为 0.9，试计算单位面积钢板的辐射换热量。

2-29 图 2-43 所示的圆桶，直径和高度分别为 10 cm 和 12 cm，求底面和侧壁之间的角系数 $X_{1,2}$。

图 2-43 题 2-29 图

2-30 平板 1 和平板 2 平行放置，板间距远小于宽度和高度，表面发射率均为 0.8，温度分别为 900 K 和 300 K，试计算：

1) 平板 1 本身的辐射力和有效辐射。

2) 平板 1、2 间单位面积的辐射换热量。

2-31 有两块平行放置的大平板，长 3 m，宽 2 m，板间距远小于板的长度和宽度，温度分别为 500 ℃ 和 20 ℃，表面发射率均为 0.65，试计算两块平板间的辐射换热量。

2-32 一锅炉炉墙由三层平壁构成，内层是耐火砖，厚度 δ_1 = 0.23 m，热导率 λ_1 = 1.2 W/(m·K)；中间是石棉隔热层，厚度 δ_2 = 0.05 m，热导率 λ_2 = 0.095 W/(m·K)；外层是红砖，厚度 δ_3 = 0.24 m，热导率 λ_3 = 1.2 W/(m·K)。炉墙内烟气温度 t_{f1} = 600℃，烟气侧表面传热系数 h_1 = 40 W/(m²·K)；炉外空气温度 t_{f2} = 25 ℃，空气侧表面传热系数 h_2 = 10 W/(m²·K)。试求通过炉墙的散热损失和炉墙内、外壁面的温度。

2-33 一内径为 0.16 m 的蒸汽管道，壁厚为 8 mm，管外包有厚度为 200 mm 的保温层。已知管材的热导率 λ_1 = 45 W/(m·K)，保温材料的热导率 λ_2 = 0.1 W/(m·K)。管内蒸汽温度 t_{f1} = 300 ℃，蒸汽与管壁间对流换热的表面传热系数 h_1 = 150 W/(m²·K)。周围空气温

度 $t_{f2}=20$ ℃，空气与保温层外表面对流换热的表面传热系数 $h_2=10$ W/(m²·K)。试求单位管长的散热损失和保温层外表面的温度。

2-34 平均温度为 80 ℃的热水以 5 m/s 的速度流过一内径为 80 mm、壁厚为 10 mm 的水平钢管。管壁材料的热导率为 45 W/(m·K)，管子周围空气温度为 20 ℃。如果不考虑管壁与周围环境间的辐射换热，试计算单位管长的散热损失和外壁面温度。

2-35 为了将题 2-34 中的散热损失减少为原来的 1/5，计划给钢管加保温层。如果选用的保温材料的热导率为 0.1 W/(m·K)，试确定保温层的厚度。

2-36 一钢板两侧分别是水和空气，钢板材料的热导率为 45 W/(m·K)，水与钢板间对流换热的表面传热系数为 300 W/(m²·K)，空气与钢板间对流换热的表面传热系数为 10 W/(m²·K)。为强化传热，在空气侧加装厚度为 2 mm、高度为 30 mm、中心间距为 10 mm 的材料与钢板相同的直肋，试求加直肋后传热量提高的百分比。

第 3 章

流体力学基础

学习目标：

1）理解不可压缩与可压缩流体、牛顿流体与非牛顿流体的概念及区别，理解作用在流体上的力：质量力、表面力，掌握牛顿黏性定律及其应用。

2）理解流体平衡微分方程及其物理意义，理解等压面及其性质，掌握流体静力学基本方程及其应用，理解液柱式测压计的主要测量方法。

3）理解流体运动的基本概念：定常流动与非定常流动，一维、二维和三维流动，迹线和流线，流束、元流和总流，流量和平均流速。掌握连续性方程及其应用、微小流束的伯努利方程及其应用、总流伯努利方程及其应用。

重 点：

1）牛顿黏性定律及其应用。
2）流体静力学基本方程及其应用。
3）连续性方程与伯努利方程的联合计算。

难 点：

流体静力学和动力学基本方程及其计算。

3.1 流体的主要物理性质

一般情况下，物质都有三种存在状态：固态、液态和气态。例如，水的三种存在状态分别为冰、水和水蒸气。物质三种存在状态的变化主要是由于分子间距发生了变化，处在三种存在状态下的物质分别为固体、液体和气体。流体是液体和气体的总称。从我们无时无刻不在呼吸的空气到每天都需要大量饮用的水，从各类建筑物到现有的任何一种交通运输工具设计，都与流体存在或多或少的联系。可以说，在日常生活和工业生产中流体处处存在。

3.1.1 流体的连续介质假设

从微观角度看，流体是由大量分子组成的，这些分子在不停地做随机的热运动，分子与分子之间存在比分子尺度大得多的间距，所以微观上流体分子是分散的、不连续的。

然而，流体力学是研究流体静止和运动时的宏观力学规律，即众多流体分子的平均特性，而不是研究单个流体分子的力学规律。因此，流体力学中引入了连续介质模型来替代真

实的流体分子结构。连续介质模型认为构成流体的基本单元是流体微团，流体是由无数紧密排列的流体微团组成的连续介质。流体微团，又称质点，是指流体中宏观尺寸非常小而微观尺寸又足够大的任意一个物理实体，是人为假想的一个由无数的流体分子组成的结构，具有一定的体积和质量，连续充满它所占据的空间，彼此间无任何间隙。

　　有了连续介质模型假设，便可以从宏观上研究流体的力学规律，而研究流体的宏观力学规律也可以从微观上入手。当然，由于数学上的困难及微观粒子的规律更加复杂，目前研究流体的宏观力学规律大都采用基于连续介质模型建立的流体力学理论。

　　根据连续介质模型，表征流体状态的宏观物理量（如速度、密度、压强等）都是连续分布的，可以看成是空间位置和时间的连续函数。例如，速度 $v=v(x,y,z,t)$。这样，一个工程实际中的流体力学问题就可以用数学方法解决，所以连续介质模型的提出是在满足其物理含义的前提下，主要迎合来自数学上的要求，大量的实践证明，基于连续介质模型建立的流体力学理论是正确的。

　　需要注意的是，并不是任何条件下连续介质模型都成立，其适用条件为研究对象的特征尺度远大于流体分子的平均自由程。当研究对象的特征尺度与流体分子的平均自由行程是同尺度或数量级接近时，连续介质模型失效。例如，鱼雷在水中的运动，鱼雷的特征长度远大于周围水分子的平均自由程，鱼雷周围的水即可以被视为连续介质；卫星在稀薄气体中姿态轨道控制的计算，稀薄气体分子的平均自由行程很大，与卫星的特征长度相比数量级接近，这时稀薄气体不可以被视为连续介质。本章所讨论的流体全部满足连续介质模型假设。

3.1.2　流体的可压缩性和热膨胀性

　　流体在外力作用下，或流体在温度改变时，其体积或密度发生改变的性质，称为流体的可压缩性和热膨胀性。

1. 流体的可压缩性

　　在一定温度下，作用在流体上的压强增加时，流体的体积将减小，这种特性称为流体的可压缩性。可以通过定义等温压缩系数 κ 来描述一个流体的可压缩性。等温压缩系数的定义为：在一定温度下，单位压强升高引起的流体体积变化率。等温压缩系数 κ 的定义式为

$$\kappa=-\frac{1}{V}\left(\frac{\partial V}{\partial p}\right)_T \tag{3-1}$$

式中，κ 为流体的等温压缩系数，其值越大表明流体的可压缩性越强（Pa^{-1}）。

　　对于水而言，常温下其等温压缩系数为 $4.9\times10^{-10}\ Pa^{-1}$，这意味着当压强增大一个大气压时，水的体积仅减小 4.9×10^{-5}，说明水的可压缩性很小。实际上，工程中常见的其他液体工质，如润滑油、液压油等，其可压缩性也都很小。

　　对于气体而言，若用理想气体状态方程 $pV=nRT$，代入式（3-1）可得

$$\kappa=\frac{1}{p}$$

　　当压强从一个大气压增大到两个大气压时，气体的体积减小为原来的一半，说明气体的可压缩性很大。大多数气体的可压缩性都比液体的可压缩性大得多。

　　工程中，常将流体的等温压缩系数 κ 的倒数称为流体的体积弹性模量 E。流体的体积弹

性模量 E 的定义式为

$$E = \frac{1}{\kappa} = -V\left(\frac{\partial p}{\partial V}\right)_T \qquad (3-2)$$

式中，E 为流体的体积弹性模量，它表示流体体积的相对变化所需的压强增量（Pa）。

例 3-1 已知水的体积弹性模量 $E = 2000\ \text{MPa}$，为了使水的体积减小 1%，则作用在水上的压强需要增大多少？

解 已知水的体积弹性模量 E，依据其定义式可得

$$\Delta p = -E\frac{\Delta V}{V} = -2000 \times (-1\%)\ \text{MPa} = 20\ \text{MPa}$$

2. 流体的热膨胀性

在一定压强下，随着流体的温度升高，流体的体积将增大，这种特性称为流体的热膨胀性。可以通过定义体膨胀系数 α_V 来衡量一种流体的热膨胀性。体膨胀系数的定义为：在一定压强下，单位温升引起的流体体积变化率。体膨胀系数 α_V 的定义式为

$$\alpha_V = \frac{1}{V}\left(\frac{\partial V}{\partial T}\right)_p \qquad (3-3)$$

式中，α_V 为流体的体膨胀系数，值越大表明流体的热膨胀性越强（K^{-1}）。

需要注意的是，在一个大气压下，水在 277 K（4 ℃）时体积最小，密度最大，也就是说，在 273~277 K 的温度范围内，水的体积会随着温度的升高而减小；当温度超过 277 K 时，水的体积才会随着温度的升高而增大。另外，在一个大气压下，当温度从 273 K 增加至 373 K 时，水的体积增加不到 5%，说明水的热膨胀性较差。

对于气体而言，若用理想气体状态方程代入式（3-3）可得 $\alpha_V = \dfrac{1}{T}$ 这意味着当温度变化为原温度的两倍时，气体的体积增大为原来的两倍，说明气体的热膨胀性很强。大多数气体的热膨胀性都比液体的热膨胀性大得多。

3.1.3 不可压缩流体和可压缩流体

严格而言，实际流体都是可压缩的，只是可压缩的程度不同，即实际流体的等温压缩系数和体膨胀系数均不为 0。但在流体力学中，为了处理问题的方便，在满足工程精度要求的前提下，常常将压缩性很小的流体视为不可压缩流体，即流体的密度不会随着压强和温度的变化而改变，但这并不意味着流体的密度为常数，密度为常数的流体称为不可压缩均质流体。反之，密度会随着压强和温度的变化而改变的流体称为可压缩流体。

一般而言，液体的密度受压强和温度的影响较小，即等温压缩系数和体膨胀系数均很小，所以液体一般假设为不可压缩流体。而气体的密度受压强和温度的影响很大，所以气体一般假设为可压缩流体。当然，并不是说气体一定要当作可压缩流体，对于气体而言，如果密度变化在 3% 以下，工程上常将其作为不可压缩流体处理。另外，在大气中，当空气的相对速度在 102 m/s 以下（即马赫数 $Ma<0.3$，气体流动的相对速度比声速小得多）时，也可作为不可压缩流体处理。液体也不一定被视为不可压缩流体，如研究水下爆炸和管道中水击效应时，水的压强变化较大，而且变化过程非常迅速，这时水的密度变化就不可忽略，必须将水视为可压缩流体。在工程应用中，应在满足精度要求的前提下，尽量将流体简化为不可

压缩流体，可以大大降低研究难度。

3.1.4 流体的黏性

由流体定义及特征可知，静止流体不能承受剪切力，即在任何微小剪切力的持续作用下，流体都要发生连续不断的变形（流动）。当流体微团之间发生相对滑移时，会在流体内部产生切向阻力以阻碍流体的剪切变形，流体具有的这种特性称为黏性。对于不同种类的流体，在相同的剪切力作用下其变形程度是不一样的，说明不同种类流体的黏性不同。黏性是流体的一种基本属性，即流体均有黏性。

1. 牛顿黏性定律

1686 年英国物理学家牛顿通过实验研究提出了表征流体内摩擦力的牛顿黏性定律。如图 3-1 所示，两块间距为 h 的平行平板，两平板间充满黏性流体。令下平板保持不动，而使上平板在外力 F' 的作用下以速度 u 沿 x 轴向右运动。由于流体与平板之间满足无滑移条件，则依附于上平板的流体质点的速度与上平板速度 u 相同，而依附于下平板的流体质点的速度与下平板相同静止不动。两平板间的流体做平行于平板的流动，其速度由下至上从 0 逐渐增加到 u。由于上层流体与下层流体的流层间有相对运动，从而产生了内摩擦力，即黏性力 F，其大小与外力 F' 相等，方向相反。

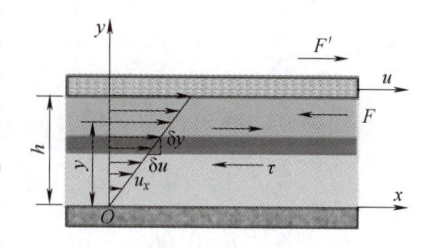

图 3-1 流体的黏性力示意图

实验结果指出，流体运动产生的黏性力（内摩擦力）F 与流体的速度梯度 $\dfrac{u}{h}$ 成正比，与接触面的面积 A 成正比，并与流体的物理性质有关。所以黏性力 F 数学表达式为

$$F = \mu A \frac{u}{h} \tag{3-4}$$

式中，μ 为动力黏度，其值与流体的种类、温度、压强均有关，在温度及压强一定时为常数（Pa·s）。

在一般情况下，当流体沿 y 轴的速度分布不是线性分布时，黏性力 F 的计算公式可表示为

$$F = \mu A \frac{\mathrm{d}u}{\mathrm{d}y} \tag{3-5}$$

式中，$\dfrac{\mathrm{d}u}{\mathrm{d}y}$ 为速度梯度，即垂直于流动方向上的速度变化率（s^{-1}）。

单位面积上的黏性力称为黏性切应力 τ，其表达式为

$$\tau = \mu \frac{\mathrm{d}u}{\mathrm{d}y} \tag{3-6}$$

式中，τ 为黏性切应力（Pa）。

式 (3-5) 和式 (3-6) 即为著名的一维黏性流动的牛顿黏性定律。由牛顿黏性定律可知，当流体处于静止状态或匀速运动（流体微团间没有相对运动）时，速度梯度均为 0，从而使得黏性力及黏性切应力为 0，这并不说明流体没有黏性，而是这种情况下流体的黏性这

一基本物性没有体现出来。

例 3-2 如图 3-2 所示，在相距 $h=0.06$ m 的两个固定平行平板中间放置另一块薄板，在薄板上下分别放有不同黏度的流体，并且下部流体的黏度是上部流体黏度的 2 倍。已知当薄板以匀速 $u=0.3$ m/s 被拖动时，每平方米受合力 $F=29$ N，求上下两种流体的黏度各是多少？

解 设薄板上部流体的黏度为 μ，则下部流体的黏度为 2μ，并假设缝隙中的速度按线性分布，薄板与流体接触的面积为 A。

由牛顿黏性定律可知，上部流体对薄板的作用力为

$$F_1 = \mu A \frac{du}{dy}$$

图 3-2 牛顿黏性定律应用

其作用方向与合力 F 的方向相反。而下部流体对薄板的作用力为

$$F_2 = 2\mu A \frac{du}{dy}$$

其作用方向亦与合力 F 的方向相反。薄板匀速运动，受力处于平衡状态，必有

$$F = F_1 + F_2 = \mu A \frac{du}{dy} + 2\mu A \frac{du}{dy}$$

将已知条件 $h=0.06$ m，$u=0.3$ m/s，$F=29$ N，$A=1$ m² 代入上式，可得

$$\mu = 0.97 \text{ Pa·s} \qquad 2\mu = 1.94 \text{ Pa·s}$$

2. 流体的黏度及影响因素

由牛顿黏性定律可知，速度梯度相同，动力黏度越大，黏性切应力越大，则该流体的黏性越强，所以动力黏度可以直接反映流体黏性的大小。流体的动力黏度与流体的种类、温度和压强均有关。

由于液体和气体的微观结构不同，所以液体和气体的动力黏度随温度的变化是不一致的。液体的动力黏度随温度的升高而减小，气体的动力黏度随温度的升高而增大。造成这种不同的原因在于：分子之间的吸引力是影响液体动力黏度的主要因素，随着温度升高，液体分子间的间隙增大，吸引力减小，液体的动力黏度也减小；气体与液体正好相反，气体分子做不规则热运动时气体分子间的动量交换是影响气体动力黏度的主要因素，随着温度升高，气体分子之间的热运动加剧，动量交换也越快，气体的动力黏度随之增大。

在一般情况下，压强对流体动力黏度的影响很小，可忽略不计。但是在高压作用下，所有流体（液体和气体）的动力黏度均会随着压强的增加而增大，这是因为，随着压强增加，液体分子之间的间距减小吸引力增大，气体分子之间的热运动加剧，动量交换变快。

在流体力学中，除了用动力黏度 μ 外，还常常用到运动黏度 ν，又称动量扩散率，其定义为动力黏度与流体密度之比。运动黏度 ν 的定义式为

$$\nu = \frac{\mu}{\rho} \tag{3-7}$$

表 3-1 给出的是一个标准大气压下不同温度时水的动力黏度和运动黏度，表 3-2 给出的是一个标准大气压下不同温度时空气的动力黏度和运动黏度。

表 3-1　一个标准大气压下不同温度时水的动力黏度和运动黏度

温度/℃	$\mu/10^{-3}$Pa·s	$\nu/(10^{-6}\text{m}^2/\text{s})$	温度/℃	$\mu/10^{-3}$Pa·s	$\nu/(10^{-6}\text{m}^2/\text{s})$
0	1.792	1.792	40	0.656	0.661
5	1.519	1.519	45	0.599	0.605
10	1.308	1.308	50	0.549	0.556
15	1.140	1.141	60	0.469	0.477
20	1.005	1.007	70	0.406	0.415
25	0.894	0.897	80	0.357	0.367
30	0.801	0.804	90	0.317	0.328
35	0.723	0.727	100	0.284	0.296

表 3-2　一个标准大气压下不同温度时空气的动力黏度和运动黏度

温度/℃	$\mu/10^{-6}$Pa·s	$\nu/(10^{-6}\text{m}^2/\text{s})$	温度/℃	$\mu/10^{-6}$Pa·s	$\nu/(10^{-6}\text{m}^2/\text{s})$
0	17.09	13.00	260	28.06	42.40
20	18.08	15.00	280	28.77	45.10
40	19.04	16.90	300	29.46	48.10
60	19.97	18.80	320	30.14	50.70
80	20.88	20.90	340	30.80	53.50
100	21.75	23.00	360	31.46	56.50
120	22.60	25.20	380	32.10	59.50
140	23.44	27.40	400	32.77	62.50
160	24.25	29.80	420	33.40	65.60
180	25.05	32.20	440	34.02	68.80
200	25.82	34.60	460	34.63	72.00
220	26.58	37.10	480	35.23	75.20
240	27.33	39.70	500	35.83	78.50

3. 理想流体

黏性是流体的一种基本属性，所以实际流体均有黏性。但在绝大多数条件下，想直接求得实际流体流动的精确解是很困难的。因此当流体的动力黏度很小，小到足以将流体内摩擦力（黏性力）对流动的影响忽略不计，这时可以将该流体视为理想流体，即不考虑黏性（$\mu=0$）的流体。

在流体力学中，引入理想流体模型的好处主要体现在两方面：一是对于本身动力黏度很小的流体，其流动问题可以看作无黏流体流动，从而使问题大大简化，如本来考虑黏性需要求解 N-S 方程，不考虑黏性后只需求解欧拉方程即可；二是对需要考虑黏性的流体流动问题，可以先不计黏性的影响，得到相应的结论，在此基础上对结论进行修正。

另外，结合牛顿黏性定律还可以推论，对于某一实际流体的流动问题，若流场中的速度梯度很小，小到足以将流体黏性力对流动的影响忽略不计，此时也可看作无黏流体流动。综上所述，可以把实际流体看成理想流体的情况：一是实际流体的黏性显现不出来，如静止的流体、匀速直线运动的流体等；二是黏性不起主导作用。

4. 牛顿流体和非牛顿流体

需要说明的是，由实验所得的牛顿黏性定律并非对所有流体都适用，因为有很多流体的黏性切应力与速度梯度并不成正比，如沥青、血液等。所以在流体力学中，如果一种流体的黏性切应力与流体的速度梯度成正比，该流体称作牛顿流体，其动力黏度为定值。如果一种流体的黏性切应力与流体的速度梯度的关系是非线性的，该流体称作非牛顿流体，其动力黏度为变量。

根据非牛顿流体的表观黏度（与牛顿流体的动力黏度有相同的量纲，但物理意义不同）是否与剪切力作用时间有关，将非牛顿流体分为两类：非时变性非牛顿流体和时变性非牛顿流体。

非时变性非牛顿流体的特点是黏性切应力仅与速度梯度有关，即表观黏度仅与速度梯度（或黏性切应力）有关，而与时间无关，如图3-3所示。图中 A 线条表示的即牛顿流体。非时变性非牛顿流体主要包括：假塑性流体（表观黏度随速度梯度的增大而降低，图中 C 线条所示，如橡胶）、胀塑性流体（表观黏度随速度梯度的增大而增大，图中 D 线条所示，如玉米面糊）和黏塑性流体（又称宾汉流体，存在一定程度的屈服应力，切应力超过屈服值才产生流动，图中 B 线条所示，如水泥浆）。

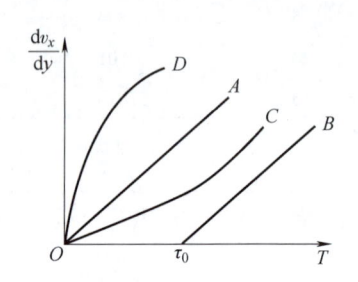

图 3-3 非时变性非牛顿流体示意图

时变性非牛顿流体的特点是表观黏度不仅与速度梯度有关，还与剪切力作用时间有关。时变性非牛顿流体主要包括：触变性流体（随着剪切力作用时间的延长，表观黏度越来越小，如油漆）、流凝性流体（随着剪切力作用时间的延长，表观黏度越来越大，如石膏水溶液）和黏弹性流体（同时具有黏性流体和弹性固体的性质，性质的具体体现程度与剪切力作用时间的快慢长短有关，如沥青）。

由于非牛顿流体表观黏度与牛顿流体动力黏度的不同，使得非牛顿流体和牛顿流体的特性也有很大不同。例如，非牛顿流体的射流胀大效应、爬杆效应、无管缸吸或开口虹吸效应、湍流减阻效应等。正是由于这些"神奇"效应，使得非牛顿流体力学得到迅速发展及应用。当然，本章流体部分的内容仅涉及牛顿流体。

3.1.5 作用在流体上的力

流体力学的内涵就是研究流体的宏观力学规律，这就需要研究作用在流体上的力，作用在流体上的力按其物理性质及作用特点的不同，可以分为两大类：质量力和表面力。

1. 质量力

质量力是某种力场作用在全部流体质点上的力，其大小和流体的质量或体积成正比。这种力可以分为两种：一种是外界物质对流体的引力，如地心引力产生的重力、磁场力、电场力等；另一种是流体做变速运动而产生的惯性力和离心力。

宏观上流体是连续分布的，研究的区域可能为无穷大，因此质量力的大小常用单位质量力 f 来表示。单位质量力即作用在单位质量流体上的力。在重力场中，对应于单位质量力的重力数值上就等于重力加速度 g。

在直角坐标系中，单位质量力在三个坐标轴方向上的分量分别用 f_x、f_y、f_z 表示，则单位质量力 f 的表达式为

$$f = f_x \boldsymbol{i} + f_y \boldsymbol{j} + f_z \boldsymbol{k} \tag{3-8}$$

单位质量力及其分量的单位均为 m/s²，与加速度的单位相同。质量力是某种力场作用在全部流体质点上的，与是否与流体接触无关。

2. 表面力

表面力是指作用在所研究流体外表面上且与表面积大小成正比的力，也就是周围流体作用于分离体表面上的力。与质量力不同，表面力一定要有接触面的存在才能产生。表面力可能是液体与液体、液体与气体、液体与固体壁面、气体与气体或气体与固体壁面间的作用力。

作用于流体中任一微小表面上的力又可分为两类：一种是与表面相切的切向力，一种是与表面垂直的法向力。切向力（剪切力）是指流体相对运动时，因黏性而产生的内摩擦力；法向力是指垂直于表面的正压力。

需要注意的是，静止流体不能承受切向力，且流体几乎不能承受拉力，所以静止流体只能承受压力的作用，且压力只能沿着流体的内法线方向；流动流体则可同时受到切向力和法向力的作用。另外，表面张力属于流体的物理性质，并不属于这里讲的表面力。

3.2 流体静力学基础

流体静力学是研究流体处于平衡（静止）状态时的力学规律及其在工程中的应用。流体的平衡（也称静止）包含绝对静止和相对静止两种情况。当流体相对于地球无相对运动时称为绝对静止，当流体相对于容器静止而容器相对地球有运动时称为相对静止。无论是绝对静止还是相对静止，都表明流体微团间没有相对运动，如果流体微团间没有相对运动，则流体内不存在切应力（速度梯度为零）。流体内唯一存在的表面力为正应力（压强），因此压强或压力是流体静力学的主要研究内容。

3.2.1 流体静压强及其特性

1. 静压强的定义

流体内部或流体与固体边壁所存在的单位面积上的法向作用力称为流体的压强。流体静压强是指流体处于平衡（静止）状态时，作用于流体的应力只有法向应力，而没有切向应力，此时，作用在流体单位面积上的法向应力即为流体静压强，简称压强，用符号 p 表示。流体中某一点的压强 p 的定义式为

$$p = \lim_{\Delta A \to 0} \frac{\Delta F}{\Delta A} = \frac{\mathrm{d}F}{\mathrm{d}A} \tag{3-9}$$

式中，p 为流体静压强（Pa 或 N/m²）；ΔA 为流体中任取的一个微元面积（m²）；ΔF 为该微元面积上的总压力（N）。

2. 静压强的特性

流体静压强具有两个基本特性：

（1）**特性一** 静压强方向永远沿着作用面内法线方向，即垂直指向作用面。

这一特性可以用反证法来证明。假设流体静压强的方向与作用面不垂直，则由此压强在该作用面上产生的力就可以分解成一个法向力和一个切向力，有切向力流体就会产生不断变形（流动），这与流体处于平衡（静止）状态是矛盾的。所以静压强方向永远沿着作用面内法线方向，且静压强也是作用面上唯一的作用力。

根据静压强的这一特性还可以得出，流体作用在固体接触面上的静压强，其方向一定垂直于固体壁面。

（2）**特性二**　静止流体中任何一点上各个方向的静压强大小相等，与作用面方位无关。即静止流体内部任何一点的流体静压强在各个方向上均相等，它的大小仅由质点所在的坐标位置确定。

这一特性将采用数学推导来证明。如图 3-4 所示，在静止流体中任取一直角微元四面体 OABC，坐标原点为 O 点，三个直角边的边长分别为 $\mathrm{d}x$、$\mathrm{d}y$、$\mathrm{d}z$，作用在直角微元四面体四个面 △BOC、△AOC、△AOB 和 △ABC 上的流体静压强分别用 p_x、p_y、p_z 和 p_n 表示，流体密度为 ρ。

结合静止流体的特点，可以知道，作用在静止流体上的力主要有两类：质量力和正压力。

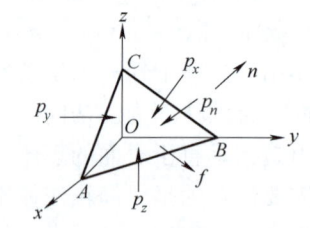

图 3-4　静止流体中的微元四面体

首先分析质量力。在图 3-4 所示的直角坐标系中，直角微元四面体 OABC 的质量可以表示为 $\rho \mathrm{d}V_{OABC}$，假定作用在直角微元四面体 OABC 上的单位质量力在三个坐标轴方向上的分量分别用 f_x、f_y、f_z 表示，则作用在微元四面体上的质量力为

$$\mathrm{d}\boldsymbol{F}_m = \rho \mathrm{d}V \boldsymbol{f}_m = \rho \frac{1}{6} \mathrm{d}x \mathrm{d}y \mathrm{d}z (f_x \boldsymbol{i} + f_y \boldsymbol{j} + f_z \boldsymbol{k}) \tag{3-10}$$

其次分析正压力。已知作用在直角微元四面体四个面 △BOC、△AOC、△AOB 和 △ABC 上的流体静压强分别为 p_x、p_y、p_z 和 p_n，则作用在四个面上的压力分别为

$$\mathrm{d}F_{p,x} = p_x \frac{1}{2} \mathrm{d}y \mathrm{d}z$$

$$\mathrm{d}F_{p,y} = p_y \frac{1}{2} \mathrm{d}x \mathrm{d}z$$

$$\mathrm{d}F_{p,z} = p_z \frac{1}{2} \mathrm{d}x \mathrm{d}y$$

$$\mathrm{d}F_{p,n} = p_n \mathrm{d}A$$

式中，$\mathrm{d}A$ 为 △ABC 的面积。

另外，为了与质量力对应，将作用在 △ABC 平面上的压力分解到三个坐标轴方向上，可以得到作用在微元四面体上的正压力为

$$\begin{aligned}\mathrm{d}\boldsymbol{F}_p &= \left[p_x \frac{1}{2} \mathrm{d}y \mathrm{d}z - p_n \mathrm{d}A \cos(n,x)\right] \boldsymbol{i} + \\ &\quad \left[p_y \frac{1}{2} \mathrm{d}x \mathrm{d}z - p_n \mathrm{d}A \cos(n,y)\right] \boldsymbol{j} + \\ &\quad \left[p_z \frac{1}{2} \mathrm{d}x \mathrm{d}y - p_n \mathrm{d}A \cos(n,z)\right] \boldsymbol{k} \\ &= (p_x - p_n) \frac{1}{2} \mathrm{d}y \mathrm{d}z \boldsymbol{i} + (p_y - p_n) \frac{1}{2} \mathrm{d}x \mathrm{d}z \boldsymbol{j} + (p_z - p_n) \frac{1}{2} \mathrm{d}x \mathrm{d}y \boldsymbol{k}\end{aligned} \tag{3-11}$$

由于任取的微元四面体处于静止状态，因此作用在静止流体上的合力为 0，所以

$$\mathrm{d}\boldsymbol{F}_m + \mathrm{d}\boldsymbol{F}_p = 0$$

将作用在微元四面体上的质量力表达式（3-10）和作用在微元四面体上的正压力表达式（3-11）代入上式，简化后得到：

$$\begin{cases} p_x - p_n + f_x\rho \dfrac{1}{3}\mathrm{d}x = 0 \\ p_y - p_n + f_y\rho \dfrac{1}{3}\mathrm{d}y = 0 \\ p_z - p_n + f_z\rho \dfrac{1}{3}\mathrm{d}z = 0 \end{cases}$$

当微元四面体 $OABC$ 的三个直角边的边长 $\mathrm{d}x$、$\mathrm{d}y$、$\mathrm{d}z$ 都趋于零时，四面体缩到 O 点，其上任何一点的压强 p_x、p_y、p_z 和 p_n 就变成 O 点上各个方向的流体静压强，于是得到

$$p_x = p_y = p_z = p_n$$

因为选取的微元四面体 $OABC$ 是任意选取的，所以可以得到结论：静止流体中任何一点上各个方向的静压强大小相等，与作用面在空间的方位无关。因此在流体力学中，对一点的压强一般直接写成 p 而不必表明方向，且流体的静压强仅是空间点坐标的连续函数，即

$$p = p(x, y, z) \tag{3-12}$$

3. 绝对压强、相对压强和真空度

根据流体压强的计量基准和使用范围的不同，将流体压强分为绝对压强（绝对压力）、相对压强（表压力）和真空度三类。需要说明的是，绝对压强 p 是以绝对真空为计量基准来计算的压强。通常讲大气压强为 101 kPa，就是指大气的绝对压强。需要说明的是，绝对真空指的是流体的绝对压强为 0，这一值虽然在理论上存在，但在工程中是无法实现的。

3.2.2 流体平衡微分方程及等压面

1. 流体平衡微分方程

为了推导流体平衡（静止）时满足的微分方程，在平衡流体中任取一个微元六面体，边长及在 x 方向上 A、B 两侧所受的压强如图 3-5 所示。

在推导流体静压强的特性时已经给出，作用在静止流体上的力主要有两类：质量力和正压力，此处推导流体平衡微分方程的步骤与推导流体静压强的特性一致。

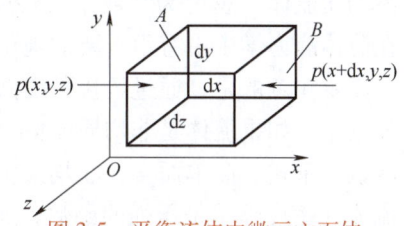

图 3-5 平衡流体中微元六面体在 x 方向上所受的压强

首先分析质量力。在图 3-5 所示的直角坐标系中，微元六面体的质量可以表示为 $\rho \mathrm{d}V$，假定作用在微元六面体上的单位质量力在三个坐标轴方向上的分量分别用 f_x、f_y、f_z 表示，则作用在微元六面体上的质量力为

$$\mathrm{d}\boldsymbol{F}_m = \rho \mathrm{d}V \boldsymbol{f}_m = \rho \mathrm{d}x \mathrm{d}y \mathrm{d}z (f_x \boldsymbol{i} + f_y \boldsymbol{j} + f_z \boldsymbol{k})$$

其次分析正压力。以坐标轴 x 方向上的正压力为例，作用在微元六面体 x 方向上 A、B 两面的压强合力为

$$\mathrm{d}F_{p,x} = [p(x, y, z) - p(x + \mathrm{d}x, y, z)] \mathrm{d}y \mathrm{d}z = -\frac{\partial p}{\partial x} \mathrm{d}x \mathrm{d}y \mathrm{d}z$$

由于任取的微元六面体处于静止状态，因此作用在微元六面体上的力在各个方向上的投

影之和均为 0，所以

$$dF_{m,x}+dF_{p,x}=0$$

将作用在微元六面体 x 方向上的质量力和正压力代入上式，得到微元六面体 x 方向的力平衡微分方程：

$$\rho f_x \mathrm{d}x\mathrm{d}y\mathrm{d}z - \frac{\partial p}{\partial x}\mathrm{d}x\mathrm{d}y\mathrm{d}z = 0$$

将上式中的微元六面体体积 $\mathrm{d}x\mathrm{d}y\mathrm{d}z$ 消掉，同理列出微元六面体 y、z 方向的力平衡微分方程。最终得到

$$\begin{cases}\rho f_x = \dfrac{\partial p}{\partial x}\\[4pt] \rho f_y = \dfrac{\partial p}{\partial y}\\[4pt] \rho f_z = \dfrac{\partial p}{\partial z}\end{cases} \tag{3-13}$$

式（3-13）还可以写成如下的矢量形式

$$\rho \boldsymbol{f}_m = \nabla p \tag{3-14}$$

式中，$\nabla = \dfrac{\partial}{\partial x}\boldsymbol{i}+\dfrac{\partial}{\partial y}\boldsymbol{j}+\dfrac{\partial}{\partial z}\boldsymbol{k}$ 为梯度算子；∇p 为压强的梯度。

式（3-13）和式（3-14）即流体平衡微分方程。该方程是欧拉于 1755 年推导出来的，所以又称为欧拉平衡微分方程。此方程的物理意义是：在静止流体内的任一点上，作用在单位质量流体上的质量力与静压强的合力相平衡。在推导这个方程时，前提条件只有流体处于静止状态，而其他参数均未做任何限制，所以该方程适用范围是：处于平衡状态的一切不可压缩均质流体（密度为常数）。该方程是流体静力学其他方程的基础，所以欧拉平衡微分方程在流体静力学中占有很重要的地位。

需要注意的是，通过欧拉平衡微分方程可知：一旦给定质量力分布，即可得到流体中的压强分布。如果流体是非均质流体（密度不为常数），则必须同时给出密度与压强、温度等的函数关系式。简单而言，非均质流体包含两种：正压流体（密度仅为压强的函数）和斜压流体（密度除了是压强的函数，还依赖于其他状态参数，如温度等）。对于正压流体，若要得到流体中的压强分布，除了欧拉平衡微分方程，还需要再补充密度与压强的函数关系式，以求解压强；对于斜压流体，若要得到流体中的压强分布，除了欧拉平衡微分方程，还需要同时补充状态方程和能量平衡方程，以求解压强。

另外，欧拉平衡微分方程还可以改写成

$$\frac{\partial p}{\partial x}\mathrm{d}x+\frac{\partial p}{\partial y}\mathrm{d}y+\frac{\partial p}{\partial z}\mathrm{d}z = \rho(f_x\mathrm{d}x+f_y\mathrm{d}y+f_z\mathrm{d}z)$$

即

$$\mathrm{d}p = \rho(f_x\mathrm{d}x+f_y\mathrm{d}y+f_z\mathrm{d}z) \tag{3-15}$$

式（3-15）称为压强差公式，也是流体平衡微分方程的综合形式。

2. 等压面

在平衡流体中，由压强相等的点所组成的面（平面或曲面）称为等压面。不同的等压

面对应的压强不同，静止流体中任一点的压强都是唯一的，所以穿过每个点的等压面只有一个。等压面具有如下几个性质。

1) 鉴于同一等压面上的压强是相等的（p 为常数），所以结合压强差公式（3-15）可以得到等压面方程的微分形式为

$$f_x\mathrm{d}x+f_y\mathrm{d}y+f_z\mathrm{d}z=0 \tag{3-16}$$

2) 在平衡流体中，等压面与流体受到的质量力正交。这一性质从式（3-16）中也可以得出。从该性质中还可以得出：当流体受到的质量力仅为重力时，由于重力方向是竖直向下的，所以等压面是水平面，两者相互垂直。另外，还可以得到这样的推论，对于 U 形管内两端静止液体的等压面保持水平的前提：一是 U 形管是连通的，二是同一种液体。

3) 自由表面为等压面。例如，气液分界面、互不相混的两种液体的分界面等。

3.2.3　流体静力学基本方程

在人类生活及工程实际中，经常遇到作用在流体上的质量力只有重力的情况。本节将分析在质量力只有重力时的静止流体中的压强分布规律。

1. 流体静力学基本方程的推导

流体静力学基本方程是指对于不可压缩流体，当受到的质量力仅为重力时，流体内任一点上静压强的计算公式。

当作用在流体上的质量力只有重力时，流体上的加速度只有重力加速度 g，结合式（3-15），可以得到

$$\mathrm{d}p=-\rho g\mathrm{d}z=-\gamma\mathrm{d}z$$

对于连续、不可压缩的均质流体，其密度（比重）为常数，则上式可变为

$$\mathrm{d}\left(\frac{p}{\gamma}+z\right)=0$$

即

$$\frac{p}{\gamma}+z=C \tag{3-17}$$

式中，C 为积分常数，由边界条件确定。

式（3-17）即流体静力学基本方程。

流体静力学基本方程还有其他形式。如图 3-6 所示，在静止流体中任取点 1 和点 2，点 1 坐标为 z_1，压强为 p_1，点 2 坐标为 z_2，压强为 p_2，结合流体静力学基本方程式（3-17），可以得到

$$z_1+\frac{p_1}{\gamma}=z_2+\frac{p_2}{\gamma}=C$$

即

$$p_2=p_1+\gamma(z_1-z_2) \tag{3-18}$$

式（3-18）即流体静力学基本方程的第二种形式。

如图 3-7 所示，在静止流体中任取一点 A，其坐标为 z，压强为 p，在自由表面上任取一点 B，其坐标为 z_0，压强为 p_0，其中 $h=z_0-z$，结合流体静力学基本方程式（3-17），可以得到

$$\frac{p}{\gamma}+z=\frac{p_0}{\gamma}+z_0$$

即

$$p = p_0 + \gamma h \tag{3-19}$$

式（3-19）可方便计算静止流体中任一点上的压强。它是流体静力学基本方程的第三种形式。

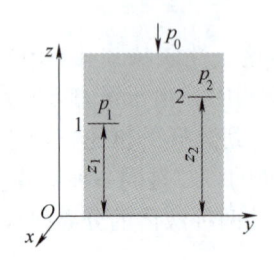

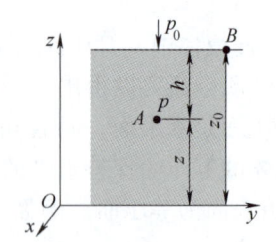

图 3-6　流体静力学基本方程的第二种形式推导图　　图 3-7　流体静力学基本方程的第三种形式推导图

式（3-17）~式（3-19）即流体静力学基本方程的三种形式，其适用条件是：连续、不可压缩、均质流体，且流体受到的质量力仅为重力。

依据流体静力学基本方程，我们还可以得到几个只有重力作用下绝对静止流体中的压强分布规律：第一，在绝对静止的液体中，静压强随液体深度按线性规律变化，即静压强随深度增加；第二，在绝对静止的液体中，处于同一深度的各点的静压强相等，即任一水平面都是等压面；第三，在绝对静止的液体中，任意一点的静压强由两部分构成，一是自由液面上的压强，二是该点到自由液面的液柱重力产生的压强。

另外，流体静力学基本方程还告诉我们：自由液面上的压强 p_0 将以同样的大小传递到液体内部的任意点上，即帕斯卡定律，又称为液压传动原理。根据帕斯卡定律，在水力系统中的一个活塞上施加一定的压强，必将在另一个活塞上产生相同的压强增量。如果第二个活塞的面积是第一个活塞的面积的 10 倍，那么作用于第二个活塞上的力将增大至第一个活塞的 10 倍。

2. 流体静力学基本方程的物理意义和几何意义

流体静力学基本方程即能量守恒定律在静止液体中的应用。

从物理学角度而言，流体静力学基本方程式（3-17）中的各项均代表了能量。方程的第一项 p/γ，表示单位质量流体具有的压力能，称为压强势能；方程的第二项 z，表示单位质量流体具有的重力势能，称为位置势能。流体中某点的压强势能与位置势能之和保持不变，称为总势能。所以，流体静力学基本方程的物理意义可以表述为：在重力作用下的连续的、不可压缩的均质静止流体中，各点的单位质量流体的总势能（压强势能与位置势能之和）保持不变。

从几何学角度而言，流体静力学基本方程式（3-17）中的每一项均具有长度的量纲，流体力学中，可称为水头。方程的第一项 p/γ，称为压强水头，表示压强作用下在测压管中测得的高度，即压力能可以支持的液柱高度；方程的第二项 z，称为位置水头，表示某点所在位置到基准面的高度。流体中某点的压强水头与位置水头之和保持不变，称为测压管水头（或静水头）。所以，流体静力学基本方程的几何意义可以表述为：在重力作用下的连续的、不可压缩的均质静止流体中，各点的测压管水头（压强水头与位置水头之和）保持不变，即测压管水头线为水平线。

3.2.4 液柱式测压计

测量流体压强的仪器主要有金属式、电测式和液柱式三种。金属式测压计的测量原理是利用压强使金属元件变形，流体压强越大作用在金属元件上的作用力就越大，则其变形程度就越大，此变形程度就表示了流体的压强。电测式测压计的测量原理是通过传感器将压强转化为电阻、电流或电压等物理量，由这些量的大小来得知流体压强的值。液柱式测压计的测量原理则是以流体静力学基本方程为依据，利用液柱高度或液柱高度差来测量流体的静压强或压强差。接下来将介绍几种常见的液柱式测压计。

1. 单管测压计

单管测压计又称为测压管，它是一种最简单的液柱式测压计。如图 3-8 所示，其结构一般采用一根直径均匀的玻璃管，测量某点的压强时，将测压管的下端与装有液体的容器（在测点直接开孔）连接，上端开口与大气相通。

单管测压计的测量原理为 $p = p_0 + \gamma h$，通过测得的压出液柱高度 h，可得到被测容器内流体的绝对和相对压强的大小。

另外，关于单管测压计的几点说明：一是为了减少毛细现象所造成的误差，单管测压计的内径一般不要小于 10 mm；二是单管测压计一般只适用于被测压强高于大气压强的场合；三是测压管比较简单，鉴于一个大气压只能产生约 10 m 高的水柱压强，所以其量程较小，不适用于测量高压。

2. U 形管测压计

U 形管测压计如图 3-9 所示。其结构为一根弯成 U 形的玻璃管，测量某点的压强时，将 U 形管的一端与被测容器测点 A 相连，另一端与大气相通。当测量较小的压强时，管内用的工作介质一般是水或酒精等密度较小的液体；当测量较大的压强时，管内用的工作介质一般是水银等密度较大的液体。

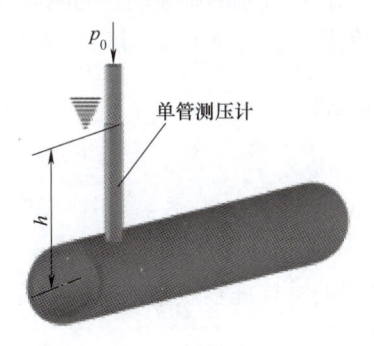

图 3-8 单管测压计

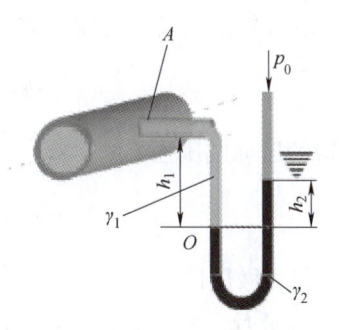

图 3-9 U 形管测压计

U 形管测压计的测量原理为

$$p_A = p_0 + \gamma_2 h_2 - \gamma_1 h_1$$

若 γ_2 远大于 γ_1，则 A 点的绝对压强为

$$p_A = p_0 + \gamma_2 h_2$$

需要注意的是，U 形管测压计所使用的工作介质与被测流体一定是不可相溶的流体。U 形管测压计的测量范围比单管测压计要大。如果被测点的压强很大，可以采用两个 U 形

管相连或三个 U 形管相连的 U 形管测压计来测量。

3. U 形管压差计

U 形管压差计用来测量两个容器或同一容器不同位置两点的压强差，如图 3-10 所示。如果压差较大，也可以采用两个 U 形管相连或三个 U 形管相连来增大量程。

U 形管压差计的测量原理为

$$\Delta p = \Delta \gamma h = (\gamma_2 - \gamma_1) h$$

若 γ_2 远大于 γ_1，则两点的压差为

$$\Delta p = \gamma_2 h$$

4. 斜管微压计

当被测压强变化很小或者被测两处的压强差很小时，应用上述的 U 形管测压计测量压强差误差可能会比较大。为了提高测量精度，工程中常常使用一种适合测量微小压强的斜管微压计，如图 3-11 所示。

图 3-10 U 形管压差计

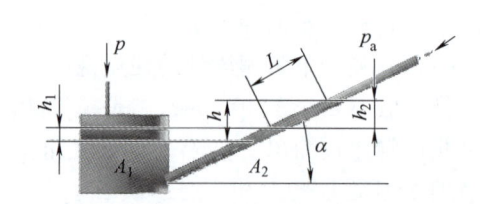

图 3-11 斜管微压计

斜管微压计由一个截面积较大的容器连接一个可调倾斜角为 α 的细玻璃管组成。较大的容器截面积为 A_1，细玻璃管的截面积为 A_2，在测压前，较大容器中的液面和倾斜管中液体的液面在同一水平面上。当测量未知压强分别为 p 与 p_a（若不是测压差则 p_a 是大气压强）的气体压差时，将压强大的连接在较大容器端的测压口，压强小的连接在倾斜细玻璃管的测压口，则在被测气体压力差的作用下，较大容器中的液面下降，而倾斜管中的液面上升，其上升高度为 h，即

$$h = h_1 + h_2 = L\left(\frac{A_2}{A_1} + \sin\alpha\right)$$

则测得的压强或压强差为

$$p - p_a = \gamma h = \gamma\left(\frac{A_2}{A_1} + \sin\alpha\right)L = KL$$

式中，K 为斜管微压计常数；L 为斜管微压计内斜管液面自校准零点起上升的长度。

在实际测量时，先设定斜管微压计常数，在倾斜细玻璃管上读出 L 值后，两者相乘即可计算出压强值。

例 3-3 如图 3-12 所示，有一复式 U 形管水银测压计，已知测压计上各液面及点 A 的标高为：$h_1 = 1.8$ m，$h_2 = 0.6$ m，$h_3 = 2.0$ m，$h_4 = 1.0$ m，$h_5 = h_A = 1.5$ m。两个 U 形管水银之间为空气，点 1 通向大气，试确定点 A 的相对压强。

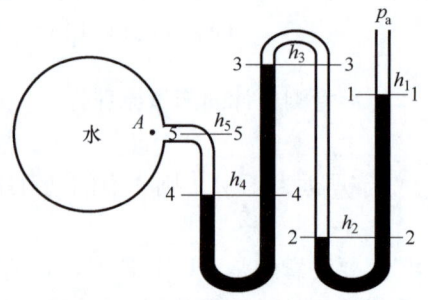

图 3-12 复式 U 形管水银测压计

解 鉴于两个 U 形管水银之间为空气，所以
$$p_3 = p_2 = \rho_G g(h_1 - h_2)$$
以点 4 处的水平面为基准面，列平衡方程
$$p_A + \rho g(h_5 - h_4) = p_3 + \rho_G g(h_3 - h_4)$$
由此得到 A 点的相对压强为
$$p_A = \rho_G g[(h_3 - h_4) + (h_1 - h_2)] - \rho g(h_5 - h_4) = 288.3 \text{ kPa}$$

3.3 流体动力学基础

3.3.1 流体运动的两种描述方法

研究流体运动时，首先要建立流场的概念。流场是指流体质点运动的全部空间。流体质点是指包含有大量的流体分子而又具有很小体积的随流体流动的小质量的流体。而流体动力学的任务是研究流场中描述流体运动的物理量的分布规律和相互之间的关系。

在流体力学中，研究流体运动的方法有两种：拉格朗日法和欧拉法。

1. 拉格朗日法

拉格朗日法的研究对象是流体质点，所以又称随体法，是将整个流体的运动看作多个单一流体质点运动的总和。通过跟踪每一个质点，描述其运动过程中流动参数（速度、压力等）随时间的变化，综合流场中所有流体质点，来获得整个流场流体运动的规律。拉格朗日法实质上是利用质点系动力学来研究连续介质的运动。通过建立流体质点的运动方程来描述所有流体质点的运动特性，如流体质点的运动轨迹、速度和加速度等。

如图 3-13 所示，假设某一流体质点 M，在 $t = t_0$ 时刻，占据起始坐标 (a, b, c)，t 为时间变量。

则流体质点的轨迹方程为
$$\begin{cases} x = x(a, b, c, t) \\ y = y(a, b, c, t) \\ z = z(a, b, c, t) \end{cases} \tag{3-20}$$

式中，(a, b, c) 为拉格朗日变量，不同的质点对应不同的拉格朗日变量。对于同一质点，拉格朗日变量不变，变化的仅为时间 t。

到了 t 时刻，如图 3-14 所示，该流体质点 M 运动到空间坐标 (x, y, z)。对于质点 M 而言，在拉格朗日描述下，变化的仅为时间 t，表征质点 M 的起始坐标 (a, b, c) 不变。

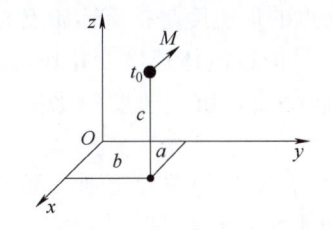

图 3-13 t_0 时刻拉格朗日法示意图

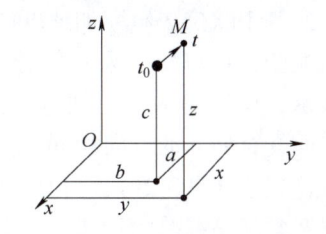

图 3-14 t 时刻拉格朗日法示意图

关于拉格朗日法的几点说明：
1) 给定 (a, b, c)，t 变化时，该质点的轨迹方程确定。
2) 不同 (a, b, c)，t 不变，表示在选定时刻流场中流体质点的位置分布。
3) 若要了解整个流场分布，需要同时跟踪许多流体质点。基于此，在流体力学研究中较少采用拉格朗日法。

2. 欧拉法

鉴于使用拉格朗日法进行研究存在一定的困难，所以流体力学中一般采用另外的方法对流体流动进行研究。例如，在天气预报中，需要监测大气的流动，包括大气温度、流速、流动方向等，并计算其发展趋势，在此过程中所采用的方法是设置许多观测站，在 t 时刻，各观测站汇报当地的气流情况，过 Δt 时刻，再汇报当地的气流情况，然后根据 $t+\Delta t$ 时刻参数与 t 时刻参数的比较，观测站甲地本身随时间的变化，以及甲地与乙地的差别，预测下一时刻的发展趋势。这种不是跟着气流跑，而是通过设置许多观测站进行空间整体监测的方法，就是场的方法，也称为欧拉法。

欧拉法的研究对象是流场（流体运动的空间），所以又称局部法，即着眼于整个流场的状态，整个流场中的流动参数是空间坐标 (x, y, z) 和时间 t 的函数。研究某一时刻位于各不同空间点上流体质点的速度、压力、密度等流动参数的分布，然后把各个不同时刻的流体运动情况综合起来，从而得到所有流体的运动规律。实际上，欧拉法是研究表征流场内流体流动特征的各物理量的场分布，如速度场、压力场和密度场等。

如图3-15所示，假设流场中某一空间固定点 N，则流体质点在任意时刻 t 通过该固定点 N 的流动参数（如速度、压强、密度）可表示为

$$\begin{cases} u_x = u_x(x,y,z,t) \\ u_y = u_y(x,y,z,t) \\ u_z = u_z(x,y,z,t) \end{cases} \quad (3\text{-}21)$$

$$p = p(x,y,z,t), \quad \rho = \rho(x,y,z,t)$$

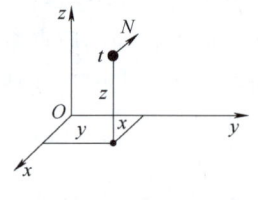

图 3-15 欧拉法示意图

在欧拉法中，令 (x, y, z) 为常数，t 为变量，表示在某一固定空间点上，流体质点的运动参数（如速度）随时间的变化规律。

令 (x, y, z) 为变量，t 为常数，表示在同一时刻，整个流场中流动参数的分布规律，即在空间的分布状况（如速度场）。

欧拉法与拉格朗日法的不同在于两者的研究对象不同，即拉格朗日法着眼于流体质点运动的研究，而欧拉法着眼于流场中每一空间位置。在工程实际中，更多关注的是流场中指定空间的质点参数，因此欧拉法在流体力学研究中被广泛采用。

接下来，基于欧拉法研究加速度的表达。流场中某点的加速度是指流体质点通过某一空间点时的速度变化量与发生这一变化所用时间的比值，是描述流体速度变化快慢的物理量，通常用 a 表示，单位是 m/s^2。加速度是矢量，它的方向是流体质点速度变化量的方向，也与流体质点所受合外力的方向相同。

依据流速表达式（3-21），将其对时间求导，按照复合函数的求导法则，可以得到流体质点通过任意空间坐标时的加速度（包含三个方向的加速度分量），即

$$\begin{cases} a_x = \dfrac{\mathrm{d}u_x(x,y,z,t)}{\mathrm{d}t} = \dfrac{\partial u_x}{\partial t} + u_x\dfrac{\partial u_x}{\partial x} + u_y\dfrac{\partial u_x}{\partial y} + u_z\dfrac{\partial u_x}{\partial z} \\ a_y = \dfrac{\mathrm{d}u_y(x,y,z,t)}{\mathrm{d}t} = \dfrac{\partial u_y}{\partial t} + u_x\dfrac{\partial u_y}{\partial x} + u_y\dfrac{\partial u_y}{\partial y} + u_z\dfrac{\partial u_y}{\partial z} \\ a_z = \dfrac{\mathrm{d}u_z(x,y,z,t)}{\mathrm{d}t} = \dfrac{\partial u_z}{\partial t} + u_x\dfrac{\partial u_z}{\partial x} + u_y\dfrac{\partial u_z}{\partial y} + u_z\dfrac{\partial u_z}{\partial z} \end{cases} \quad (3\text{-}22)$$

可以将上式写成如下矢量形式

$$\boldsymbol{a} = \dfrac{\mathrm{D}\boldsymbol{u}}{\mathrm{D}t} = \dfrac{\partial \boldsymbol{u}}{\partial t} + (\boldsymbol{u} \cdot \nabla)\boldsymbol{u} \quad (3\text{-}23)$$

式中，D/Dt 为随体导数（或称为真实导数、物质导数）；∇为哈密顿算子（或称为梯度算子、矢量微分算子）。

从式（3-22）和式（3-23）中均可以看出，流场中某点的加速度由两部分组成：即式（3-23）中等号右边第一项称为时变加速度（或称为当地加速度），和等号右边第二项称为位变加速度（或称为对流加速度）。所以从欧拉法来看，不同空间位置上的流体流速可以不同；在同一空间点上，因时间先后不同，流速也可以不同。

时变加速度产生示意图如图 3-16 所示。时变加速度是由于某一固定空间点上（空间位置不变）流体质点的速度随时间变化而产生的。

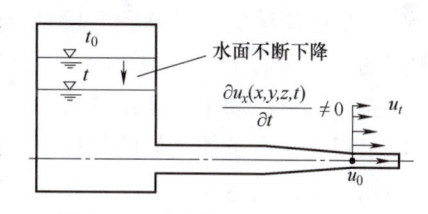

图 3-16 时变加速度产生示意图

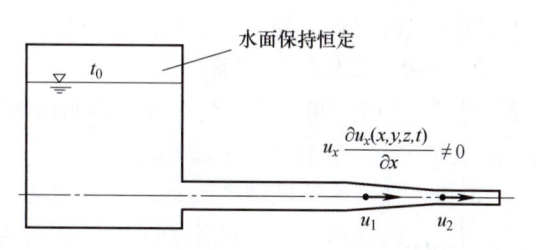

位变加速度产生示意图如图 3-17 所示。位变加速度是某一瞬时（时间不变）由于流体质点的速度随空间位置的变化而引起的。

另外，依据牛顿第二定律，结合流体平衡微分方程和加速度表达式，可以得到无黏流体的运动微分方程为

$$\boldsymbol{f}_m - \dfrac{1}{\rho}\nabla p = \dfrac{\partial \boldsymbol{u}}{\partial t} + (\boldsymbol{u} \cdot \nabla)\boldsymbol{u} \quad (3\text{-}24)$$

图 3-17 位变加速度产生示意图

式（3-24）即无黏流体的运动微分方程。该方程是欧拉于 1755 年推导出来的，所以也称为欧拉运动微分方程。可以说，欧拉运动微分方程是研究无黏流体流动最重要的方程。

例 3-4 已知平面流动的 $u_x = 3x$ m/s，$u_y = 3y$ m/s，$u_z = 3$ m/s，试确定坐标为（3，3）的点上流体的加速度。

解 将速度值分别代入加速度公式，可得

$$\begin{cases} a_x = \dfrac{\partial u_x}{\partial t} + u_x\dfrac{\partial u_x}{\partial x} + u_y\dfrac{\partial u_x}{\partial y} + u_z\dfrac{\partial u_x}{\partial z} = (0+3x\times3+0+0)\ \mathrm{m/s^2} = 27\ \mathrm{m/s^2} \\ a_y = \dfrac{\partial u_y}{\partial t} + u_x\dfrac{\partial u_y}{\partial x} + u_y\dfrac{\partial u_y}{\partial y} + u_z\dfrac{\partial u_y}{\partial z} = (0+0+3y\times3+0)\ \mathrm{m/s^2} = 27\ \mathrm{m/s^2} \\ a_z = \dfrac{\partial u_z}{\partial t} + u_x\dfrac{\partial u_z}{\partial x} + u_y\dfrac{\partial u_z}{\partial y} + u_z\dfrac{\partial u_z}{\partial z} = 0+0+0+0 = 0 \end{cases}$$

所以，坐标为（3，3）的点上流体的加速度为
$$a = 27i + 27j$$

3.3.2 流体运动的基本概念

1. 定常流动和非定常流动

流场中流体的运动参数（速度、压强、密度等）不随时间变化，而仅是位置坐标的函数，这种流动被称为定常流动。

定常流动具备以下特点：

1）所有运动要素对时间的偏导数恒等于0，即
$$\frac{\partial u_x}{\partial t} \equiv \frac{\partial u_y}{\partial t} \equiv \frac{\partial u_z}{\partial t} \equiv \frac{\partial p}{\partial t} \equiv \frac{\partial \rho}{\partial t} \equiv \cdots \equiv 0$$

2）定常流动中加速度只剩位变加速度，即
$$a = (u \cdot \nabla) u$$

流场中流体的运动参数不仅是位置坐标的函数，而且随时间变化，这种流动被称为非定常流动。

实际社会活动中，非定常流动是十分普遍的，但非定常流动的求解比定常流动要复杂，所以工程上，在条件允许的前提下，往往将非定常流动近似为定常流动。例如，如果观察的时间比较长，其运动参数的变化平均值趋于稳定，或者流体的运动参数随时间的变化非常缓慢，则在研究这种流动时，可以近似地认为是定常流动或作为定常流动来处理。这样做的目的是数学求解比较简便，而且能满足工程上的实际需要。

2. 一维、二维和三维流动

"维"是指空间自变量的个数。按照流场中流动参数与空间坐标变量个数间的关系，将流动分为一维、二维和三维流动。

工程上任何实际液体流动都是三维流动，但由于三维流动问题非常复杂，且数学上求解三维问题比较困难，所以流体力学中，在满足精度要求的前提下，需要尽量减少运动要素的"维"数。

带锥度的圆管内黏性流体的流动示意图如图3-18所示，流体质点的运动参数（如速度），既是半径 r 的函数，又是沿轴线距离 x 的函数，即 $u = u(r, x)$。显然这是二维流动问题。工程上，在讨论其速度分布时，常采用其每个截面的平均值 $\bar{u}$。这就将流动参数简化为仅与一个坐标有关的流动问题，这种流动就叫一维流动。
$$\bar{u} = u(x)$$

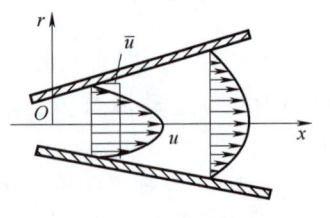

图3-18 带锥度的圆管内黏性流体流动示意图

3. 迹线和流线

迹线是流体质点不同时刻流经的空间点所连成的线，即流体质点运动的轨迹。例如，夜晚烟花的轨迹、高尔夫球的轨迹等。迹线的研究属于拉格朗日法的内容，流场中的每一个流体质点都有自己的迹线，根据迹线的形状可以分析流体质点的运动情况。迹线的微分方程为
$$\frac{\mathrm{d}x}{u_x} = \frac{\mathrm{d}y}{u_y} = \frac{\mathrm{d}z}{u_z} = \mathrm{d}t$$

流线是某一瞬时在流场中所作的一条假想曲线,在这条线上的各流体质点的速度方向都与该曲线相切,因此流线是同一时刻,不同流体质点所组成的曲线,如图3-19所示。例如,撒入水流中的许多碎木屑,可以认为流体的运动与木屑的运动一致,用快速照相机在极短的曝光时间内拍摄的水流中木屑连接成的曲线就是流线,它直接显示出流场内的流动形态。

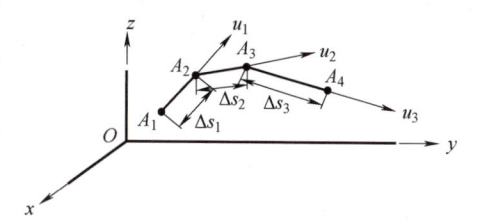

图3-19 流线示意图

流线是欧拉法对流体流动的描绘,由于流体中的大多数问题,都采用欧拉法来研究,因此研究流线也就成为流体力学中的一个重点研究方向。根据流线的定义,可以推导出流线的微分方程为

$$\boldsymbol{u} \times \mathrm{d}\boldsymbol{r} = 0$$

将上式展开,可得

$$\frac{\mathrm{d}x}{u_x(x,y,z,t)} = \frac{\mathrm{d}y}{u_y(x,y,z,t)} = \frac{\mathrm{d}z}{u_z(x,y,z,t)} \quad (3\text{-}25)$$

如果是二维流动,则流线的微分方程为

$$\frac{\mathrm{d}x}{u_x(x,y,z,t)} = \frac{\mathrm{d}y}{u_y(x,y,z,t)}$$

流线具有如下几个基本特性:

1)由于通过流场中的每一点都可以绘一条流线,所以,流线将布满整个流场。

2)对于定常流动而言,流线和迹线相互重合,且流线的形状和空间位置不随时间而变化。

3)流场内任一固定点在同一瞬时只能有一个速度向量,所以流线不能相交和分叉,也不能突然折转,是一条光滑的连续曲线或直线。

4)流速的大小可以由流线的疏密反映出来,流线密集的地方,表示流场中该处的流速较大;流线稀疏的地方,表示流场中该处的流速较小,如图3-20a所示。

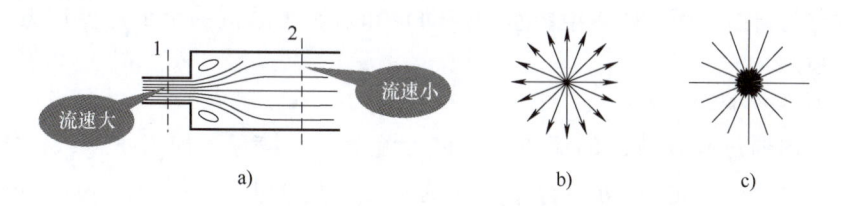

图3-20 流线特性示意图
a)流线与流速的关系 b)源 c)汇

5)前面讲到,流线不能相交和分叉,但有两个特例:驻点(速度为0的点)和奇点。奇点是指速度为无穷大的点,包括源(流体从某一空间点以一定的流量均匀地向所有方向流出所引起的流动称为源流,这一空间点称为源或点源)和汇(流体以一定的流量均匀地流入某一空间点的流动称为汇流,这一空间点称为汇或点汇),如图3-20b和图3-20c所示。

例3-5 已知某一流场,其流速分布规律为:$u_x = -ky$,$u_y = kx$,$u_z = 0$,试求其流线方程。

解 因为 $u_z=0$，所以该流动为二维流动，将流速表达式代入二维流动流线微分方程，可得

$$\frac{\mathrm{d}x}{-ky}=\frac{\mathrm{d}y}{kx}$$

即

$$x\mathrm{d}x+y\mathrm{d}y=0$$

对上式积分，可得流线方程，即

$$x^2+y^2=C$$

该流线方程即流线簇是以坐标原点为圆心的同心圆。

4. 流管、流束和总流

在流场中任取一不是流线的封闭曲线，过曲线上的每一点作流线，这些流线所组成的管状表面称为流管，如图 3-21 所示。

流管内部的全部流体称为流束。因为流管是由流线构成的，所以它具有流线的一切特性，即流管上各点的流速方向都与流管的表面相切，流体质点不能穿过流管流进或流出。由此可见，流管内的流束就像在真实的管子内的流动一样。流管与流线只是流场中的一个几何面和几何线，而流束不论大小，都是由流体组成的。在定常流动的情况下，流管或流束的形状不随时间而变化。

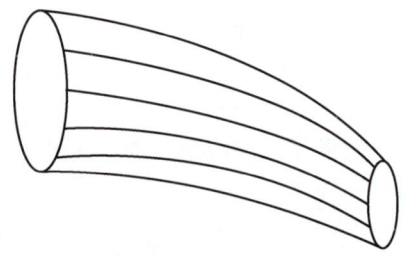

图 3-21 流管示意图

在流束中，与各流线都垂直的横截面称为流束的有效截面，或称为过流截面。流线互相平行时，有效截面为平面；流线不平行时，其有效截面为曲面。有效截面面积为无限小的流束称为微元流束，或称为元流。对于元流，认为其有效截面上各点的速度是相同的。

总流是由无数元流组成的整股流体。在自然界和实际工程问题中，流体在管道或渠道中的流动都可看作总流。根据总流的边界情况，可以把总流流动分为有压流（总流的全部边界受固体边界的约束，如压力水管中的流动）、无压流（总流边界的一部分受固体边界约束，另一部分为自由界面，如明渠中水的流动）和射流（总流的全部边界均无固体边界约束，如农药喷洒）三类。

5. 流量和平均流速

单位时间内通过有效截面的流体量，称为流量。流量有三种表示方式：体积流量 q_V（单位为 m^3/s）、质量流量 q_m（$q_m=\rho q_V$，单位为 $\mathrm{kg/s}$）和重量流量 q_G（$q_G=\gamma q_V$，单位为 $\mathrm{N/s}$）。其中，工程中比较常用的是体积流量。

体积流量是单位时间内通过有效截面的流体体积，其表达式为

$$q_V=\int_{q_V}\mathrm{d}q_V=\int_A u\mathrm{d}A$$

通常把通过某一有效截面的流量 q_V 与该有效截面面积 A 相除，得到一个均匀分布的速度 $\bar{u}$，即为平均流速，其定义式为

$$\bar{u}=\frac{q_V}{A}$$

平均流速是一个假想的流速，使流体运动得到简化（使三维流动变成了一维流动）。在实际工程中，平均流速是非常重要的。

3.3.3 连续性方程及其应用

流体和自然界中的其他物质一样，遵循质量守恒定律。连续性方程是质量守恒定律在流体力学中的应用，其目的是确立流体流速与有效截面面积之间的关系。

1. 元流的连续性方程

图 3-22 所示为一段定常流动的流束。

从中选取一段如虚线所示的元流（微小流束），依据质量守恒定律，可得

$$\rho_1 u_1 \mathrm{d}t\mathrm{d}A_1 = \rho_2 u_2 \mathrm{d}t\mathrm{d}A_2$$

简化后得到

$$\rho_1 u_1 \mathrm{d}A_1 = \rho_2 u_2 \mathrm{d}A_2 \quad (3\text{-}26)$$

式（3-26）即可压缩流体定常流动时元流的连续性方程。

对于不可压缩流体，密度为常数，则有

$$u_1 \mathrm{d}A_1 = u_2 \mathrm{d}A_2 \quad (3\text{-}27)$$

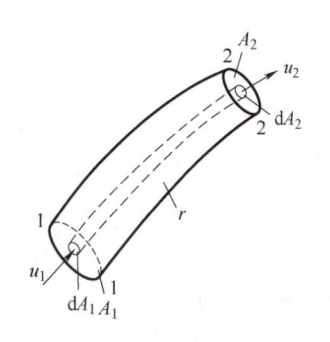

图 3-22 元流连续性方程的推导

2. 总流的连续性方程

总流是元流的集合，因此对可压缩流体定常流动时元流的连续性方程式（3-26）积分，可得总流的连续性方程为

$$\rho_1 u_1 A_1 = \rho_2 u_2 A_2 \quad (3\text{-}28)$$

同理，对于不可压缩流体定常流动的总流而言，对方程式（3-27）积分，则有

$$u_1 A_1 = u_2 A_2 \quad (3\text{-}29)$$

需要说明的是，连续性方程式（3-28）和式（3-29）对无黏流体和黏性流体均适用。依据总流的连续性方程可以得到推论：平均流速与有效截面面积成反比，即有效截面面积大的地方平均流速小，有效截面面积小的地方平均流速就大。

例 3-6 如图 3-23 所示，有一输水管道，水自截面 1-1 流向截面 2-2。测得截面 1-1 的水流平均流速 $v_1 = 2$ m/s，已知 $d_1 = 0.5$ m，$d_2 = 1$ m，试求截面 2-2 处的平均流速 v_2 为多少？

解 根据不可压缩流体定常流动连续性方程，可知

$$v_1 \frac{\pi d_1^2}{4} = v_2 \frac{\pi d_2^2}{4}$$

将 $v_1 = 2$ m/s，$d_1 = 0.5$ m，$d_2 = 1$ m 代入上式，可得

$$v_2 = v_1 \left(\frac{d_1}{d_2}\right)^2 = 2 \times \left(\frac{0.5}{1}\right)^2 \text{ m/s} = 0.5 \text{ m/s}$$

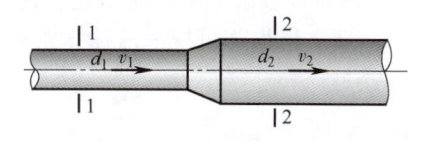

图 3-23 输水管道

3. 连续性方程的微分形式

如图 3-24 所示，在非定常流动的流场中任取一个微元直角平行六面体，其边长分别为 $\mathrm{d}x$、$\mathrm{d}y$ 和 $\mathrm{d}z$。假设该六面体形心的坐标为 (x, y, z)，在某一瞬时 t 经过形心的流体质点沿各坐标轴的速度分量为 (u_x, u_y, u_z)，流体的密度为 ρ。沿 x 轴方向，六面体左右两侧的密度和速度如图 3-24 所示。

由已知条件可知，在 $\mathrm{d}t$ 时间内，沿 x 轴方向，从左边微元面积 $\mathrm{d}y\mathrm{d}z$ 流入的流体质量为

$$\left(\rho-\frac{\partial\rho}{\partial x}\frac{\mathrm{d}x}{2}\right)\left(u_x-\frac{\partial u_x}{\partial x}\frac{\mathrm{d}x}{2}\right)\mathrm{d}y\mathrm{d}z\mathrm{d}t$$

在 $\mathrm{d}t$ 时间内，沿 x 轴方向，从右边微元面积 $\mathrm{d}y\mathrm{d}z$ 流出的流体质量为

$$\left(\rho+\frac{\partial\rho}{\partial x}\frac{\mathrm{d}x}{2}\right)\left(u_x+\frac{\partial u_x}{\partial x}\frac{\mathrm{d}x}{2}\right)\mathrm{d}y\mathrm{d}z\mathrm{d}t$$

沿 x 轴方向，流入减去流出的流体净质量为

$$-\frac{\partial(\rho u_x)}{\partial x}\mathrm{d}x\mathrm{d}y\mathrm{d}z\mathrm{d}t$$

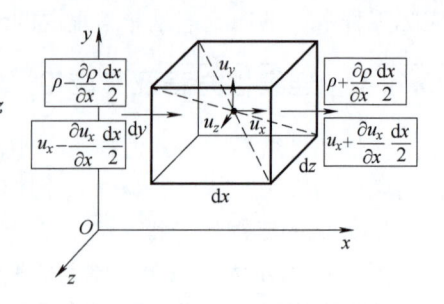

图 3-24　连续性方程微分形式的推导

由于流体是作为连续介质来研究的，所以在 $\mathrm{d}t$ 时间内，六面体内三个方向流体质量的总变化，唯一的可能是因为六面体内流体密度的变化而引起的。因此有

$$-\left[\frac{\partial(\rho u_x)}{\partial x}+\frac{\partial(\rho u_y)}{\partial y}+\frac{\partial(\rho u_z)}{\partial z}\right]\mathrm{d}x\mathrm{d}y\mathrm{d}z\mathrm{d}t=\left(\rho+\frac{\partial\rho}{\partial t}\mathrm{d}t\right)\mathrm{d}x\mathrm{d}y\mathrm{d}z-\rho\mathrm{d}x\mathrm{d}y\mathrm{d}z$$

化简后得到

$$\frac{\partial\rho}{\partial t}+\frac{\partial(\rho u_x)}{\partial x}+\frac{\partial(\rho u_y)}{\partial y}+\frac{\partial(\rho u_z)}{\partial z}=0 \tag{3-30}$$

式（3-30）即可压缩、非定常、三维流动连续性方程的微分形式。

关于连续性方程微分形式有以下几点说明：

1）对于定常流动，式（3-30）转变为

$$\frac{\partial(\rho u_x)}{\partial x}+\frac{\partial(\rho u_y)}{\partial y}+\frac{\partial(\rho u_z)}{\partial z}=0 \tag{3-31}$$

2）对于不可压缩流体定常流动，方程转变为

$$\frac{\partial u_x}{\partial x}+\frac{\partial u_y}{\partial y}+\frac{\partial u_z}{\partial z}=0 \tag{3-32}$$

式（3-32）的物理意义为：在同一时间内通过流场中任一封闭表面的体积流量等于 0，也就是说，在同一时间内流入的体积流量与流出的体积流量相等。

例 3-7　假设有一不可压缩流体三维定常流动，其速度分布规律为 $u_x=3(x+y^3)$，$u_y=4y+z^2$，$u_z=x+y+2z$。试分析该流动是否连续。

解　根据不可压缩流体定常连续性方程的微分形式，得到

$$\frac{\partial u_x}{\partial x}=3,\quad \frac{\partial u_y}{\partial y}=4,\quad \frac{\partial u_z}{\partial z}=2$$

则

$$\frac{\partial u_x}{\partial x}+\frac{\partial u_y}{\partial y}+\frac{\partial u_z}{\partial z}=9\neq 0$$

所以，该流动不满足不可压缩流体定常连续性方程，即该流体的流动不连续。

3.3.4　重力作用下无黏流体的伯努利方程

伯努利方程又称为能量守恒方程，是流体力学中最重要的基本方程之一，它是能量守恒

定律在流体力学中的应用。

1. 伯努利方程的推导

如图 3-25 所示，考虑一个无限小的圆柱形的无黏流体质点。依据牛顿第二定律，在运动方向（流线方向）上的合力为

$$p\mathrm{d}A - \left(p + \frac{\partial p}{\partial s}\mathrm{d}s\right)\mathrm{d}A - \rho g \mathrm{d}s \mathrm{d}A \cos\theta = \rho \mathrm{d}s \mathrm{d}A a_s \quad (3\text{-}33)$$

式中，θ 为微团轴线与铅垂线夹角，$\cos\theta = \dfrac{\partial z}{\partial s}$；$a_s$ 为微团运动的切线加速度，$a_s = \dfrac{\partial v}{\partial t} + v\dfrac{\partial v}{\partial s}$。

图 3-25 伯努利方程的推导

将式（3-33）化简后，得到

$$-\frac{\partial p}{\partial s} - \rho g \frac{\partial z}{\partial s} = \rho \frac{\partial v}{\partial t} + \rho v \frac{\partial v}{\partial s} \quad (3\text{-}34)$$

式（3-34）即无黏流体一元非定常流动的运动方程（欧拉方程），与式（3-24）相同。对于不可压缩、定常流动而言，上式变为

$$\frac{\partial}{\partial s}\left(\frac{1}{2}v^2 + \frac{p}{\rho} + gz\right) = 0 \quad (3\text{-}35)$$

对式（3-35）积分，得到

$$z + \frac{p}{\rho g} + \frac{v^2}{2g} = C \quad (3\text{-}36)$$

式（3-36）为仅在重力作用下，不可压缩无黏流体定常流动的伯努利方程。

2. 伯努利方程的物理意义及几何意义

伯努利方程式（3-36）中每一项都表示单位质量流体所具有的能量。等式左边第一项 z 代表单位质量流体对某一基准面所具有的位置势能，等式左边第二项 $\dfrac{p}{\rho g}$ 代表单位质量流体所具有的压力势能，等式左边第三项 $\dfrac{v^2}{2g}$ 代表单位质量流体所具有的动能。等式左边第一项与第二项之和 $z + \dfrac{p}{\rho g}$ 代表单位质量流体所具有的总势能，而左边三项之和代表单位质量流体所具有的总机械能，其值保持不变。因此，伯努利方程的物理意义为：不可压缩无黏流体在重力作用下做定常流动时，沿同一流线上各点的单位质量流体所具有的位置势能、压强势能和动能之和保持不变，即机械能是一常数，但位置势能、压强势能和动能三种能量形式之间可以相互转换。

从几何意义上看，伯努利方程式（3-36）中每一项均具有长度的量纲，在流体力学中，可称为水头。等式左边第一项表示单位质量流体的位置水头，等式左边第二项表示单位质量流体的压强水头，等式左边第三项表示单位质量流体的速度水头。等式左边第一项与第二项之和表示单位质量流体的测压管水头（静水头），而左边三项之和代表表示单位质量流体的总水头，其值保持不变。因此，伯努利方程的几何意义为：不可压缩无黏流体在重力作用下做定常流动时，沿同一流线上各点的单位质量流体所具有的位置水头、压强水头和速度水头之和保持不变，即单位质量流体的总水头是一常数。

水头线有利于对能量转换有更直观的认识。对不可压缩无黏流体而言，由于流动中没有能

量损失，所以总水头线（沿程各断面总水头的连线）为水平线。如图 3-26 所示，总水头线、测压管水头线、管轴线、基准线这四根线的距离反映了各个点的各种水头值。管轴线到基准线的垂直距离是该点的位置水头，测压管水头线到管轴线的垂直距离是压强水头，而总水头线到测压管水头线的垂直距离是速度水头。

3. 伯努利方程的应用

（1）从容器小孔射出的水流速度计算　如图 3-27 所示，有一水箱，在近底部的侧壁上开有一小孔，水在重力作用下从小孔射出。取过小孔中心 B 处的流束，沿流束写 A、B 断面的伯努利方程，可得射流速度：

$$v_B = \sqrt{2g(z_A - z_B)} = \sqrt{2gh}$$

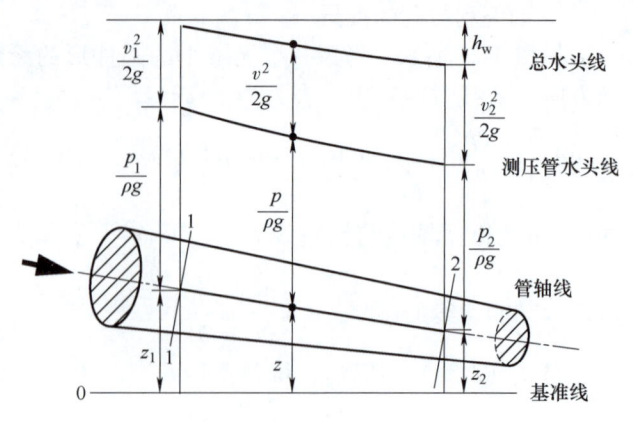

图 3-26　水头线示意图

（2）从皮托管流出的水流速度计算　如图 3-28 所示，流体流动因受阻时完全停于点 2（速度为 0），该点称为驻点。在点 1 和点 2 上应用伯努利方程，得到点 1 的速度为

$$\frac{v_1^2}{2g} + \frac{p_1}{\gamma} = \frac{p_2}{\gamma}$$

则

$$v_1 = \sqrt{\frac{2}{\rho}(p_2 - p_1)}$$

而

$$p_1 = \rho g(y + h_1)$$
$$p_2 = \rho g(y + h_2)$$
$$v_2 = 0$$

所以

$$v_1 = \sqrt{2g\Delta h}$$

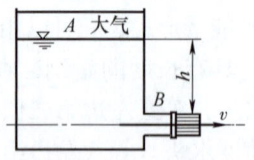

图 3-27　从容器小孔射出的水流速度计算

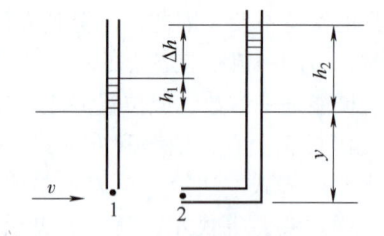

图 3-28　从皮托管流出的水流速度计算

3.3.5　黏性流体总流伯努利方程及其应用

1. 黏性流体总流伯努利方程

在理想流体伯努利方程的基础上，考虑黏性阻力造成的能量损失，我们得到黏性流体元

流的伯努利方程为

$$z_1 + \frac{p_1}{\rho g} + \frac{u_1^2}{2g} = z_2 + \frac{p_2}{\rho g} + \frac{u_2^2}{2g} + h_w' \tag{3-37}$$

式中，h_w' 为水头损失（m）。

从式（3-37）可以看出，实际流体在没有能量输入的情况下，流体的总能量沿流动方向不断减小，减小的值即水头损失。

如图3-29 所示，由连续性方程知，在重力作用下单位时间内从 dA_1、dA_2 流过的液体质量相等，即

$$dG = \rho g u_1 dA_1 = \rho g u_2 dA_2 = \rho g dq_V \tag{3-38}$$

将元流质量表达式（3-38）乘以黏性流体元流的伯努利方程式（3-37），可以得到元流通过有效截面的总能量平衡方程，即

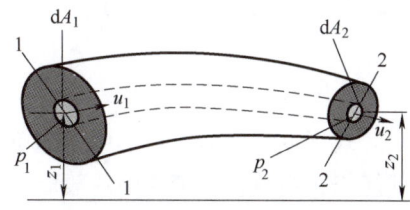

图 3-29 黏性流体总流伯努利方程推导

$$\left(z_1 + \frac{p_1}{\rho g} + \frac{u_1^2}{2g}\right)\rho g u_1 dA_1 = \left(z_2 + \frac{p_2}{\rho g} + \frac{u_2^2}{2g}\right)\rho g u_2 dA_2 + h_w' \rho g dq_V$$

实际工程中，考虑的流体都是总流，把组成总流的每条元流的能量叠加起来，即沿总流有效截面积分，可得单位时间内流过总流有效截面 A_1、A_2 的能量关系，即

$$\int_{A_1}\left(z_1 + \frac{p_1}{\rho g} + \frac{u_1^2}{2g}\right)\rho g u_1 dA_1 = \int_{A_2}\left(z_2 + \frac{p_2}{\rho g} + \frac{u_2^2}{2g}\right)\rho g u_2 dA_2 + \int_{q_V} h_w' \rho g dq_V$$

即

$$\int_{A_1}\left(z_1 + \frac{p_1}{\rho g}\right)\rho g u_1 dA_1 + \int_{A_1}\frac{u_1^2}{2g}\rho g u_1 dA_1 = \int_{A_2}\left(z_2 + \frac{p_2}{\rho g}\right)\rho g u_2 dA_2 + \int_{A_2}\frac{u_2^2}{2g}\rho g u_2 dA_2 + \int_{q_V} h_w' \rho g dq_V \tag{3-39}$$

从式（3-39）中可以看出，公式中的积分项可以分为三类：势能积分（等式左、右两边的第一项）、动能积分（等式左、右两边的第二项）和能量损失积分（等式右边的第三项）。下面分别求解三类积分。

（1）势能积分项 $\int_A \left(z + \frac{p}{\rho g}\right)\rho g u dA$ 对于渐变流而言，$z + \frac{p}{\rho g} = C$，所以有

$$\int_A \left(z + \frac{p}{\rho g}\right)\rho g u dA = \left(z + \frac{p}{\rho g}\right)\rho g \int_A u dA = \left(z + \frac{p}{\rho g}\right)\rho g q_V \tag{3-40}$$

（2）动能积分项 $\int_A \frac{u^2}{2g}\rho g u dA$ 该积分项的求解难点在于速度，因此用断面平均流速 v 代替实际流速 u，并以此引入动能修正系数 α，得到

$$\int_A \frac{u^3}{2g}\rho g dA = \alpha \frac{v^3}{2g}\rho g A = \frac{\alpha v^2}{2g}\rho g q_V \tag{3-41}$$

式中，α 为动能修正系数，在工程中一般取 1。

（3）能量损失积分项 $\int_{q_V} h_w' \rho g dq_V$ 解决能量损失积分，需借鉴解决动能积分时采用断面平均流速的做法，引入平均能量损失 h_w，得到

$$\int_{q_V} h_w' \rho g dq_V = h_w \rho g q_V \tag{3-42}$$

式中，h_w 为平均能量损失，代表单位质量流体总流从过水断面 1-1 到断面 2-2 之间的平均能量损失。

将式（3-40）~式（3-42）代入式（3-39），得到

$$\left(z_1+\frac{p_1}{\rho g}\right)\rho g q_V+\frac{\alpha_1 v_1^2}{2g}\rho g q_V = \left(z_2+\frac{p_2}{\rho g}\right)\rho g q_V+\frac{\alpha_2 v_2^2}{2g}\rho g q_V+h_w\rho g q_V$$

各项同除以 $\rho g q_V$，得到

$$z_1+\frac{p_1}{\rho g}+\frac{\alpha_1 v_1^2}{2g}=z_2+\frac{p_2}{\rho g}+\frac{\alpha_2 v_2^2}{2g}+h_w \tag{3-43}$$

式（3-43）为实际不可压缩单位质量流体定常总流的伯努利方程，其中，α_1 和 α_2 均为动能修正系数，在工程中一般取 1。

2. 黏性流体总流伯努利方程的应用

上一部分主要讨论了黏性流体总流的伯努利方程，接下来就黏性流体总流伯努利方程的应用进行介绍。

（1）总流断面间有能量输入或输出的情况　以上所推导的黏性流体总流伯努利方程，没有考虑图 3-29 中由断面 1-1 到断面 2-2 之间有能量输入或输出的情况。若考虑这些情况，总流伯努利方程可写为

$$z_1+\frac{p_1}{\gamma}+\frac{\alpha_1 v_1^2}{2g}\pm H_t = z_2+\frac{p_2}{\gamma}+\frac{\alpha_2 v_2^2}{2g}+h_w$$

式中，H_t 为水力机械对单位质量液体所做的功。

当为输入能量时，H_t 前符号为"+"，如水泵；当为输出能量时，H_t 前符号为"-"，如涡轮。

（2）总流断面间有汇流或分流的情况　若两断面间有汇流（流体从不同支流汇入同一流道）的情况，总流伯努利方程可写为

$$\begin{cases} z_1+\dfrac{p_1}{\gamma}+\dfrac{\alpha_1 v_1^2}{2g}=z_3+\dfrac{p_3}{\gamma}+\dfrac{\alpha_3 v_3^2}{2g}+h_{w1\text{-}3} \\ z_2+\dfrac{p_2}{\gamma}+\dfrac{\alpha_2 v_2^2}{2g}=z_3+\dfrac{p_3}{\gamma}+\dfrac{\alpha_3 v_3^2}{2g}+h_{w2\text{-}3} \end{cases}$$

若两断面间有分流（流体从一个流道分入不同支流）的情况，总流伯努利方程可写为

$$\begin{cases} z_1+\dfrac{p_1}{\gamma}+\dfrac{\alpha_1 v_1^2}{2g}=z_2+\dfrac{p_2}{\gamma}+\dfrac{\alpha_2 v_2^2}{2g}+h_{w1\text{-}2} \\ z_1+\dfrac{p_1}{\gamma}+\dfrac{\alpha_1 v_1^2}{2g}=z_3+\dfrac{p_3}{\gamma}+\dfrac{\alpha_3 v_3^2}{2g}+h_{w1\text{-}3} \end{cases}$$

（3）文丘里流量计　文丘里流量计是一种常用的测量有压管道流量的装置，属压差式流量计，常用于测量空气、天然气、煤气、水等流体的流量。文丘里流量计通常由收缩段、喉部及扩张段三部分组成，安装在需要测定流量的管道上，如图 3-30 所示。

文丘里流量计的测量原理是以伯努利方程为基础，结合连续性方程的一种流量测量方法。目前主要有三类：经典文丘里管、套管式文丘里管和文丘里喷嘴。经典文丘里管主要应

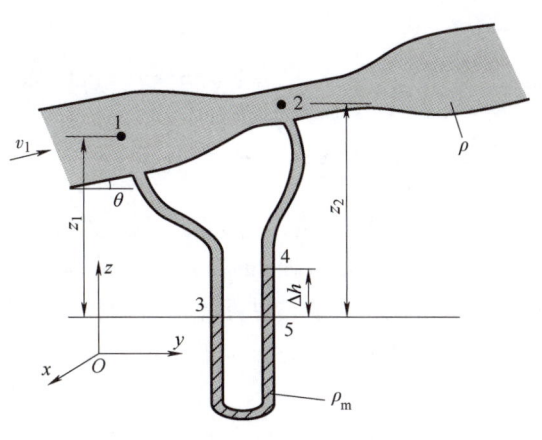

图 3-30 文丘里流量计

用于各种介质的流量测量,具有永久压力损失小、要求的前后直管段长度短、寿命长等特点。套管式文丘里管主要应用于石化行业各种大口径并且高压或者危险介质的流量测量和控制。文丘里喷嘴适用于各种介质的测量场合,具有永久压力损失小、要求的前后直管段长度短、寿命长等特点,本体安装长度比经典文丘里管短。

例 3-8 如图 3-31 所示,有一直径缓慢变化的锥形管,断面 1-1 的直径 $d_1 = 0.15$ m,中心点的相对压强 $p_1 = 7.2$ kPa。断面 2-2 直径 $d_2 = 0.3$ m,$p_2 = 7.2$ kPa,$v_2 = 1.5$ m/s,A、B 两点高差 $\Delta h = 1.0$ m。

1) 试判断水流方向。
2) 求断面 1-1、断面 2-2 的总水头损失。

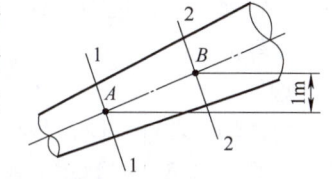

图 3-31 锥形管

解 1) 首先利用连续性方程求断面 1-1 的平均流速,因为

$$v_1 A_1 = v_2 A_2$$

将已知条件代入,得到

$$v_1 = \frac{A_2}{A_1} v_2 = \frac{\frac{\pi}{4} d_2^2}{\frac{\pi}{4} d_1^2} v_2 = \left(\frac{d_2}{d_1}\right)^2 v_2 = \left(\frac{0.30}{0.15}\right)^2 v_2 = 4 v_2 = 6 \text{ m/s}$$

因水管直径缓慢变化,断面 1-1 及断面 2-2 水流可近似看作缓变流,以过 A 点的水平面为基准分别计算两断面的总能量,即

$$z_1 + \frac{p_1}{\gamma} + \frac{\alpha_1 v_1^2}{2g} = \left(0 + \frac{7.2}{9.8} + \frac{6^2}{2 \times 9.8}\right) \text{ m} = 2.57 \text{ m}$$

$$z_2 + \frac{p_2}{\gamma} + \frac{\alpha_2 v_2^2}{2g} = \left(1 + \frac{6.1}{9.8} + \frac{1.5^2}{2 \times 9.8}\right) \text{ m} = 1.74 \text{ m}$$

因此,有

$$z_1 + \frac{p_1}{\gamma} + \frac{\alpha_1 v_1^2}{2g} > z_2 + \frac{p_2}{\gamma} + \frac{\alpha_2 v_2^2}{2g}$$

所以管中水流应从 A 流向 B。

2) 水头损失为

$$h_w = \left(z_1 + \frac{p_1}{\gamma} + \frac{\alpha_1 v_1^2}{2g}\right) - \left(z_2 + \frac{p_2}{\gamma} + \frac{\alpha_2 v_2^2}{2g}\right) = (2.57 - 1.74) \text{ m} = 0.83 \text{ m}$$

3.3.6 黏性流体管内流动的两种流动状态及其判据

黏性流体在管内流动时，由于黏性作用，就会产生流动阻力，继而产生能量损失（阻力损失）。1883 年，英国物理学家雷诺（Reynolds）进行了著名的雷诺实验，证明黏性流体在管内流动存在两种流动状态：层流、湍流。黏性流体流动状态不同，产生的能量损失不一致，所以有必要研究管内的黏性流体流动状态。本节主要对两种流动状态以及雷诺实验进行介绍。

1. 层流和湍流

层流（稳流）：流体的一种流动状态，它呈层状的流动。流体在管内低速流动时呈现为层流，其质点沿着与管轴平行的方向做平滑直线运动。层流的特征主要表现为：流体微团的轨迹没有明显的不规则脉动，相邻流体层间只有分子热运动形成的动量交换。

湍流（紊流）：流体的一种流动状态，它在流动过程中，互相掺混，做无规则运动。湍流是自然界普遍存在的流体运动，它只有在流体高速流动（高雷诺数）的情况下才会产生。湍流的特征主要表现为：具有随机性质的涡旋结构，湍流能引起相邻各层流体间动量、能量及浓度等的交换和脉动。湍流运动普遍存在于自然界中，如湍急的水流、台风、烟囱里排出的浓烟等。

自从纳维-斯托克斯方程（N-S 方程）问世以来，对于湍流理论的研究一直就是流体力学中困难但又是学者热衷的领域。湍流理论的核心问题就是 N-S 方程的解。N-S 方程是数学中最为难解的非线性方程中的一类，寻求它的精确解是非常困难的，所以许多关于湍流的技术问题一直得不到很好的理论解释。1895 年，雷诺首先采用将湍流瞬时速度、瞬时压力加以平均化的平均方法，从 N-S 方程导出湍流平均流场的基本方程——雷诺方程，奠定了湍流的理论基础。以后又研究出了（以混合长假设为中心的）半经验理论和各种湍流模式，为解决各种迫切的湍流技术问题提供了有效的理论依据。20 世纪 30 年代以来，湍流统计理论，特别是理想的均匀各向同性湍流理论获得了长足的进步，但是离解决实际问题还很远。20 世纪 60 年代以来，科学家们通过采用泛函、拓扑和群论等数学工具，分别从统计力学和量子场论等不同角度，探索湍流理论的新途径。

2. 雷诺实验

图 3-32 为雷诺实验装置图，它由能保持恒定水位的水箱 A、试验管道 B、实验流量调节阀 C、有色液体盒 D、有色液体管道 E、有色液体阀门 F 等组成。只要微微开启实验流量调节阀 C，并打开有色液体阀门 F，有色液体即可流入试验管道 B 中。实验时，慢慢加大实验流量调节阀 C 的

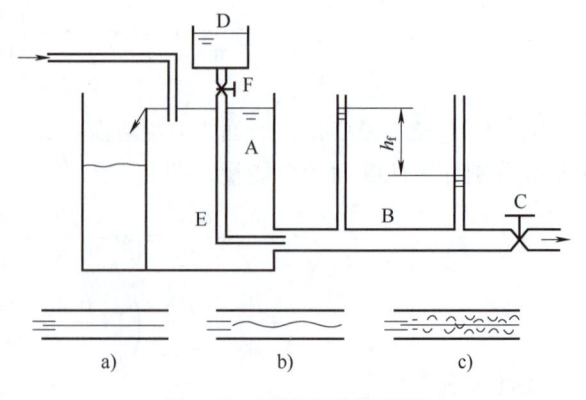

图 3-32 雷诺实验装置图
a）层流状态 b）过渡状态 c）湍流状态

开度,从有色液体管道 E 中流出的有色液体形态会逐渐由图中的层流状态至过渡状态,最后到湍流状态。

如图 3-32 所示,将流量调节阀 C 的开度逐渐调大,流动状态由层流变为湍流,我们把刚变为湍流时的临界速度定义为上临界速度 v_c,对应的雷诺数称为上临界雷诺数 Re_c。

相反,将调节阀 C 的开度逐渐调小,流动状态由湍流变为层流,我们把刚变为层流时的临界速度定义为下临界速度 v(与管径、粗糙度、流体黏度等因素有关),对应的雷诺数称为下临界雷诺数 Re。其定义式为

$$Re = \frac{\rho vd}{\mu} = \frac{vd}{\nu} \tag{3-44}$$

工程上,采用下临界雷诺数 Re(简称雷诺数)是否大于 2000 作为判别流动状态的准则数,即

$$Re \leqslant 2000,层流$$
$$Re > 2000,湍流$$

例 3-9 在管径为 20 mm 的圆形管道中,水的流速为 1 m/s,水温为 10 ℃。
1) 管道中的水流呈现何种流动状态?
2) 若使管内保持层流,水的流速必须控制在多少?

解 1) 首先,查表 3-1,得到水温为 10 ℃ 时水的运动黏度 ν 为 1.308×10^{-6} m²/s,结合雷诺数的定义,得到

$$Re = \frac{vd}{\nu} = \frac{1 \times 0.02}{1.308 \times 10^{-6}} = 1.53 \times 10^4 > 2000$$

所以管道中的水流是湍流。

2) 仍结合雷诺数的定义,得到

$$Re = \frac{vd}{\nu} = \frac{0.02 \text{ m} \times v}{1.308 \times 10^{-6} \text{ m}^2/\text{s}} \leqslant 2000$$

所以 $v \leqslant 0.13$ m/s。

3.3.7 黏性流体管内流动的能量损失

黏性流体在管内流动时,由于黏性作用,会产生流动阻力,继而产生能量损失 h_w(阻力损失)。本节将对能量损失的分类、能量损失的计算进行介绍。

1. 能量损失的分类

能量损失 h_w 可分为沿程损失 h_f 和局部损失 h_j 两类,即

$$h_w = \sum h_f + \sum h_j$$

流体在管内流动时,由于流体与管壁之间有黏附作用,以及流体质点与流体质点之间存在着内摩擦力等,所以有阻力沿流程阻碍着流体的运动,这种阻力称为沿程阻力。为克服沿程阻力而损耗的机械能称为沿程能量损失,简称沿程损失,如图 3-33 所示。

流体在管内流动时,当经过弯管、流道突然扩大或缩小、阀门、三通等局部区域时,流速大小和方向被迫急剧地改变,因而发生流体质点的撞击,出现涡旋、二次流以及流动的分离及再附壁现象。

此时由于黏性的作用,流体质点间发生剧烈的摩擦和动量交换,从而阻碍流体的运动。

这种在局部障碍处产生的阻力称为局部阻力。流体为克服局部阻力而消耗的机械能称为局部能量损失，简称局部损失，如图 3-34 所示。

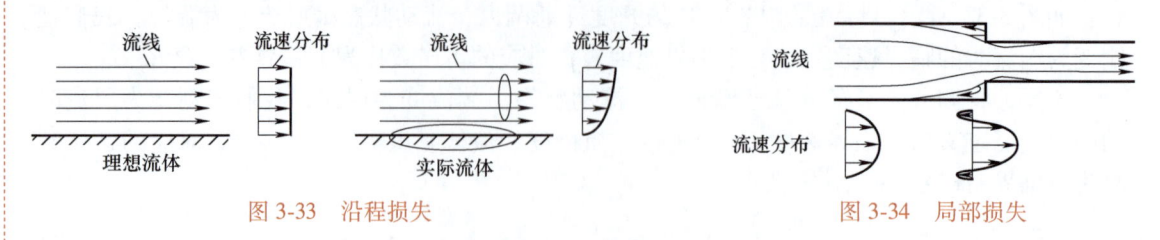

图 3-33　沿程损失

图 3-34　局部损失

2. 能量损失的计算

（1）沿程损失 h_f 的计算　黏性流体在管内流动时的沿程损失 h_f 与流体的流动状态、管道的尺寸密切相关，可根据达西-威斯巴赫公式计算，即

$$h_f = \lambda \frac{l}{d} \frac{v^2}{2g} \tag{3-45}$$

式中，λ 为沿程阻力系数，是量纲一的量；l 为管道长度（m）；d 为管道内径（m）；v 为流体流动的平均速度（m/s）；g 为重力加速度（m/s²）。

关于沿程阻力系数 λ 的计算：层流时 $\lambda = 64/Re$。

湍流时 λ 与流动雷诺数和管壁粗糙度均有关，工程中常用莫迪图查找，莫迪图如图 3-35 所示。莫迪图是莫迪在前人的实验结论基础上结合大量实验数据绘制的莫迪实用曲线。莫迪图按对数坐标绘制，横坐标为雷诺数 Re，纵坐标为不同粗糙度与不同雷诺数下的沿程阻力系数 λ，每条曲线代表不同的相对粗糙度 Δ/d。整个图线分为五个区域：层流区、临界区、光滑管区、过渡区、完全湍流粗糙管区。

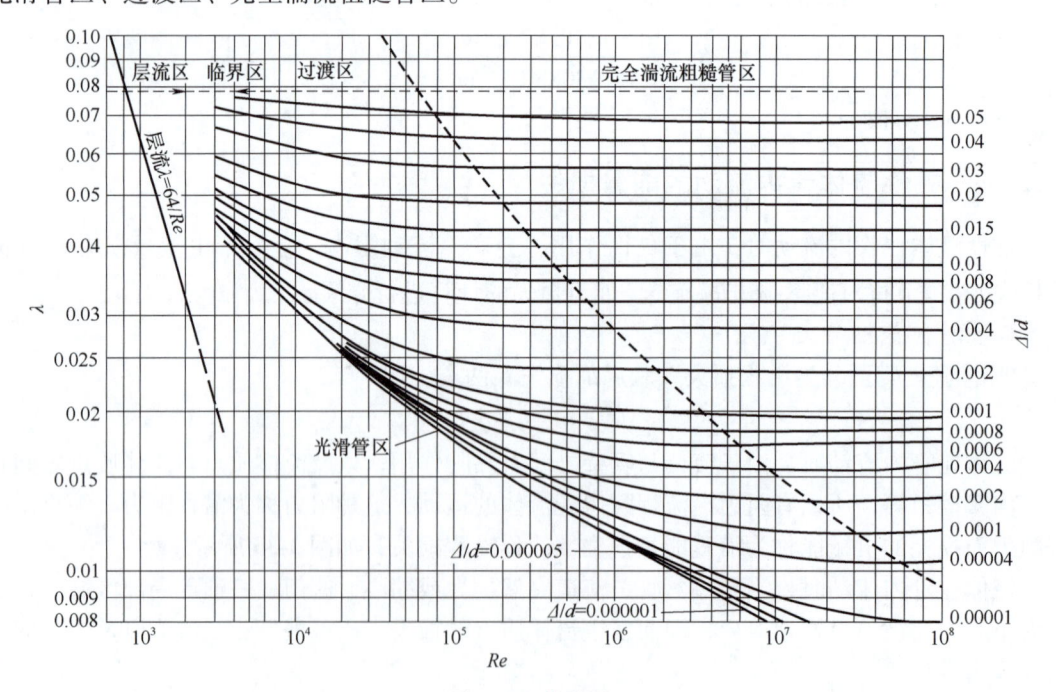

图 3-35　莫迪图

(2) 局部损失 h_j 的计算　黏性流体在管内流动时的局部损失 h_j 与流体的流动状态及管道形状有很大关系，其计算公式为

$$h_j = \zeta \frac{v^2}{2g} \tag{3-46}$$

式中，ζ 为沿程阻力系数，与管道边壁形状变化或局部装置特性有关，其值可由实验确定。

本 章 小 节

本章共三部分，第一部分介绍了流体的概念、特征及连续介质假设，密度、压缩性、膨胀性、黏性等流体的主要物理性质，不可压缩流体与可压缩流体、牛顿流体与非牛顿流体，质量力、表面力等作用在流体上的力，重点介绍了牛顿黏性定律及其应用；第二部分介绍了流体静压强及其特性、流体平衡微分方程及其物理意义、等压面及其性质、液柱式测压计的主要测量方法，重点介绍了流体静力学基本方程及其应用；第三部分介绍了流体运动的描述方法（拉格朗日法和欧拉法），定常流动与非定常流动，一维、二维和三维流动，迹线和流线、流束、元流和总流，流量和平均流速等流体运动的基本概念，还有黏性流体管内流动的两种流动状态（层流、湍流），黏性流体管内流动的能量损失（沿程损失、局部损失），重点讲解了连续性方程及其应用、微小流束的伯努利方程及其应用、总流伯努利方程及其应用。

习题与思考题

3-1　何谓流体的黏性？其影响因素有哪些？

3-2　何谓理想流体？

3-3　非牛顿流体的特点是什么？有哪些分类？

3-4　作用在流体上的力有哪些？各自有何特点？

3-5　如果流体是相对静止的，作用在流体上的质量力和表面力，两者的关系是什么？如果流体是相对运动的，两者的关系又是什么？

3-6　一容器中装有体积为 2 L 的某种液体，已知其质量为 1.8 kg，试求该液体的密度和相对密度。（相对密度：指流体密度与 4 ℃ 水的密度比值，4 ℃ 水的密度 $\rho_1 = 1000$ kg/m³。）

3-7　已知某种液体的体积弹性模量 $E = 1500$ MPa，为了使该液体的体积减小 2%，则作用在液体上的压强需要增大多少？

3-8　已知某种液体的等温压缩系数为 3.2×10^{-10} Pa^{-1}，为了使该液体的体积减小 1%，则作用在液体上的压强需要增大多少？

3-9　已知在一个大气压下，当温度从 273 K 增加至 323 K 时，某流体的体积增加了 25%，试求该流体的热膨胀性（体膨胀系数）。

3-10　有一流体，在 2 L 体积下的重力为 20 N，其动力黏度为 1.1×10^3 Pa·s，试求该流体的运动黏度。

3-11　充满某种液体的两平行平板间距 0.3 mm，液体的黏度为 0.005 Pa·s，试确定薄平板以 0.5 m/s 的速度运动时的切向应力。

3-12　图 3-36 所示为一测量装置，活塞直径 $d=35$ mm，油的相对密度 $d_{oil}=0.92$，水银的相对密度 $d_{Hg}=13.6$，活塞和缸壁无泄漏和摩擦。当活塞重力为 15 N 时，$h=700$ mm，试计算 U 形管测压计的液面高度差 Δh 值。

3-13　如图 3-37 所示，双杯双液微压计，杯内和 U 形管内分别装有 $\rho_1=1000$ kg/m³ 和密度 $\rho_2=13600$ kg/m³ 的两种不同液体，大截面杯的直径 $D=100$ mm，U 形管的直径 $d=10$ mm，测得 $h=30$ mm，计算两杯内的压强差是多少？

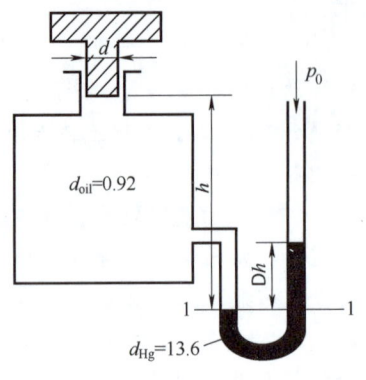

图 3-36　题 3-12 图　　　　图 3-37　题 3-13 图

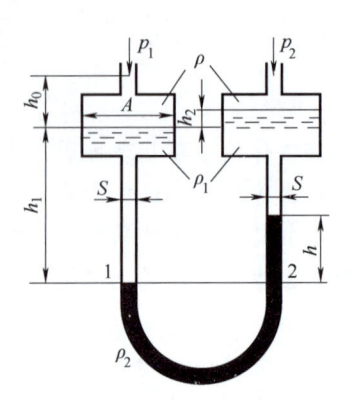

3-14　如图 3-38 所示，串联 U 形管与两容器连接。已知 $h_1=60$ cm，$h_2=51$ cm，油密度为 830 kg/m³。求同一水平面上 A、B 两点间的压强差。

3-15　如图 3-39 所示，已知 $F_1=1.2$ kN，$A_1=100$ mm²，$A_2=1000$ mm²。根据帕斯卡定律，求 F_2 的值是多少？

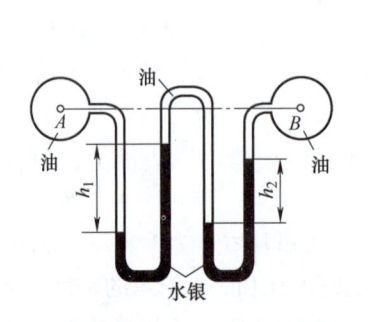

图 3-38　题 3-14 图　　　　图 3-39　题 3-15 图

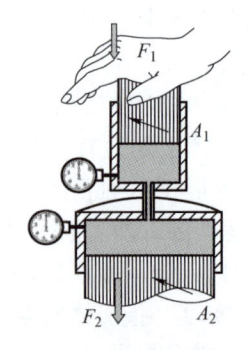

3-16　如图 3-40 所示，文丘里流量计管道直径 $d_1=400$ mm，喉管直径 $d_2=200$ mm，水银压差计读数 $y=100$ mm，水银密度 $\rho_{Hg}=13.6\times10^3$ kg/m³，水的密度 $\rho_w=1.0\times10^3$ kg/m³，$g=10$ m/s²，忽略管中阻力损失，试求喉管处的流速 v_2。

3-17　如图 3-41 所示，水在竖直管道中自上而下流动，已知在断面 1-1 处的管径 $d_1=400$ mm，流速为 5 m/s，$h=3$ m，要使断面 1-1 和断面 2-2 两处的静压相同，断面 2-2 处的管径 d_2 应为多少？（阻力损失忽略不计，$g=10$ m/s²）。

3-18　如图 3-42 所示，在水泵的作用下，水在竖直管道中自下而上流动，水泵对水流做的功等效为 $H=3.5$ m。另外，已知在断面 2-2 处的管径 $d_2=400$ mm，流速为 5 m/s，$h=$

3 m，要使断面 1-1 和断面 2-2 两处的静压相同，断面 1-1 处的管径 d_1 应为多少？（阻力损失忽略不计，$g=10$ m/s²）。

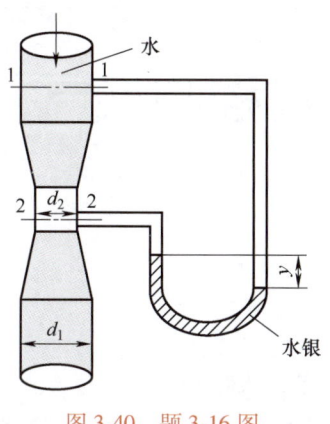

图 3-40　题 3-16 图

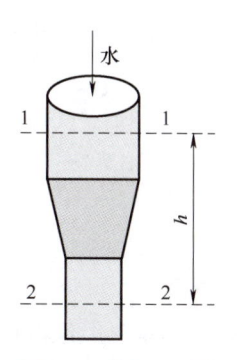

图 3-41　题 3-17 图

3-19　如图 3-43 所示，水在竖直管道中自上而下流动，水流对水轮机做的功等效为 $H=2.5$ m。另外，已知在断面 1-1 处的管径 $d_1=400$ mm，流速为 5 m/s，$h=3$ m，要使断面 1-1 和断面 2-2 两处的静压相同，断面 2-2 处的管径 d_2 应为多少？（阻力损失忽略不计，$g=10$ m/s²）。

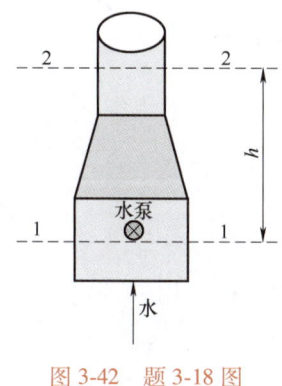

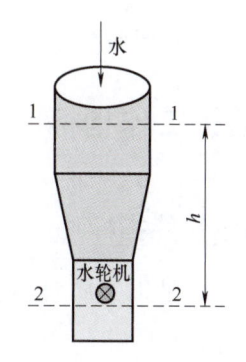

图 3-42　题 3-18 图

图 3-43　题 3-19 图

3-20　密度为 1000 kg/m³、动力黏度为 1.0×10^{-3} Pa·s 的某种液体在管内径为 1 m 的管道中流动，测得流量为 5×10^{-4} m³/s。

1）试判断是何种流态？

2）试求沿程损失系数和 100 m 管长的沿程损失 h_f。

3-21　水在管径 $d=100$ mm 的管道内流动，流速为 $v=3$ m/s。已知水的运动黏度为 1×10^{-6} m²/s，水的密度 $\rho=1000$ kg/m³，管道壁面的相对粗糙度 $\varepsilon=\Delta/d=0.002$，管长为 $l=300$ m，试求沿程损失 h_f。

第 4 章 发动机工作过程与换气

> **学习目标：**
> 掌握发动机的各种工作指标（指示性能指标、有效性能指标、运转性能指标），理解发动机的工作循环，掌握四冲程、二冲程发动机换气过程，了解换气过程评价指标及提高充气系数措施，掌握基本增压方式。

> **重　点：**
> 掌握 p-V 示功图和发动机的工作循环，掌握四冲程、二冲程发动机缸内换气过程。

> **难　点：**
> 各种指标参数之间的相互换算，提高充气系数的技术措施。

4.1 发动机工作指标

4.1.1 指示性能指标

指示性能指标是以工质对活塞所做的功为基础的指标，用来评定发动机工作循环的状况。

1. 平均指示压力

平均指示压力是指发动机单位气缸工作容积在每一循环内所做的指示功，用符号 p_i 表示，单位为 kPa，相当于一个平均不变的压力在发动机整个循环中作用在活塞上，其效果与变化的气体压力相当，使活塞移动一个行程所做的功等于循环指示功。

$$p_i = W_i / V_h \tag{4-1}$$

式中，W_i 为循环指示功（J）；V_h 为气缸工作容积（L）。

平均指示压力越高，则同样大小的气缸工作容积的利用程度就越好，所以用平均指示压力能更准确地评定发动机循环动力性的好坏。汽油机平均指示压力一般为 $p_i = 700 \sim 1300$ kPa，柴油机平均指示压力一般为 $p_i = 650 \sim 1100$ kPa。

2. 指示功率

指示功率是指发动机在单位时间内所做的指示功，用符号 P_i 来表示，单位是 W（由于 W 的单位很小，所以常用 kW 为单位）。发动机每工作循环所做的指示功 $W_i = i p_i V_h$，每秒的工作循环次数为 $k = 2n/(60\tau)$，故可得 P_i(kW) 为

$$P_i = \frac{W_i}{t} = \frac{p_i V_h i n}{30\tau} \times 10^{-3} \qquad (4\text{-}2)$$

式中，τ 为冲程数；i 为气缸数；n 为发动机转速（r/min）。

3. 指示燃油消耗率

指示燃油消耗率是指单位指示功的耗油量，又称指示比油耗，用符号 g_i 来表示，常用单位为 g/(kW·h)。当发动机的指示功率为 P_i(kW)，每小时耗油量为 G_T(kg/h)，则指示燃油消耗率为

$$g_i = \frac{G_T}{P_i} \times 10^3 \qquad (4\text{-}3)$$

指示燃油消耗率是评定发动机实际循环经济性的重要指标之一，其数值一般为：

汽油机：$g_i = 230\sim340$ g/(kW·h)。

柴油机：$g_i = 170\sim200$ g/(kW·h)。

4. 指示热效率

指示热效率是指发动机实际循环指示功与所消耗热量之比，即

$$\eta_i = \frac{W_i}{Q_1} \qquad (4\text{-}4)$$

Q_1 为做 W_i 指示功所消耗的热量，按所消耗的燃料量与燃料的热值来计算。燃料的热值是指单位质量的燃料燃烧后放出的热量，其数值取决于燃料本身的性质。若已知发动机的指示功率为 P_i(kW)，每小时耗油量为 G_T(kg/h)，所用燃料的低热值为 H_u(kJ/kg)，则

$$\eta_i = \frac{3.6 \times 10^3 P_i}{G_T H_u} = \frac{3.6 \times 10^6}{g_i H_u} \qquad (4\text{-}5)$$

指示热效率也是评定发动机实际循环经济性的重要指标，汽油机一般为 $\eta_i = 0.25\sim0.40$，柴油机一般为 $\eta_i = 0.43\sim0.50$。

4.1.2 有效性能指标

有效性能指标是以发动机曲轴上输出的功率为基础的指标，可用来评定整个发动机工作性能的好坏。

1. 有效功率

有效功率是指从发动机曲轴上输出的功率，用符号 P_e 表示，单位为 kW。在数值上为指示功率 P_i 与机械损失功率 P_m 的差值，即

$$P_e = P_i - P_m \qquad (4\text{-}6)$$

机械损失功率是指发动机在内部传递动力的过程中损失的功率，主要包括摩擦损失、驱动附件的损失和泵气损失。发动机工作中，机械损失是不可避免的，机械损失功率和有效功率均可通过试验方法确定。

2. 平均有效压力

平均有效压力是指发动机单位气缸工作容积输出的有效功，用符号 p_e 来表示，单位为 kPa，即

$$p_e = W_e / V_h \qquad (4\text{-}7)$$

式中，W_e 为循环有效功（J）；V_h 为气缸工作容积（L）。

与平均指示压力和指示功率的关系类似，平均有效压力和有效功率的关系为

$$P_e = \frac{W_e}{t} = \frac{p_e V_h i n}{30\tau} \times 10^{-3} \tag{4-8}$$

平均有效压力越高，有效转矩越大，发动机的动力性好，汽油机平均有效压力一般为 $P_e = 650 \sim 1200$ kPa，柴油机平均有效压力一般为 $P_e = 600 \sim 950$ kPa。

3. 有效转矩

有效转矩是指发动机曲轴上输出的转矩，用符号 M_e 表示，单位是 N·m。在实际工作中，一般通过台架试验直接测量发动机的有效转矩和转速，计算出发动机的有效功率 P_e。

$$P_e = M_e \frac{2\pi n}{60} \times 10^{-3} = \frac{M_e n}{9550} \tag{4-9}$$

式中，M_e 为有效转矩（N·m）；n 为发动机转速（r/min）。

4. 升功率

升功率为单位气缸工作容积所发出的有效功率，用符号 P_L 表示，单位是 kW/L。

$$P_L = \frac{P_e}{iV_h} = \frac{p_e n}{30\tau} \times 10^{-3} \tag{4-10}$$

式中，i 为气缸数；V_h 为气缸工作容积（L）。

发动机的升功率与平均有效压力和转速的乘积成正比，升功率反映发动机气缸工作容积的利用程度，可反映发动机结构的紧凑性。发动机有效功率一定时，升功率越高，发动机的体积就越小。提高平均有效压力和转速是提高升功率的有效措施。

5. 有效燃油消耗率

有效燃油消耗率是指单位有效功的耗油量，又称有效比油耗，用符号 g_e 来表示，常用单位为 g/(kW·h)。当发动机的有效功率为 P_e(kW)，每小时耗油量为 G_T(kg/h)，则有效燃油消耗率为

$$g_e = \frac{G_T}{P_e} \times 10^3 \tag{4-11}$$

有效燃油消耗率是评定发动机实际循环经济性的重要指标之一，其数值一般为

汽油机：$g_e = 270 \sim 410$ g/(kW·h)。

柴油机：$g_e = 215 \sim 290$ g/(kW·h)。

6. 有效热效率

有效热效率是指发动机实际循环有效功与所消耗热量之比，即

$$\eta_e = \frac{W_e}{Q_1} \tag{4-12}$$

式中，Q_1 为做 W_e 有效功所消耗的热量。

$$\eta_e = \frac{3.6 \times 10^3 P_e}{G_T H_u} = \frac{3.6 \times 10^6}{g_e H_u} \tag{4-13}$$

有效热效率也是评定发动机经济性的重要指标，汽油机一般为 $\eta_e = 0.20 \sim 0.30$，柴油机一般为 $\eta_e = 0.30 \sim 0.50$。由此可见，柴油机有效热效率比汽油机的高，经济性比汽油机好。

4.1.3 运转性能指标

1. 排放性能

（1）有害气体　发动机排放的有害气体主要是氮氧化合物（NO_x）、碳氢化合物（HC）及一氧化碳（CO），各国制定的排放标准主要限制这三种危害最大的气体排放量。

（2）排气颗粒　指发动机排出的除水以外的任何液态和固态颗粒。

2. 噪声

噪声会刺激神经，使人心情烦躁、血压升高、反应迟钝、耳聋及产生神经系统疾病。汽车噪声污染越来越受重视，发动机噪声是汽车的主要噪声，所以必须加以控制，如我国噪声标准中规定轿车噪声不得大于 84 dB（A）。

3. 冷起动性能

冷起动性能主要是指发动机在低温条件下起动的可靠性，它直接影响发动机的燃料经济性和使用寿命，是评定发动机工作可靠性的重要指标。我国标准规定，不采用特殊的低温起动措施，汽油机在 -10 ℃和柴油机在 -5 ℃以下的气温条件下，15 s 内发动机用起动机应能顺利起动。

4.1.4 机械效率

机械效率是指有效功率与指示功率的比值，用符号 η_m 表示。

$$\eta_m = \frac{P_e}{P_i} = \frac{P_e}{P_i} = 1 - \frac{P_m}{P_i} \tag{4-14}$$

可用机械效率来比较不同发动机机械损失的大小。机械效率越高，机械损失越小，发动机的性能越好。在任何情况下，为提高发动机的性能，应尽可能减少机械损失，提高机械效率。汽油机的机械效率一般为 $\eta_m = 0.70 \sim 0.90$，柴油机的机械效率一般为 $\eta_m = 0.70 \sim 0.85$。

根据机械效率、有效热效率和指示热效率的定义式，可得三者之间的关系为

$$\eta_e = \eta_i \eta_m \tag{4-15}$$

4.2　发动机工作循环

4.2.1 发动机的理论循环

发动机的实际工作过程是由一系列非常复杂的物理化学变化过程组成的。在工程热力学中，通常将发动机实际工作循环加以抽象与简化，忽略一些次要影响因素，形成由几个基本热力过程所组成的理论循环，以便对其定量分析。最简单的理论循环为空气标准循环，其简化的假设条件如下：

1）假设工质为理想气体，循环过程中物理和化学性质不变，其比热容为定值。
2）假设工质的质量不变，不考虑进排气过程，并忽略漏气影响。
3）假设工质的压缩和膨胀均是绝热过程，工质与外界不存在热量交换。
4）假设工质燃烧为定压或定容加热过程，排气为定容放热过程。
5）假设循环过程为可逆循环，且不考虑实际循环中存在的各种能量损失。

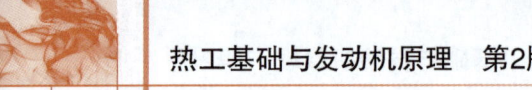

发动机气缸内部实际进行的工作循环是非常复杂的，为获得正确反映气缸内部实际情况的试验数据，通常利用不同形式的示功器或发动机数据采集系统来观察或记录相对于不同活塞位置或曲轴转角时气缸内工作压力的变化，所得的结果即为 p-V 示功图或 p-φ 示功图。根据对燃烧过程，即加热方式的不同假设，可以得到发动机 3 种基本理论循环，如图 4-1 所示，分别是混合加热循环、定容加热循环和定压加热循环。

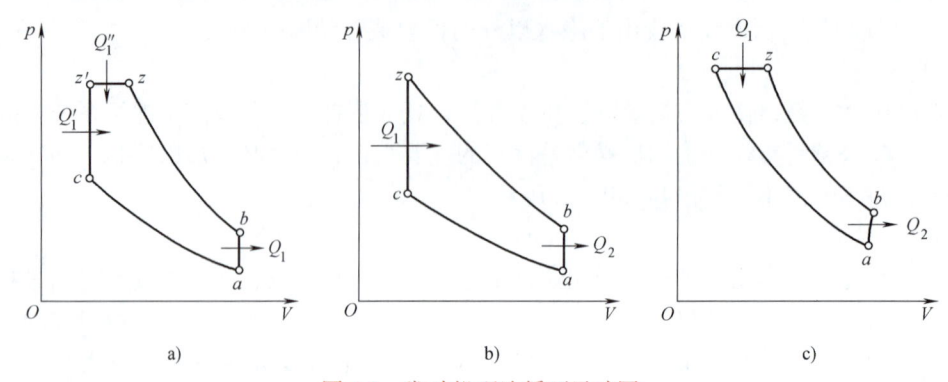

图 4-1　发动机理论循环示功图
a) 混合加热循环　b) 定容加热循环　c) 定压加热循环

4.2.2　真实工质的理想循环

四冲程发动机实际循环由进气、压缩、做功和排气 4 个行程所组成，其中压缩与做功行程之间由燃烧过程交叉连接，工质在 4 行程中发生了 5 个热力过程，如图 4-2 所示。这 4 个行程的工作情况直接影响发动机的性能，通过对实际循环的研究以及与理论循环的比较，分析影响发动机性能的各种因素，可以从中找到提高发动机性能的途径。

1. 进气行程

发动机连续运转必须不断吸入新鲜工质，吸入新鲜工质的行程是进气行程。在进气行程中，活塞由上止点向下止点运动，进气门在活塞到达上止点前打开，在活塞到达下止点后关闭，排气门始终关闭，新鲜工质在气缸内真空作用下被吸入气缸。在图 4-2a 中进气行程用曲线 ra 表示。

2. 压缩行程

压缩行程中吸入气缸内的工质在压缩行程中压力和温度急剧升高，为其着火燃烧创造了有利条件。工质压缩行程是一个复杂的多变过程，其间有热交换和漏气损失。在图 4-2b 中压缩行程用曲线 ac 表示。在这个行程中，排气门关闭，进气门也在下止点后不久关闭，活塞由下止点向上止点运动，缸内气体受到压缩后温度和压力不断上升。

3. 燃烧过程

燃烧过程发生在活塞位于上止点前后，进排气门均关闭。混合气发生外源点火或自行发火燃烧，燃烧过程的作用是将燃料的化学能转化为热能，使工质的温度和压力升高。柴油机的燃烧过程接近混合加热循环，喷油器在上止点前喷油，燃油微粒迅速与空气混合，在高温高压下自燃。开始时，燃烧速度很快，工质温度、压力剧增，接近定容加热；后来一面喷油，一面燃烧，燃烧速度逐渐缓慢，又因活塞下移，气缸容积加大，压力升高不大，而温度继续上升，燃烧接近定压加热。

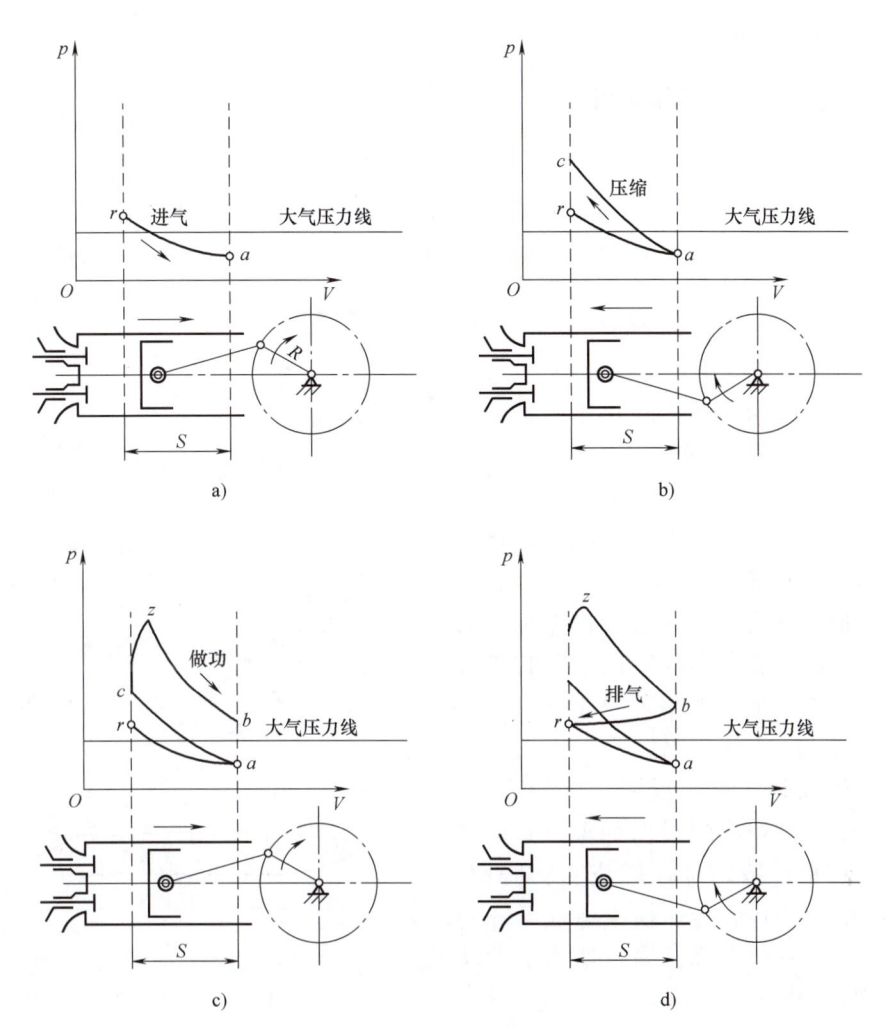

图 4-2　四冲程发动机的示功图
a) 进气行程　b) 压缩行程　c) 做功行程　d) 排气行程

4. 做功行程

当活塞接近上止点时，工质燃烧放出大量的热能，高温高压的燃气推动活塞从上止点向下止点运动，进排气门均关闭，气体边燃烧边做功，高压气体通过连杆使曲轴旋转并输出机械能，除了用以维持发动机本身继续运转外，其余的用于对外做功。在图4-2c中做功行程用曲线 zb 表示。做功行程除有热交换和漏气损失外还有补燃。总体来说，整个膨胀过程中缸内气体的吸热量大于放热量。因此，做功行程也是一个多变过程。

5. 排气行程

做功行程接近终了时，排气门提前开启，首先靠废气的压力进行自由排气，活塞到达下止点后再向上止点运动时，继续将废气强制排到大气中。活塞到达上止点附近时，排气行程结束，但由于气体流动存在惯性，排气门在活塞到达上止点之后关闭。在图4-2d中排气行程用曲线 br 表示。由于发动机系统存在阻力，使排气终了的压力略高于大气压力。在实际工作中，也常用排气温度作为检查发动机工作状态的技术指标，排气终了温度偏高，说明发

动机工作过程不良，热效率低。

4.2.3 真实工质的实际循环

1. 工质的影响

理论循环的工质是理想的双原子气体，其物理化学性质在整个循环过程中是不变的。在发动机的实际循环过程中，燃烧前的工质是由新鲜空气、燃料蒸气和上一循环残留废气等组成的混合气体。在燃烧过程中，工质的成分及质量不断变化。图4-3所示的发动机p-V示功图显示了工质物理性质对理论循环的影响。上述虚线所围成的示功图面积小于理论循环点实线所围成的示功图面积。

2. 传热损失

理论循环假设：与工质相接触的燃烧室壁面是绝热的，两者间不存在热量交换，因而没有传热损失。实际上气缸套内壁面、活塞顶面以及气缸盖底面等与缸内工质直接接触的表面，始终与工质发生着热量交换。在压缩行程初期，由于壁面温度高于工质的温度，工质受到加热。随着压缩行程的进行，工质温度在压缩后期将超过壁面温度，热量由工质流向壁面。特别是在燃烧和膨胀期，工质大量向壁面传热。传热损失造成循环的热效率和指示功有所下降，同时增加了发动机受热零部件的热负荷。

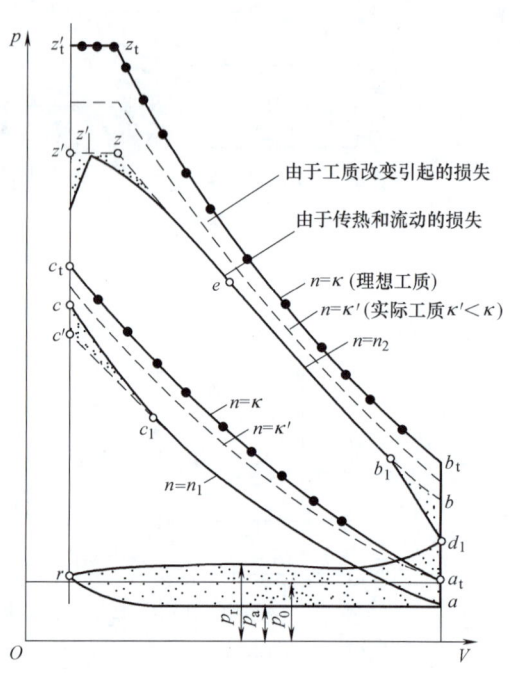

图4-3 自然吸气压燃式发动机理论和实际循环p-V图的比较

3. 换气损失

发动机的理论循环不考虑换气过程中气体流动的阻力损失，而实际循环中，在吸入新鲜充量、排出废气的过程中，不可避免地会造成多种损失，主要有膨胀损失、活塞推出功损失和吸气功损失。燃气在膨胀下止点前开始从缸内排出，循环沿图4-3中b_1d_1线进行，造成了示功图4-3上有用功的减少（图中b_1d_1b阴影面积），称为膨胀损失。在强制排气和自然吸气过程中，气体在流经进、排气道以及进、排气门时，由于各种流动阻力损失，形成活塞推出功和吸气功损失（自然吸气）。上述排气门提前开启造成的膨胀损失、强制排气的推出功和吸气功损失，统称为换气损失。

4. 燃烧损失

燃烧速度根据加热方式的不同而有差异：在等容条件下加热，热源向工质的加热速度极快，可以在活塞上止点瞬时完成；在等压条件下加热，加热的速度是与活塞的运动速度相配合的，以保证缸内压力不变。实际的燃烧过程（柴油机）要经历着火准备、预混燃烧、扩散燃烧、后燃等阶段，燃烧速度受到多种因素影响，与理论循环有较大的差异。

4.3 发动机换气

换气是指发动机排出废气和吸入新鲜充量（空气或可燃混合气）的全过程。换气实际上就是更换气缸内工作介质，为功热转换做好物质准备。单位时间内进入发动机气缸内的充气量是决定发动机输出功率"量"的因素，所以换气是发动机工作过程中不可缺少的组成部分，也是决定发动机动力性、经济性重要的环节。

换气要完成的两个功能，一是新鲜充量替换气缸内燃烧后的气体，这是发动机工作循环连续进行所必需的基础；二是温度较低的新鲜充量进入燃烧室，有利于燃烧室散热，是降低高温部件热负荷热一个重要方面。

4.3.1 换气过程

1. 四冲程发动机换气过程

由于进排气门的开闭，使得发动机换气过程中缸内气体压力不断变化。图 4-4 所示是四冲程发动机换气过程的 p-V 图，图 4-5 所示是四冲程发动机换气过程缸内气体压力 p、排气管内气体压力 p_0' 和气门流通截面 f 随曲轴转角变化的展开图。根据缸内气体状态特征变化，换气过程分为自由排气阶段、强制排气阶段、气门叠开阶段、充气阶段和惯性进气阶段五个阶段。

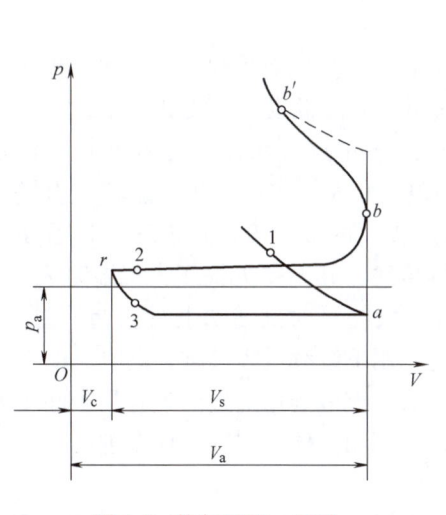

图 4-4　换气过程 p-V 图

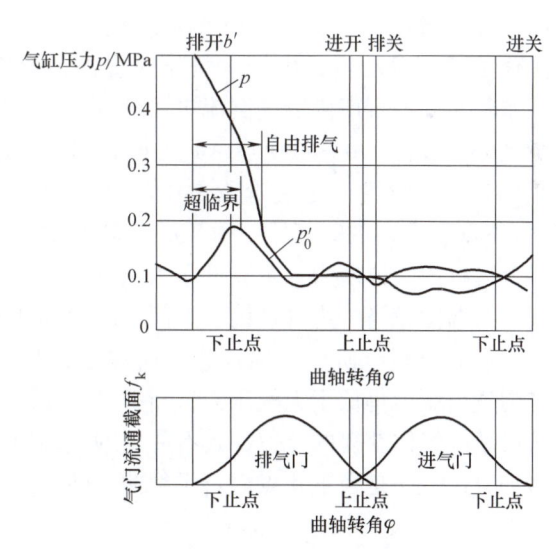

图 4-5　换气过程压力变化展开图

（1）自由排气阶段　自由排气阶段是从排气门打开到气缸内气体压力接近排气管气体压力的时间段。由于受配气机构及其运动规律的限制，气门开启有一个过程，其流通截面只能逐渐增加到最大，在排气门开启的最初一段时间内，排气流通截面很小，废气排出的流量小。如果排气门刚好在膨胀行程的下止点才开始打开，这时气门升程很小，排气流通截面小，造成排气不畅，气缸气体压力下降缓慢，当活塞在向上止点运动强制排气时，会大大增加排气行程所消耗的活塞推出功。所以发动机的排气门都会在膨胀行程活塞到达下止点前的

某一曲轴转角位置提前开启，称为排气提前角。

（2）强制排气阶段　强制排气阶段是指靠活塞运动将气缸内气体排出的过程。当活塞经过下止点后上行时，气缸内气体压力已下降至接近排气管内压力，气体不再从气缸内自行外流，靠活塞由下止点向上止点运动时强制将废气驱入排气管中。气缸气体压力 p 主要取决于活塞运动速度、气门流通截面处的流动阻力和排气管内压力波动状况。气体流速取决于压差，压差越大，流速越大。在整个排气行程，排气压力基本上都高于大气压力。排气结束时气缸压力 p 为 $(1.1 \sim 1.25)p_0$。

（3）气门叠开阶段　气门叠开是指在上止点附近一定的曲轴转角范围内，进排气门同时开启的现象，如图 4-6 所示。在气门叠开时期，进气管、排气管和气缸相互连通，利用气流的惯性和进、排气管的压力波，增加进气效果，对燃烧室扫气。利用气门叠开，少量的新鲜空气会经过进气门、气缸和排气门进行扫气，降低排气门和气缸的温度。如果配气相位安排得当，因为废气的惯性向外流动，对进气管中气体有一种"抽吸"作用，使换气品质提高；反之，则可能出现废气倒流。

对于非增压发动机，气门叠开角为 $10° \sim 75°(CA)^{\ominus}$，气门叠开角过小，会造成废气倒流、进入进气管的后果。对于增压发动机，由于进气压力提高，形成的气体压差较大，不会产生废气倒流进入进气管的现象，有利于扫气效果的提高，气门叠开角相应增大，一般在 $130° \sim 150°(CA)$ 之间，以增加进气量，并降低发动机关键部件的温度。

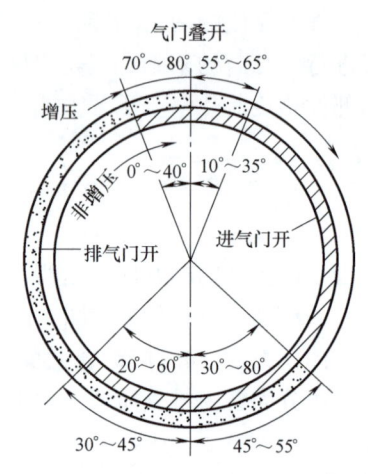

图 4-6　四冲程发动机配气相位图

（4）充气阶段　充气阶段是指活塞由上止点移向下止点，气缸内气体压力从 p 变 p_a（进气终点压力）的时间段。由于进气系统有一定的阻力和大气的部分压力能转化为气体的动能，气缸内气体压力一般会低于大气压力 p_0，形成较大的真空度。在进气过程后期，新鲜气体与温度较高的进气系统、气门、缸套和活塞等接触，其温度 T_d 高于大气温度 T_a。

（5）惯性进气阶段　惯性进气阶段是指从充气阶段终了时到活塞上行初期的时间段，气缸内气体压力仍低于大气压力，新鲜气体在压力差作用下继续进入气缸；同时，由于在充气阶段新鲜气体获得的流速，具有一定的流动惯性。为了充分利用上述两个有利条件使进气量增加，进气门是在下止点后若干度曲轴转角关闭，以利用气体的惯性实现多进气。

2. 二冲程发动机换气过程

二冲程发动机是指在曲轴转一圈（360°）的两个行程中完成进气、压缩、燃烧、排气，实现一个工作循环的发动机，曲轴每转一圈，发动机经历对外做功一次，如图 4-7 所示。同四冲程发动机相比，二冲程发动机没有单独的排气行程和进气行程，换气时间短，气缸内的气体流动更为复杂。二冲程发动机换气过程是在膨胀过程后期排气口打开，气缸内已燃气体开始排出，活塞向下运动到某一位置后，扫气口打开，足够高压力的新鲜充量由扫气口进入气缸，强迫废气流出，进行充量更换，活塞由下止点向上止点运动，依次将扫气口和排气口

$\ominus$　CA，crankshaft angle，曲轴转角。

关闭。扫气可由扫气泵来实现，有两种常见形式：一种是曲轴箱作为扫气泵，如图4-8a所示，利用活塞运动，并压缩曲轴箱内气体，起到扫气的作用，由于曲轴箱容积大大，压缩比低，扫气压力也低，约为108 kPa；另一种是设置罗茨鼓风机，如图4-8b所示，一般由曲轴驱动，由于罗茨鼓风机消耗功率不大，这种形式扫气压力不能太高，一般为109~150 kPa。

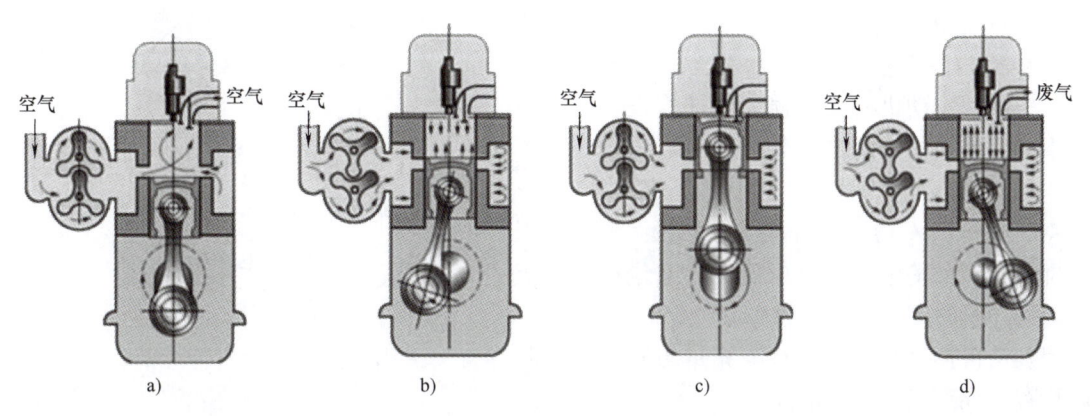

图 4-7 二冲程发动机原理图
a) 换气　b) 压缩　c) 燃烧　d) 排气

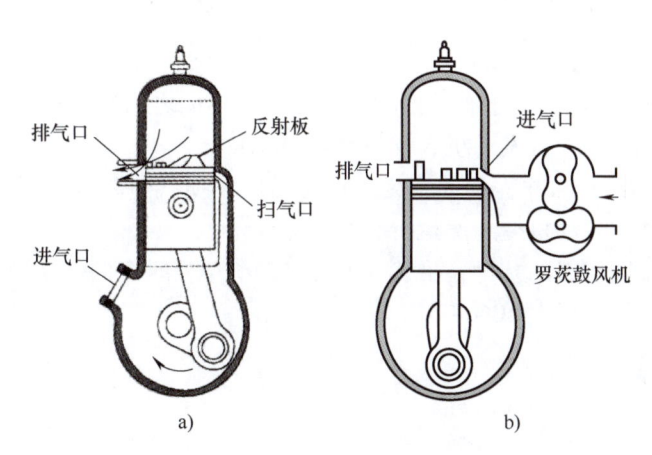

图 4-8 二冲程发动机扫气常见形式
a) 曲轴箱扫气　b) 压缩器扫气

二冲程发动机的换气过程按照气口启闭时期大致分为三个时期：先期排气期、扫气时期和后期排气期。

（1）先期排气期　指排气口开启到扫气口尚未开启的时间段。在这个时段内，由于排气口内外压差的作用，废气从排气口自由排出，废气开始以超声速流动，随后以亚声速流出，所经历时间占整个排气时间的3%~8%，当扫气口打开时，气缸内压力降到接近扫气压力，排出的废气占总废气量的一半以上。

（2）扫气时期　指从扫气口开启到关闭的时间段。在这个时期内，从图4-9所示的配气相位图中看出，扫气和排气同时进行，扫气口开启，气缸内压力接近扫气压力，由于压差很小，废气的惯性和黏性存在，废气不会倒流。此外随着活塞下行，形成较大的扫气压差，新

鲜充量大量涌入气缸，清扫废气。

（3）后期排气期　指扫气口关闭到排气口关闭以前的时间段。在活塞上行的推挤和排气气流的惯性作用下，部分废气继续由排气口排出，直到排气口关闭为止。

3. 换气过程差异

二冲程发动机换气过程和四冲程发动机有明显不同，主要的不同之处有以下几点：

（1）换气时长不同　四冲程发动机换气过程占 410°~480°（CA），二冲程发动机没有进气行程和排气行程，整个换气过程就在活塞运动到下止点前后一段时间内进行，占 130°~150°（CA）。二冲程发动机换气时间短，新鲜充量与废气又长时同掺混，导致换气质量不高。

（2）气门重叠时期不同　二冲程发动机进、排气重叠期（扫气期）可占换气期的 70%~80%，而换气过程总持续角又比四冲程发动机小得多。

（3）做功行程不同　二冲程发动机由于在下止点前 65°~75°（CA）就开始排气，所以膨胀做功到此基本终止）。这相当于有效做功行程减小，再加之扫气要耗费较多的能量，所以其有效热效率明显低于四冲程发动机，燃料消耗率较高。

（4）换气性能不同　二冲程发动机变工况运行时，换气过程变化较大，易于偏离优化匹配状态，所以二冲程发动机变工况运行时的性能较差。

由于换气过程不同引起的差异，虽然二冲程发动机单位时间的做功次数比四冲程发动机多了一倍，但其动力性只增大 50%~70%。

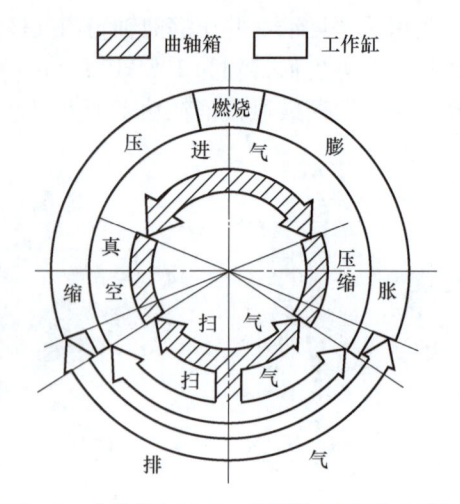

图 4-9　曲轴箱扫气式二冲程发动机配气相位图

4.3.2　换气损失

1. 排气损失

在气缸内气体对活塞做功的过程中，从排气门提前开启到活塞运动到下止点这一时间段内，由于提前排气造成了缸内压力下降，使膨胀功减少，称为膨胀损失；活塞由下止点向上止点的强制排气行程所消耗的功称为推出损失，两者之和称为排气损失。

如图 4-10a 所示，在发动机转速一定且排气提前角较小时，发动机的膨胀损失小，但活塞的推出功损失将会增加，随着排气提前角的增大，膨胀损失增加，而推出功损失则减小。在排气提前角由小变大的过程中，存在一个最佳的排气提前角，使发动机的排气损失最小。

发动机的转速对排气损失的影响如图 4-10b 所示。发动机的转速增加，相同的排气提前角所对应的排气时间就会变短，通过排气门排出的废气量减少，膨胀损失减少，但却使得缸内压力水平提高，因而活塞推出功大大增加。一般而言，发动机转速增高时排气损失总体上呈现增加的趋势，所以排气提前角应随转速的增加而适当加大。

减少排气损失的方法除合理确定排气提前角外，还可增加排气门数目，增加流通截面积。

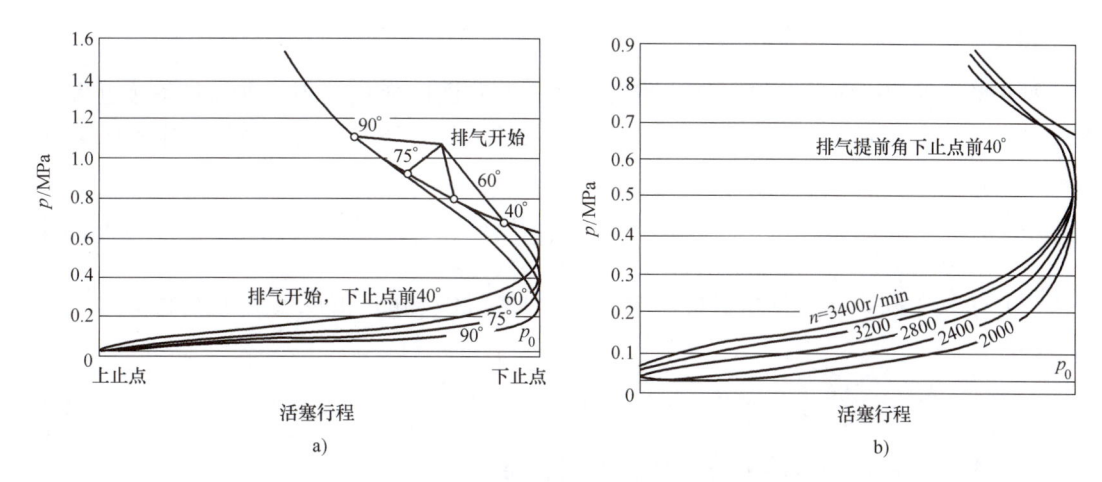

图 4-10 排气提前角和转速对排气损失的影响
a) 转速不变时排气提前角的影响 b) 排气提前角不变时转速的影响

2. 进气损失

与理论循环相比，发动机在进气过程中所造成的功的减少称为进气损失。图 4-11 所示是某型发动机在不同转速下测量的平均排气损失和进气损失，从图中可以看出，在数值上进气损失明显小于排气损失。但与排气损失不同，进气损失不仅体现在进气过程所消耗的功上，更重要的是它影响发动机的充量系数，对发动机的性能有显著的影响。合理调整配气正时、加大进气门的流通截面积、正确设计进气管及进气的流动路径、以及适当降低活塞平均速度等，都能减少进气损失，从而提高发动机的充量系数，改善发动机的性能。

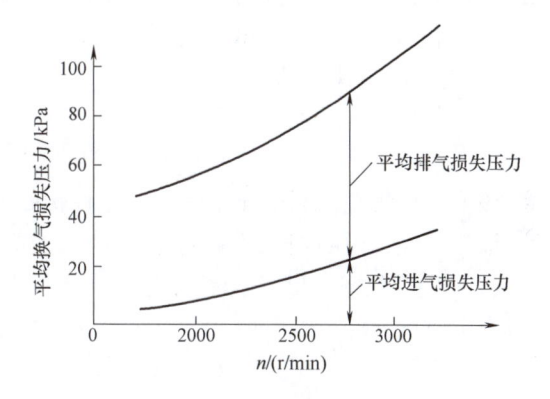

图 4-11 换气损失随发动机转速的变化

4.3.3 换气评价

对换气过程的评价是通过换气指标或者消耗于换气过程中所用功的大小来实现的。对换气过程的要求是：进气充分、排气干净、换气损失小。

1. 换气指标

四冲程发动机换气过程的评价一般用充气系数 ϕ_c 和余气系数 ϕ_r 两个指标，ϕ_c 用以评价进气是否充足，ϕ_r 用以评价排气是否干净。

（1）充气系数 ϕ_c 换气过程的实际充气量一般总是小于理论充气量，即发动机每循环实际充气量 m_1 总是小于按进气状态理论上充满同一气缸工作容积 V_s 的充气量 m_{sh}。

充气系数是实际充气量 m_1 与充满同一气缸工作容积 V_s 的理论充气量 m_{sh} 之比，若充气量用物质的量 n（kmol）表示，即

$$\phi_c = \frac{m_1}{m_{sh}} = \frac{n_1}{n_{sh}} \tag{4-16}$$

对非增压发动机而言，因空气滤清器中的压力和温度变化较小，进气状态接近大气状态，充气系数也可定义为每循环实际充气量 m_1 与按大气状态充满同一气缸工作容积 V_s 的充气量 m_0 之比，即

$$\phi_c = \frac{m_1}{m_0} = \frac{n_1}{n_0} \tag{4-17}$$

（2）余气系数 ϕ_r　余气系数是指排气终了时残留在气缸内的废气量 n_r 与新鲜充量 n_1 之比称，即

$$\phi_r = \frac{n_r}{n_1} \tag{4-18}$$

对于柴油机，$\phi_r = 0.03 \sim 0.06$；对于汽油机，$\phi_r = 0.06 \sim 0.10$。

余气系数表示缸内废气被消除的程度，ϕ_r 越小，说明排气越干净，有利于燃烧完全。减小残余废气压力 p_r，可使 ϕ_r 降低。

2. 扫气与排气指标

二冲程发动机由于扫气、排气时间重叠，扫气易与废气掺混，并短路排出，需要过量空气进行扫气，扫气与排气的好坏，采用以下指标衡量。

（1）扫气效率　扫气效率 η_s 是扫气终了时，留在气缸内的新鲜充量 m_n 与同一气缸内气体总质量 m_t 之比，即

$$\eta_s = \frac{m_n}{m_t} = \frac{m_n}{m_1 + m_0} \tag{4-19}$$

该值表示气缸内新鲜充量浓度，是评价扫气效果优良的重要指标，一般在 0.8~0.95 之间。该值越大，说明扫气效果越好。

（2）供气效率　供气效率 η_{tr} 是扫气终了时，留在气缸内的新鲜充量 m_n 与同一气缸内总新鲜充量质量 m_s 之比，即

$$\eta_{tr} = \frac{m_n}{m_s} \tag{4-20}$$

该值反映有多少新鲜充量通过排气口直接排放掉，以及气缸内新气与残留废气的混合率。

（3）充气效率　充气效率 η_c 是扫气终了时，留气缸内剩余新鲜充量质量 m_n 与测定时大气压和温度下活塞工作容积所占进气质量 m_h 之比，即

$$\eta_c = \frac{m_n}{m_h} \tag{4-21}$$

（4）扫气比　扫气比 η_d 是占据气缸内工作容积的新鲜充量总质量 m_s 与测定时大气压和温度下活塞工作容积所占进气质量 m_h 之比，即

$$\eta_d = \frac{m_s}{m_h} \tag{4-22}$$

（5）充气比　充气比 η_r 是扫气终了时，气缸内气体总质量 m_t 与测定时大气压和温度下活塞工作容积所占进气质量 m_h 之比，即

$$\eta_r = \frac{m_t}{m_h} \tag{4-23}$$

该值用于评价换气系统的完善程度，一般为 1.2~1.5。该值越小，说明达到同样换气效果的充量越小，扫气泵消耗的功率越小。

充气效率与扫气效率、充气比和供气效率的关系式为

$$\eta_c = \frac{m_n}{m_h} = \frac{m_n}{m_t} \cdot \frac{m_t}{m_h} = \eta_s \eta_r = \frac{m_n}{m_s} \cdot \frac{m_s}{m_h} = \eta_{tr} \eta_d \tag{4-24}$$

车用二冲程发动机主要换气参数的大致范围是：扫气压力 $p_k = 0.125~0.196$ MPa；充气比 $\eta_r = 1.25~1.50$（曲轴箱换气时为 0.5~0.9）；直流扫气效率 $\eta_s = 0.8~0.95$，回流扫气效率 $\eta_s = 0.8~0.9$，横流扫气效率 $\eta_s = 0.72~0.80$。

3. 充气系数影响因素

对于四冲程发动机换气过程，影响充气系数的因素很多，其中主要因素有：

（1）发动机转速 n　转速 n 对充气系数的影响是通过进气终点压力 p_a、排气终点压力 p_r、进气加温 ΔT 和配气相位起作用的（图4-12）。随着转速上升，进、排气终点压力 p_a 和 p_r 将分别减小和增大，而且都使 ϕ_c 下降，进气压力 p_a 对 ϕ_c 的影响比 p_r 大得多，发动机转速升高时，与气体接触的零件温度虽也升高，但因气体流速也高，受热时间短，故 ΔT 将随着 n 的升高而下降。配气相位在车辆发动机最大转矩转速下为最佳，这时，充气系数 ϕ_c 达最大值，高于和低于这个转速对充气都不利。

综上所述，在最大转矩转速附近时，配气相位最佳，p_a 的下降和 p_r 的上升亦不严重，ΔT 也居中，故充气系数最高；当转速由 ϕ_{cmax} 对应的转速升高时，配气相位不适应，气门关闭在进、排气惯性消失之前，不能充分利用惯性进气和排气；同时 p_a 的下降和 p_r 的上升也较大，尽管 ΔT 有所下降，但 ϕ_c 仍随转速的上升迅速下降。当转速由 ϕ_{cmax} 对应的转速下降时，配气相位也不适应，进、排气门关闭在惯性消失之后，使气体倒流，加之进气加温 ΔT 的增高，尽管 p_a 是上升的，p_r 是下降的，ϕ_c 仍随转速下降而下降，但下降的程度比前者缓慢。

（2）发动机负荷　当负荷变化时，对柴油机和汽油机的充气系数有不同的影响，如图4-13 所示。图4-13 中曲线1为柴油机在冷态时 ϕ_c 随转速 n 的变化规律，曲线2为柴油机在满负荷时 ϕ_c 随 n 的变化规律，曲线3为汽油机在满负荷时 ϕ_c 随转速 n 的变化规律，曲线4为汽油机在部分负荷时 ϕ_c 随转速 n 的变化规律。对于柴油机而言，负荷增大时，意味着供入气缸的燃料增加，循环平均温度高，发动机温度也高，故 ΔT 增大，使 ϕ_c 降低，但下降并不甚明显。

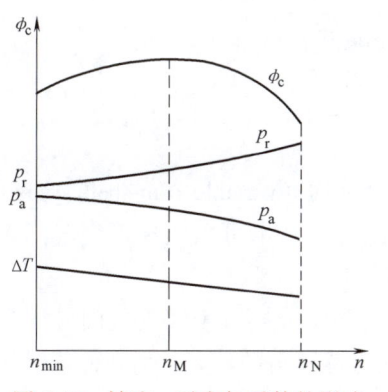

图 4-12　转速 n 对充气系数的影响

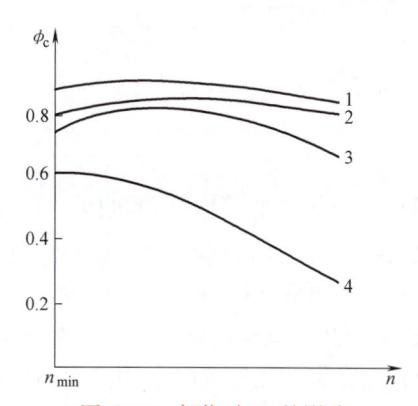

图 4-13　负荷对 ϕ_c 的影响

(3) 进排气阻力　当其他条件不变时，进、排气阻力 Δp_a 和 Δp_r 增大时，ϕ_c 将下降。其中进气阻力 Δp_a 影响很大。这是因为进气阻力会使气缸工作容积 V_a 内的压力 p 都下降，带有全局性；而 Δp_r 只使燃烧室容积 V_c 内的压力 p_r 升高，影响是局部的。进气门之所以比排气门大一些，其原因就在于减小 Δp_a。此外 Δp_a 和 Δp_r 增大还会使换气过程的负功增加。

4. 提高充气系数的措施

(1) 电控可变气门　为了获得良好的发动机性能，配气相位应随着转速和负荷的变化而变化。发动机在高速和大负荷下需要较大的气门叠开角和进气门迟闭角，以便得到较高的功率输出；反之，在怠速和低速小负荷下则需要较小的进气门迟闭角和气门叠开角，以便得到较好的怠速平稳性和废气排放性能。近年来开发的电控可变气门控制系统，能随着发动机工况的变化，调节气门正时和升程，达到以下目标：

1) 通过改变配气正时，在全转速范围获得最大可能的转矩。
2) 在部分负荷下，减小进气门升程，提高进气流速，改善燃烧。
3) 在部分负荷下，调节配气正时，减小泵气损失。
4) 优化配气正时，获得内部排气再循环优化。

电控可变气门是指通过电磁铁或其他驱动元件控制凸轮或气门，改变气门升程的最大距离大小和时间长短。实现可变气门有多种方法，按照有无凸轮轴可分为有凸轮轴的可变气门机构和无凸轮轴的可变气门机构两类，可变气门技术比较见表4-1。

表4-1　可变气门技术比较

方法	途径	优点	缺点
有凸轮轴可变气门驱动机构	多凸轮、凸轮轴调相	能调节高低速时气门的开启正时和持续期，机构结构简单	调节范围有限，气门运动规律受凸轮型线限制
	电动机控制凸轮转速	可灵活控制气门的开启持续期，能无级连续调节气门升程	机构结构复杂，控制难度较大
无凸轮轴可变气门驱动机构	电液换向阀控制气门动作	气门开启正时、升程的控制范围大，响应快速且可靠性高	机构复杂，成本较高
	电磁阀直接控制气门开闭	可灵活控制气门的开启正时和持续时间，气门开闭迅速，结构简化	气门落座冲击大，耗能大，结构尺寸大

(2) 有凸轮轴的可变气门机构　常见的可变凸轮机构（variable cam-shaft system，VCS）和可变气门正时（variable valve timing，VVT）及其组合，基本可以实现可变气门正时、可变气门升程和可变气门持续角等功能。

1) 可变凸轮机构。可变凸轮机构一般是通过两套凸轮或摇臂来实现气门升程与持续角的变化，即在发动机高速时采用高速凸轮，气门升程与持续角都较大，而在低速时切换到低速凸轮，升程与持续角均较小。图4-14a 所示为高低速凸轮的升程规律，图4-14b 所示为可

变凸轮机构发动机的高低速性能,与传统的配气机构的性能相比,发动机的低速转矩和高速性能都得到了显著的改善。

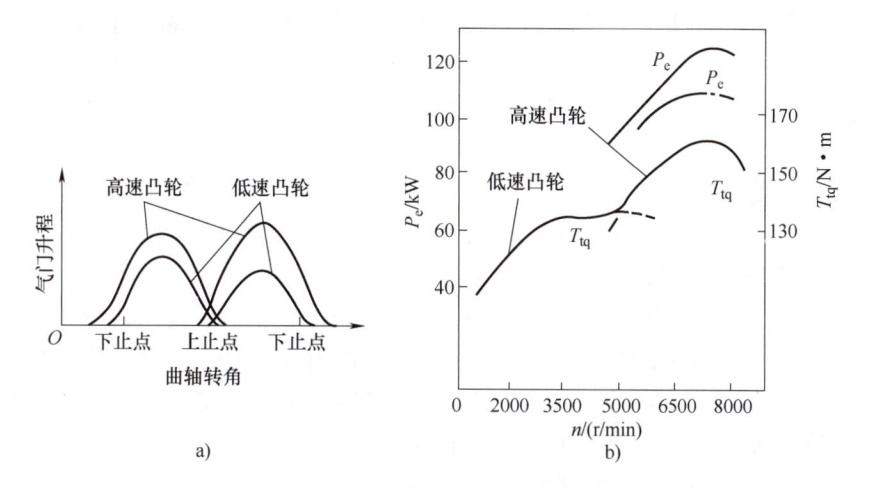

图4-14 可变凸轮机构对发动机的影响
a) 高低速凸轮升程规律 b) 可变凸轮机构发动机的高低速性能

2) 可变气门正时。采用可变气门正时技术的发动机较多,对于顶置凸轮轴发动机,由于进、排气门是通过两根凸轮轴单独驱动的,可以通过一套特殊的机构实现曲轴与凸轮的位置关系。根据发动机的工况,将进气凸轮轴转过一定的角度,从而达到改变进气相位的目的,如图4-15a所示。根据实现机构的不同,这种改变又可以分成分级可变与连续可变两类,调节范围最高可达60°(CA)。由于技术上相对成熟,很多高性能的汽油机均采用了这一技术。从图4-15b上可以看出,采用VVT发动机的转矩得到大幅度提高。

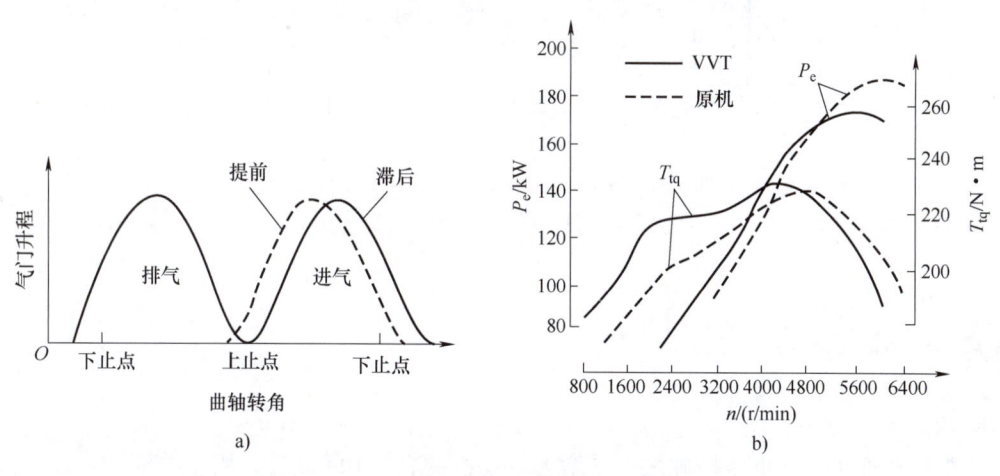

图4-15 可变气门正时机构对发动机的影响
a) 可变气门正时配气相位 b) 可变气门正时发动机改进性能

(3) 无凸轮轴的可变气门机构 无凸轮轴气门控制(FVVT)技术彻底取消了凸轮驱动,采用电磁驱动或电液驱动气门开启。电磁直接气门驱动的工作原理是通过上下两个线圈的交替通电,由衔铁上下运动来控制气门的开启与关闭,但电磁驱动气门方式存在尺寸大、

能耗高、易磨损、落座冲击大、需要额外冷却与润滑系统等不足。电液驱动方式是用电磁阀控制高压流体流入或流出控制室，利用高压流体驱动气门，从而实现气门开启或关闭。电液驱动气门与电磁驱动气门相比，有许多先天优势，如动态响应快、输出力大、无需额外的冷却与润滑系统、无落座冲击等。无凸轮轴可变气门驱动系统由电子控制单元控制，其气门正时、开启持续期、升程、动作速度完全柔性可调，是目前最有潜力的、自由度最大的可变气门系统。

图 4-16a 所示为电磁气门机构，气门是一个弹簧-质量振子。气门的静止位置对应最大气门升程的一半左右。如果气门 7 被电磁振动推到上止点位置（气门关闭），只需很小的保持力就可保持气门在关闭状态，因为衔铁 4 与气门关闭电磁铁 3 之间的距离非常小。当气门关闭电磁铁 3 断电，只凭储存在气门开启弹簧 1 中的势能，衔铁 4 就能到达下止点（气门全开）。气门的运动（开启和关闭）是气门 7 加衔铁 4 加顶杆 2 这一质量的自由振动，电磁力只用于把气门和衔铁保持在上、下止点位置，因而电能消耗小。试验表明，这种气门系统的工作特性如图 4-16b 所示，可使轿车在测试循环下的燃油消耗降低 15% 以上。

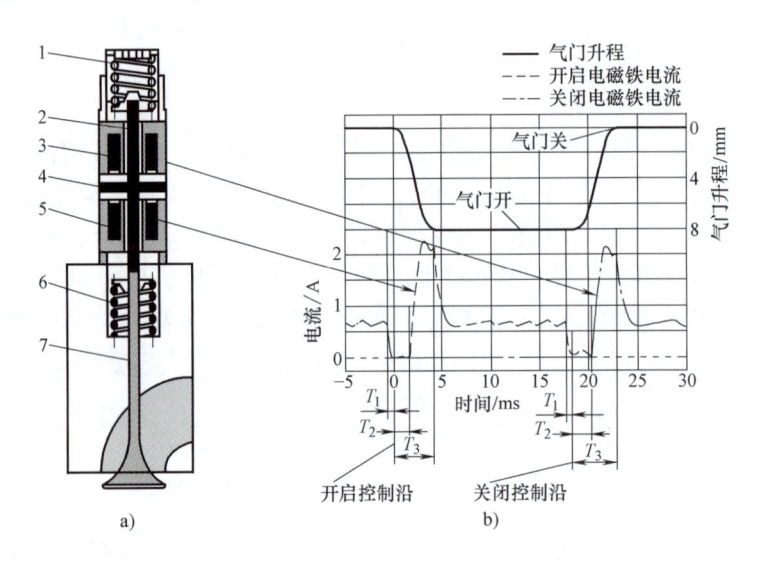

图 4-16 电磁气门机构简图及其工作特性
1—气门开启弹簧　2—顶杆　3—气门关闭电磁铁　4—衔铁　5—气门开启电磁铁　6—气门关闭弹簧　7—气门

4.4　发动机增压

1. 增压及中冷

提高车辆机动性的重要措施之一是增大发动机的有效功率 P_{me}。从公式

$$p_{me} = 10^{-3} \frac{H_u}{l_0} \frac{\eta_{it}}{\phi_a} \rho_s \phi_c \eta_m \tag{4-25}$$

可看出，增大空气密度 ρ_s 可使 p_{me} 增大，从而增大了发动机的有效功率 P_e。

增压是对将要进入发动机气缸内的空气，通过压气机构（增压器）预先压缩，提高进气压力，提高其密度。中冷是指增压之后的空气，通过中间冷却器加以冷却，降低温度再提

高空气密度。

2. 增压分类

（1）压气机驱动方式 按压气机驱动方式分为机械增压和废气涡轮增压两类。相应的增压方式有惯性增压、气波增压、机械增压和废气涡轮增压，如图 4-17 所示。其中，机械增压是利用发动机的传动带带动压气机吸入空气，靠离心力把空气加压，以达到压缩空气的目的，机械增压会增加发动机的机械损耗，降低发动机输出的有效功率，如图 4-17c 所示；废气涡轮增压是利用发动机排气的能量推动增压器涡轮叶片旋转，而涡轮与压气机是连轴的，从而推动压气机工作，使得进气压力增加，发动机的进气量增多，如图 4-17d 所示。

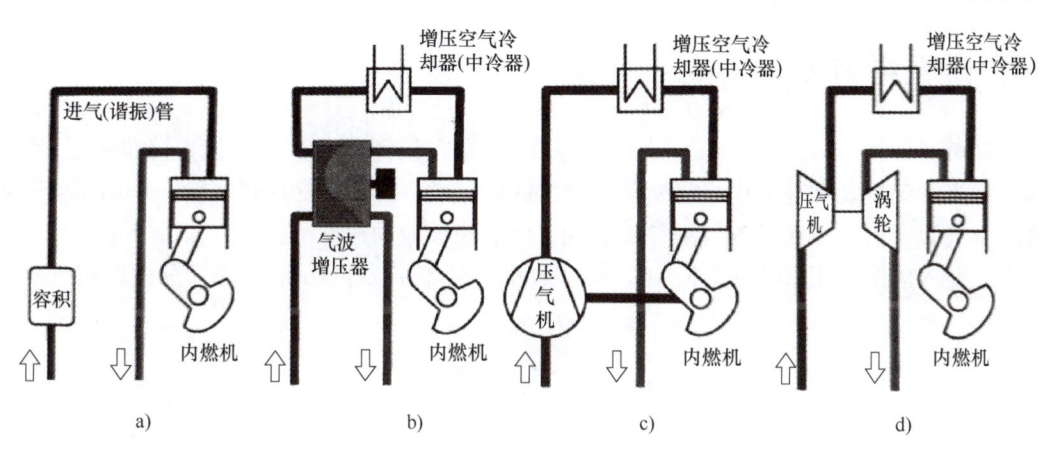

图 4-17 增压方式
a) 惯性增压 b) 气波增压 c) 机械增压 d) 废气涡轮增压

根据增压器数量的不同，废气涡轮增压器可分为单级增压和双级复合增压。普通车型常用单级增压系统，即采用一个废气涡轮增压器；而双级复合增压系统采用两个废气涡轮增压器，主要用于大排量车用柴油机。根据两个增压器的连接方式不同，双级增压方式可分为直列双级复合增压和并列双级复合增压两种系统。

（2）气流方向 按废气进入涡轮的气流方向，废气涡轮增压器分为轴流式和径流式两种。轴流式涡轮增压器采用轴流式涡轮和离心式压气机，流量较大。轴流式涡轮增压器工作时，其废气进入增压器涡轮壳后沿着平行于增压器转子轴线方向流动。轴流式涡轮增压器的特点是流量大、效率高、压力升高比大，适用于中、大型柴油机。径流式涡轮增压器采用径流式涡轮和离心式压气机。径流式涡轮增压器工作时，柴油机排出的废气进入增压器涡轮壳后，沿着垂直于增压器转子轴线方向流动。径流式涡轮增压器的特点是流量小、效率高、加速性能好、体积小，结构简单，适合于小型柴油机。

3. 增压指标

（1）压比 压比是增压器压气机出口处的压力 p_k 与压气机进口处的压力 p_0 之比，一般以字母 π_k 表示，用来表述增压强度。

$$\pi_k = \frac{p_k}{p_0} \tag{4-26}$$

压比是增压柴油机的重要性能指标之一，其大小直接反映柴油机的强化程度。

根据压比的大小，增压系统又可分为低增压系统（$\pi_k<1.5$，$p_k \leqslant 0.15$ MPa）、中增压系统（$\pi_k=1.5\sim2.5$，$p_k=0.15\sim0.25$ MPa）、高增压系统（$\pi_k=2.6\sim3.5$，$p_k=0.25\sim0.35$ MPa）和超高增压系统（$\pi_k>3.5$，$p_k>0.35$ MPa）。

（2）增压度　增压度是发动机增压后增加的功率与增压前功率（P_{e0}）之比，以字母 ϕ_k 表示，用来表述增压后功率提高的程度。

$$\phi_k = \frac{P_{ek}-P_{e0}}{P_{e0}} = \frac{P_{ek}}{P_{e0}} - 1 \tag{4-27}$$

式中，P_{ek} 为增压后功率。

4.5　排气再循环

排气再循环（exhaust gas recirculation，EGR）是在保证发动机动力性不降低的前提下，根据发动机的温度及负荷大小，将发动机排出的废气的一部分再送回进气管，和新鲜空气或新鲜混合气混合后，再次进入气缸参加燃烧，使燃烧反应的速度减慢。

废气混入的多少用 EGR 率 ϕ_{EGR}（%）来表示，其定义为再循环的废气量占新鲜充量的比例：

$$\phi_{EGR} = \frac{m_{EGR}}{m_{total}} = \frac{m_{EGR}}{m_{air}+m_{EGR}} \tag{4-28}$$

式中，m_{EGR} 为废气量；m_{air} 为进气量。

随着 EGR 率的增加，氮氧化物（NO_x）的排放量会迅速下降。新鲜混合气混入废气后，其热值下降，燃烧速度和燃烧温度下降，发动机在全负荷时的最大输出功率会有所下降。在中等负荷时，采用较大的 EGR 率会使燃油消耗率升高，HC 排放上升；在小负荷时，特别是急速时，使用 EGR 会使燃烧不稳定甚至导致缺火。为了使 EGR 系统能更有效地发挥作用，保证发动机的动力性能，其关键在于根据发动机的温度及负荷的大小控制 EGR 率，使之在不同工况下得到各种性能的最佳折中，实现减少 NO_x 生成量的控制目标。当发动机起动、暖机、急速和小负荷运转时，冷却水温和进气温度较低，NO_x 的生成量很少，通常不使用 EGR；当发动机水温达到正常工作温度、负荷增大运转时，燃烧室内温度升高，促使 NO_x 的生成，此时最好的方法是降低燃烧室温度，采用 EGR。由于 NO_x 生成量随负荷的增大而增大，随负荷的增大应相应增大 EGR 率，一般不超过 20%，由此 NO_x 的排放可降低 50%~70%。如果 EGR 率超过这个界限，燃烧速度太慢，燃烧波动增加，HC 排放增加，发动机动力性和经济性就随之恶化。

本 章 小 节

本章讨论了发动机工作指标、工作循环和换气过程，四冲程内燃机换气过程可分为自由排气阶段、强制排气阶段、气门叠开阶段、充气阶段和惯性进气阶段五个阶段。二冲程发动机分为先期排气期、扫气时期和后期排气期三个阶段。由于进气过程存在着气体流动损失和发动机压缩容积，换气过程存在损失，表现为因排气门早开所造成的膨胀损失、活塞强制排气的推出损失和缸内负压造成的进气损失。充气系数和余气系数是评价换气过程的质量指

标，提高充气系数的措施包括减小进气门、进气道、进气管以及空气滤清器的进气阻力。

进气量大小直接影响进气指标，可变气门技术和涡轮增压技术改善了进气效果，可变气门正时、相位和升程能保证在发动机全工况时具有最佳的进气时刻。

增压是提高发动机进气量的有效技术途径，增压器有多种形式，废气涡轮增压器是发动机提升功率的最常用装置。

排气再循环通过将燃烧废气引入下一个循环的进气中，降低了缸内空气的氧浓度，从而降低了缸内的燃烧温度。

习题与思考题

4-1 影响发动机机械效率的因素有哪些？
4-2 试分析设定发动机理论循环假设条件的原因。
4-3 四冲程发动机换气过程分为哪几个阶段？
4-4 曲轴箱扫气式二冲程发动机换气过程如何进行？
4-5 发动机换气过程存在哪些损失？
4-6 影响充气系数的主要因素以及提高充气系数的技术措施有哪些？
4-7 为什么进气门都比排气门大？
4-8 增压器有哪些分类？

第 5 章 发动机燃油供给与调节

学习目标：

1) 了解汽油机燃油供给系统的类型和特征，理解汽油机电控喷油系统结构、喷射控制。
2) 了解柴油机燃油供给系统的类型和特征，掌握供油规律及喷油规律。
3) 掌握高压共轨系统的功能。

重 点：

1) 供油规律及喷油规律。
2) 调速器的喷油调节原理、特性。

难 点：

汽油机喷射控制和柴油机高压共轨系统。

5.1 汽油机燃油供给

5.1.1 燃油供给系统

汽油机燃油供给的任务是根据汽油机不同工况的要求，提供一定数量和浓度的可燃混合气，并将混合气送入气缸。目前电控汽油喷射系统种类多样，主要分为三个部分：空气供给系统、燃油供给系统以及控制系统。空气供给系统主要由空气滤清器、空气流量计、节气门、怠速调节电磁阀、进气歧管等组成，如图 5-1 所示，其主要作用是为发动机提供清洁的空气并控制发动机正常工作时的供气量。空气经空气滤清器过滤后，通过空气流量计、节气门进入进气总管，再通过进气歧管分配给各缸。燃油供给系统主要由燃油箱、电动燃油泵、燃油滤清器、压力调节器和喷油器等组成，如图 5-2 所示，其主要作用是提供汽油喷射所需要压力下的干净汽油。电动燃油泵将汽油自油箱内吸出，经滤清器过滤后，由压力调节器调压，通过油管输送给喷油器，喷油器根据电控单元（ECU）指令向进气管喷油，多余汽油经回油管流回油箱。

控制系统由输入级（各种传感器）、电控单元和输出级（喷油器、电控节气门等）组成。电控单元根据空气流量计信号和发动机转速信号确定基本喷油时间，再根据其他传感器对喷油时间进行修正，并按最后确定的总喷油时间向喷油器发出指令，使喷油器喷油或断

油。不同控制系统的主要差别体现在控制方式、控制范围和内部控制程序，随着控制功能的扩展，控制传感器、执行器数量和构造各不相同。

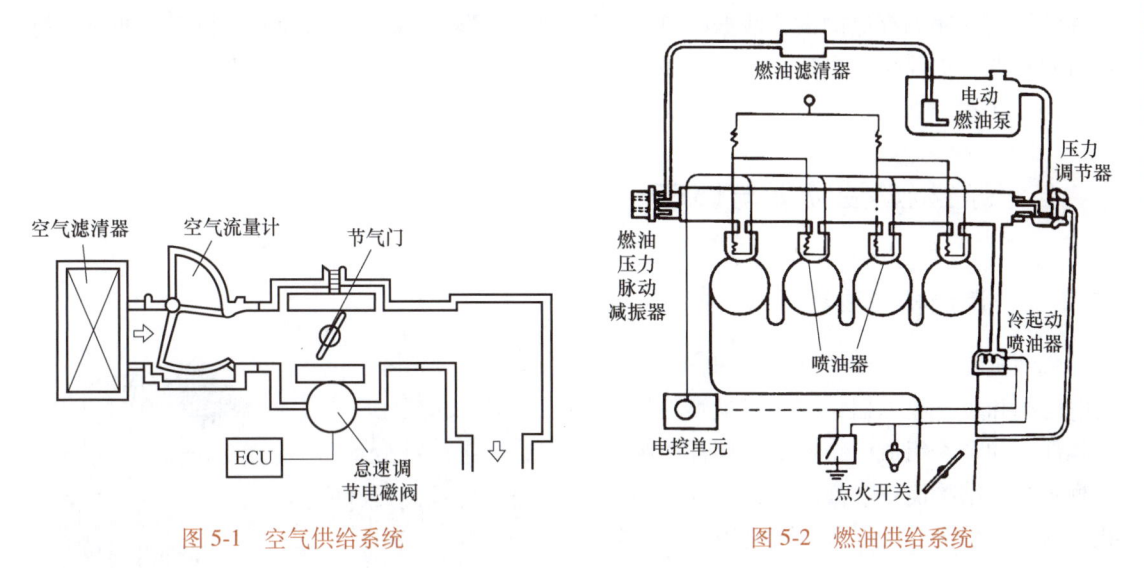

图 5-1　空气供给系统

图 5-2　燃油供给系统

5.1.2　工作原理

图 5-3 所示的电控汽油喷射系统中，燃油供给路线是电动燃油泵将燃油从油箱中抽出，经过燃油滤清器除去杂质后，送至燃油分配管中，油压调节器将自动调节燃油压力并将多余的燃油送回油箱，保持油压恒定。燃油分配管与各缸的喷油器相连，喷油器根据电控单元的指令按工作顺序依次开启，将适量的燃油喷射至各缸进气门背面的进气道内，在进气行程进入气缸形成可燃混合气。进气道喷射方式中燃油轨内的油压一般控制在 250~400 kPa 范围内。喷油器喷出的油量正比于 $t\sqrt{\Delta p}$，即与喷油器电磁阀通电时间 t 和喷孔内外的压力差 Δp 有关。

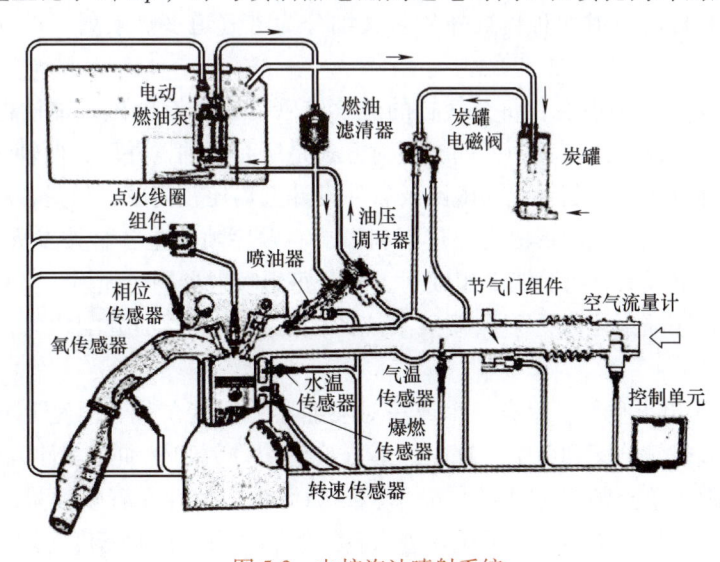

图 5-3　电控汽油喷射系统

如果保持喷孔内外压力差 $\Delta p=p_1-p_2$ 为定值，则电控单元改变喷油脉宽可以控制喷油量。汽油机电控单元接受各种传感器和控制开关输入的发动机工况信号，根据电控单元内部预先编制好的控制程序和存储的试验数据，通过数学计算和逻辑判断确定适应发动机工况的喷油持续时间和点火提前角等参数，并将这些参数转换为电信号控制各种执行元件动作，使发动机保持最佳状态。

5.2 汽油机燃油喷射与调节

5.2.1 汽油机喷油器

汽油机喷油器是一个电磁式电控喷油器，由电磁阀和机械喷油器组成。机械喷油器是由针阀偶件和弹簧组成，结构上与柴油机喷油器明显不同，结构简单、高度小，喷孔一般分单孔和双孔，如图 5-4 所示。当电磁阀接到控制指令时，使针阀打开，汽油在压力作用下，沿喷孔喷出形成油束。为适应四气门汽油机需要，可采用双孔喷油器向两个气门同时喷射汽油。由于汽油蒸发性好，对喷雾质量要求不高，喷射压力较低，缸外汽油喷射压力为 0.25～0.3 MPa，缸内汽油喷射压力为 12 MPa。

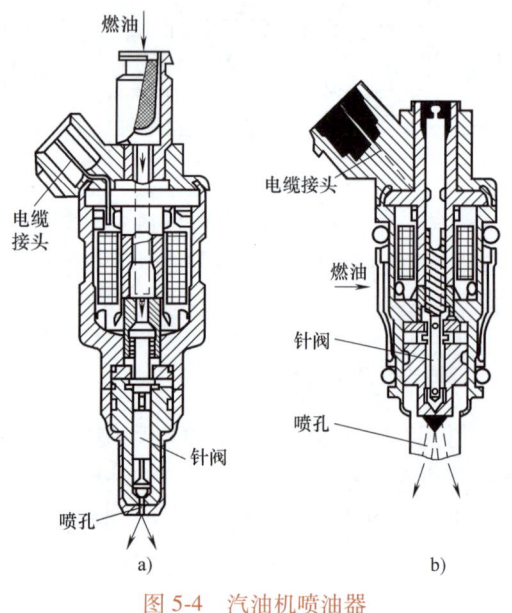

图 5-4 汽油机喷油器
a）单孔喷油器　b）双孔喷油器

5.2.2 喷射方式

燃油喷射方式按喷油器安装位置的不同，可分为缸外喷射和缸内喷射两种，缸外喷射又细分为进气道多点喷射、进气总管单点喷射两种。

图 5-5a 所示为多点喷射。在每个气缸的进气歧管处安装有电磁式喷油器，由电控单元控制，采用不同的喷射方式。其中，同时喷射方式是所有喷油器并联，曲轴每转 1 转各缸同时喷射 1 次，这种方式在控制系统的电路及软件设计上均比较简单，但是各缸对应的喷射时间并不是最佳的，对混合气的形成有一定不利影响。顺序喷射是各缸按发火顺序单独喷射，而分组喷射，如 4 缸或 6 缸可分为 2 组喷射，则是每组喷射器同时喷射，其控制系统和性能介于同时喷射和顺序喷射之间。多点喷射系统的优点是各缸燃油分配均匀，可直接控制空燃比。

图 5-5b 所示为单点喷射。只有一个或一对喷油器，安装在节气门座上方，向进气管中喷射燃油，由进气歧管分配到各个气缸中。单点喷射在排放和燃油经济性方面优于化油器，但稍逊于多点喷射。单点喷射方式结构简单、故障源少，但存在着喷油量大、雾化混合困难、各缸不均匀等不足。单点喷射系统在进入各缸的燃油量的控制精度与均匀性方面达不到进气道多点喷射的水平，目前已经不再应用。

图 5-5c 所示为缸内直接喷射。将喷油器直接安装在气缸盖上，燃油被直接喷射到气缸内，它的特点是能以较高的压力（10~12 MPa）将汽油直接喷入气缸，发动机中小负荷时，燃油在压缩行程后期喷入，用喷油、气流和燃烧室壁面的配合形成浓度分层的混合气，在火花塞间隙处保持点火所需的较浓混合气，其他地方实现稀薄燃烧（空燃比 $\phi_a \gg 1$），大幅度提高经济性；发动机大负荷时，燃油在进气行程中喷入，实现均质混合气燃烧（空燃比 $\phi_a = 1$），保证动力性的同时，提高经济性能。这种方式对喷射装置要求比较高，喷油控制和喷油器安装布置有一定难度，它是目前最为先进的燃油喷射方式。

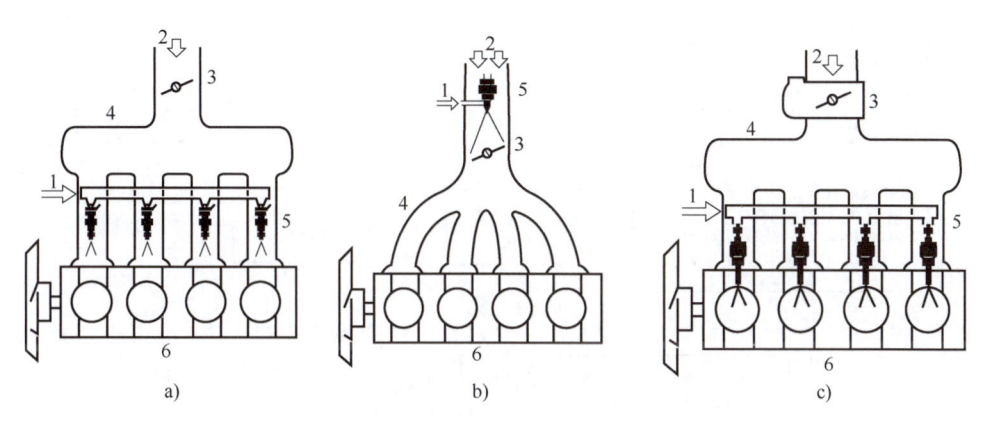

图 5-5 燃油喷射方式的分类
a）多点喷射 b）单点喷射 c）缸内直接喷射
1—燃油 2—空气 3—节气门 4—进气道 5—喷油器 6—汽油机

5.2.3 汽油机喷射控制

汽油机采用的是外部混合气形成与预混合燃烧方式，其功率的变化是通过改变节气门的开度，以改变进入气缸中的混合气量来实现的，即量调节。混合气的浓度（即空燃比）对汽油机动力性、经济性、排放性、急速稳定性、加速平顺性和冷机起动性均有很大的影响。控制器对空燃比的控制是通过对汽油喷射量的控制来完成的。当汽油机工作时，电控单元根据接收传感器检测的信息，确定汽车和发动机工况，并根据事先存入的空燃比脉谱图以及其他影响实际空燃比的空燃比修正值，选定目标空燃比。根据传感器测得的温度和压力信息，确定每工作循环的进气量，计算出所需的基本喷油量，再根据喷油器的喷油压力与喷油器流量特性决定喷油器的开启时间，即喷油脉宽，进而确定喷油器喷油定时，并使电控单元发出控制信号，驱动四个喷油器 1、2、3、4 喷油，喷油控制流程图如图 5-6 所示。汽油机电控汽油喷射系统最基本的也是最重要的控制内容就是喷油量控制，控制喷油量的目的是使发动机在各种运行工况下，都能获得最佳的混合气浓度，以提高发动机的经济性和降低排放污染。

1. 喷油量控制

喷油量控制的目的是使汽油机在各种运行工况下，都能获得最佳的喷油量，以保证汽油机功率和转矩。通常将总喷油量分成基本喷油量、修正油量和附加油量三个部分。

（1）基本喷油量 Q 基本喷油量是根据发动机每个工作循环的进气量，按化学计量比

计算出的喷油量，它根据汽油机每个工作循环的进气量、汽油机转速设定的空燃比，即目标空燃比（A/F）计算求得。采用质量流量传感器时的基本喷油时间 T_B 可用下式计算，即

$$T_B = \frac{Q_m/n}{K_0(A/F)} \tag{5-1}$$

式中，Q_m 为空气质量流量（g/s）；n 为发动机转速（r/min）；A/F 为目标空燃比；K_0 为由喷油器尺寸、喷射方式以及气缸数决定的常数。

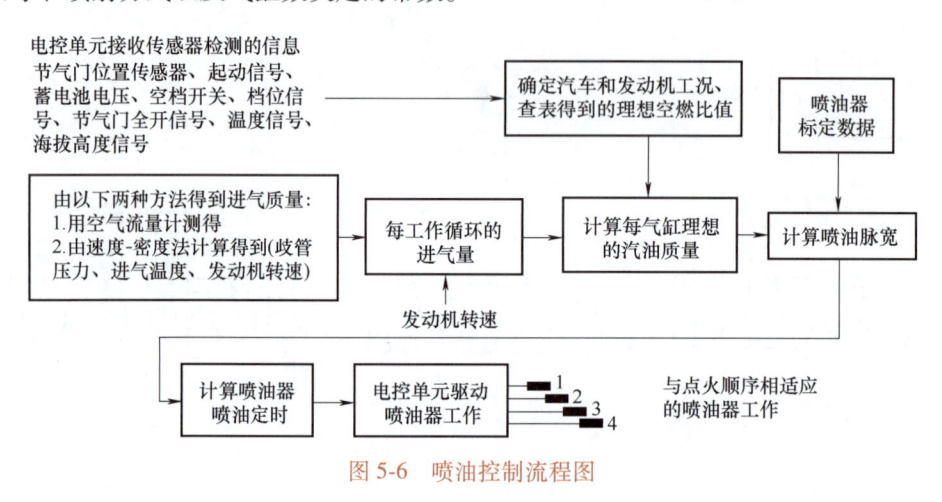

图 5-6　喷油控制流程图

（2）修正油量 Q_1　修正油量是根据进气温度、大气压力等实际运转条件，对基本喷油量进行的修正值，修正油量的大小用修正系数 C 表示，即

$$C = 1 \pm \frac{Q_1}{Q} \tag{5-2}$$

式中，Q 为基本喷油量；Q_1 为修正油量。

修正油量 Q_1 除了考虑进气温度与海拔高度等影响进气量的因素以外，还要考虑蓄电池电压下降对喷油量的影响。因为电源电压降低时，会影响喷油器电磁阀的提升力，推迟了喷油器的开启，缩短了有效喷油时间。

（3）附加油量 ΔQ　附加油量是在上述一些特定工况下（如起动、暖机、加速），为加浓混合气而增加的喷油量。加浓的程度可用增量比或增量因子 μ 来表示，即

$$\mu = 1 + \frac{\Delta Q}{Q} \tag{5-3}$$

除了汽油机在部分负荷和满负荷的正常情况下，电控汽油喷射装置要正常供油外，在某些特殊情况下，必须附加一些装置对喷油量做某些修正，才能满足汽油机在各种工作中的需要。

（1）起动时的喷油控制　在汽油机起动时，转速波动大，无论是 D 型电控汽油喷射系统中的进气压力传感器，还是 L 型电控汽油喷射系统中的空气流量计，都不能精确地确定进气量进而确定合适的喷油持续时间。因此，在汽油机转速低于规定值或点火开关接通位于 S_{TA}（起动）档时，ECU 根据冷却液传感器信号（THW 信号）和冷却液温度确定喷油基本

时间，如图 5-7a 所示；再根据进气温度传感器（THA 信号）对喷油基本时间做修正（延长或缩短 T_A）；然后再根据蓄电池电压适当延长 T_B，以实现对喷油量的进一步修正，即电压修正。喷油时间的确定如图 5-7b 所示。

（2）起动后的同步喷油量控制 汽油机转速超过预定值时，电控单元确定的喷油信号持续时间满足：

$$喷油持续时间=基本喷油持续时间\times 喷油修正系数+电压修正值$$

喷油修正包括：起动后加浓修正、暖机加浓修正、进气温度修正、大负荷工况喷油量修正、过渡工况喷油量修正、怠速稳定性修正。

（3）加速工况喷油量控制 当汽车加速时，为了保证发动机能够输出足够的转矩，改善加速性能，通过增大加速喷油增量修正系数来增大喷油量。燃油增量比例大小与加浓时间取决于加速时汽油机冷却液的温度，冷却液温度越低，燃油增量比例越大，加浓持续时间越长。

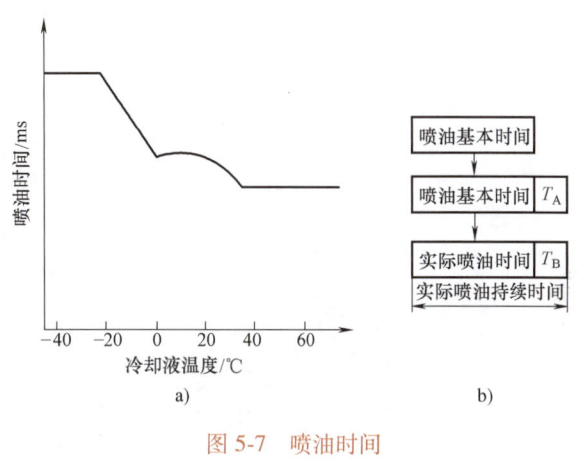

（4）断油控制 电控单元在某些特殊工况下，会暂时中断燃油喷射，以满足汽油机运行的特殊要求。断油控制包括汽油机减速断油控制、超速断油控制。超速断油是指当汽油机转速达到极限转速时，电控单元中断燃油喷射，以防止汽油机超速运转而导致机件损坏。

图 5-7 喷油时间
a）基本喷油时间 b）喷油时间确定

（5）大负荷工况喷油控制 当汽油机在部分负荷工况下工作时，电控单元按理论空燃比（$A/F=14.7$）或大于理论空燃比控制喷油量，以提高经济性和降低有害气体的排放量。当发动机在高速、大负荷或全负荷工况下运行时，为了获得良好的动力性，要求汽油机输出最大功率，因此需要供给浓混合气。当节气门开度大于 70°（80%负荷）时，电控单元增大喷油量（通过增加空燃比的修正系数），供给浓于理论空燃比的混合气，满足汽油机输出最大功率的要求。

2. 喷油正时控制

喷油正时实际上是喷油器开始喷油时对应的曲轴转角，又称为喷油提前角。多点燃油喷射系统中各缸喷油时序不同，同时喷射、分组喷射和顺序喷射的控制方式也不同。

（1）同时喷射的控制 多点燃油同时喷射就是各缸喷油器同时喷油，各缸喷油器并联在一起，电磁线圈电流由一只功率管（VT）驱动控制。汽油机工作时，ECU 根据曲轴位置传感器（CPS）和凸轮轴位置传感器（CIS）输入的基准信号发出喷油指令，控制功率管导通与截止，再由功率管控制喷油器电磁线圈电流接通与切断，使各缸喷油器同时开始和停止喷油。曲轴每转一圈或两圈，各缸喷油器同时喷油一次。

（2）分组喷射的控制 多点燃油分组喷射就是将喷油器喷油分组进行控制，一般将四缸发动机分成两组，六缸发动机分成三组，八缸发动机分成四组，四缸发动机分组喷射控制

电路如图 5-8a 所示。汽油机工作时，由电控单元控制各组喷油器轮流喷油。汽油机每转一圈，只有一组喷油器喷油，每组喷油器喷油时连续喷射 1~2 次，喷油正时关系如图 5-8b 所示。分组喷射方式虽然不是最佳的喷油方式，但由正时关系图可见，1、4 两缸的喷油时刻较佳，其混合气质量比同时喷射大大改善。

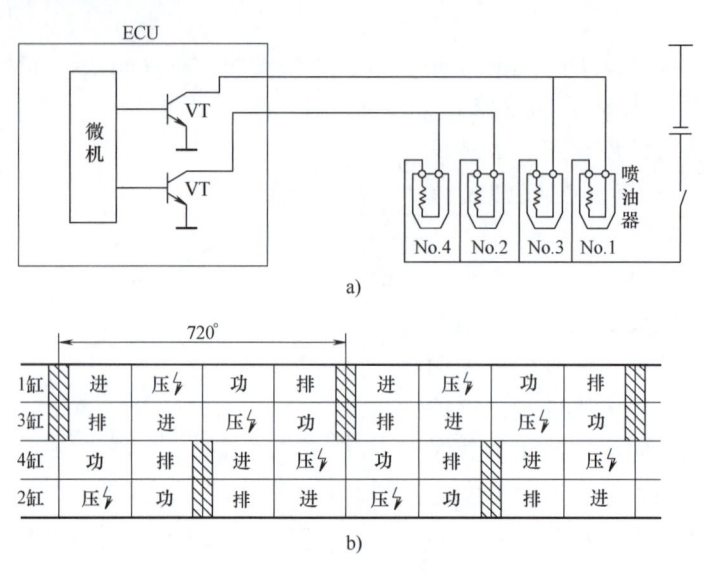

图 5-8 多点燃油分组喷射控制电路与正时关系
a) 控制电路 b) 正时关系

（3）顺序喷射的控制 多点燃油顺序喷射就是各缸喷油器按照一定的顺序喷油，控制电路如图 5-9a 所示。在顺序喷射系统中，发动机工作一个循环（曲轴转两圈），各缸喷油器轮流喷油一次，喷油顺序与点火顺序相同，每缸点火时刻在每缸压缩上止点前开始，喷油时刻在每缸排气上止点前开始。当点火顺序为 1 缸—3 缸—4 缸—2 缸，喷油顺序也为 1 缸—3 缸—4 缸—2 缸，各缸喷油器分别由电控单元进行控制，驱动回路个数与气缸数相等。当发动机运转时，ECU 便按 1 缸—3 缸—4 缸—2 缸的顺序控制功率管导通与截止。当功率管导通时，喷油器电磁线圈电路接通，喷油器阀门开启喷油，喷油正时关系如图 5-9d 所示。

顺序喷射的优点是各缸喷油时刻均可设计在最佳时刻，混合气质量好，有利于提高燃油经济性和降低有害气体的排放量。其缺点是控制电路和控制软件比较复杂。

3. 怠速控制

汽油机起动后进入怠速工况，怠速控制功能主要是在汽油机负荷或电器负荷变化时保持怠速转速基本稳定，其实质是通过控制怠速时的充气量（进气量），控制怠速转速。怠速转速由冷却液温度及怠速负荷确定。怠速负荷指空调、助力转向泵和电源负载。当汽油机处于怠速时，怠速控制原理如图 5-10 所示，电控单元根据汽油机冷却液温度传感器信号、空调开关、助力转向开关等信号，从存储器存储的怠速转速数据中查询相应的目标转速，再将目标转速与曲轴位置传感器检测的汽油机实际转速进行比较，通过调整旁通进气量使实际转速与目标转速一致。

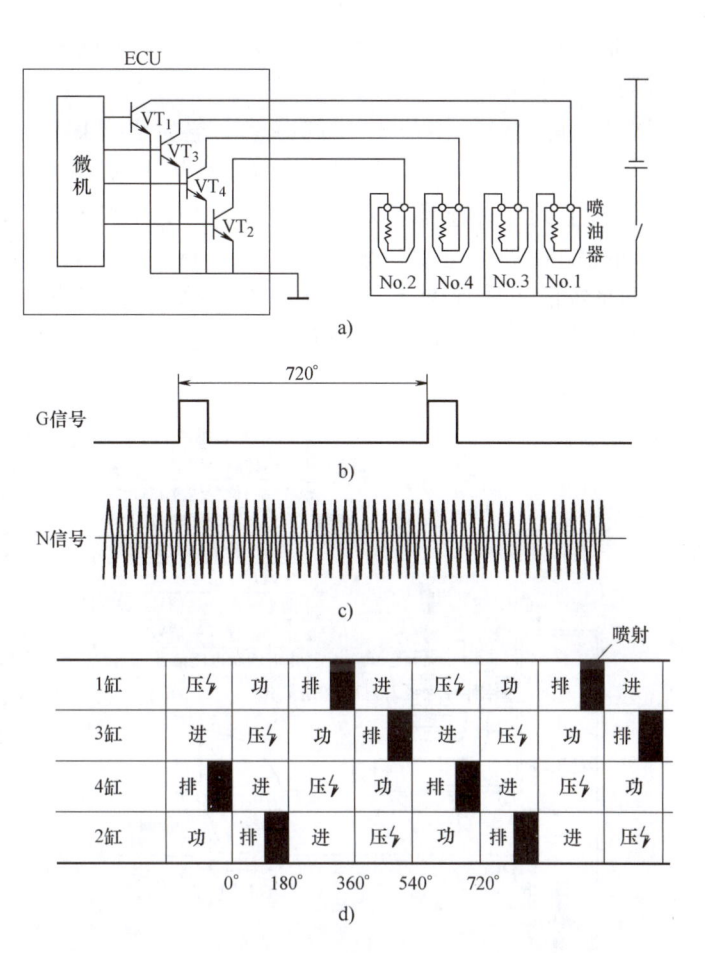

图 5-9　顺序喷射的控制电路与正时关系
a）控制电路　b）循环间隔信号　c）触发信号　d）正时关系

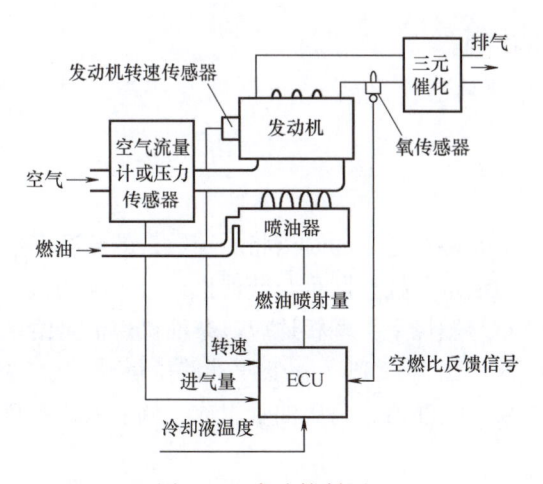

图 5-10　怠速控制原理

喷油量由电控单元根据预先设定的怠速空燃比和实际充气量计算确定基本喷油时间，再

通过冷却液修正系数、起动后喷油增量修正系数等确定总的喷油时间。

4. 空燃比反馈控制

试验证明：当混合气的空燃比（A/F）控制在理论空燃比（14.7）附近时，三元催化转换器才能使碳氢化合物（HC）、一氧化碳（CO）、氮氧化物（NO_x）的净化率同时最高。借助于安装在排气管上的氧传感器反馈的空燃比信号，对喷油脉冲宽度进行反馈优化控制，将空燃比精确控制在理论空燃比附近，这个控制过程称为空燃比反馈控制。空燃比（A/F）反馈控制系统的组成如图 5-11 所示，电控单元根据氧传感器输入的电压信号判断可燃混合气是偏浓还是偏稀，再发出控制指令通过空燃比反馈控制修正系数 λ 对喷油量进行修正。

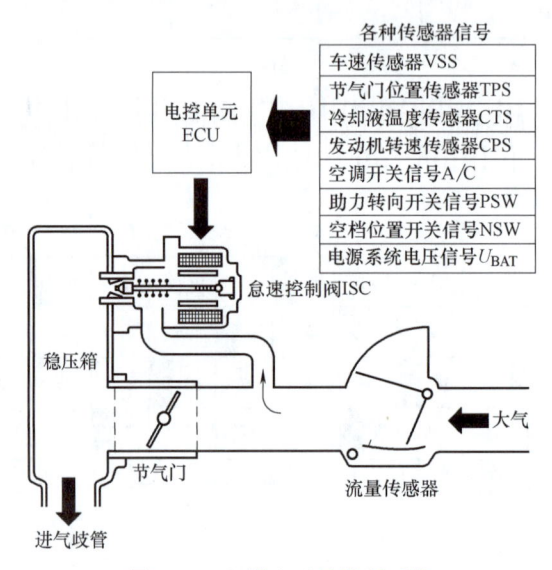

图 5-11 空燃比反馈控制系统

5.3 柴油机燃油供给

5.3.1 供给系统

1. 概述

燃油供给系统的作用主要是在适当的时刻将一定数量的洁净柴油增压后，以适当的规律喷入燃烧室；喷油定时和喷油量各缸相同且与柴油机运行工况相适应；喷油压力、喷注雾化质量及其在燃烧室内的分布与燃烧室类型相适应。柴油机燃油供给系统由低压油路、高压油路和调节系统三部分组成，如图 5-12 所示，低压油路由燃油箱、输油泵、滤清器及连接管道组成，高压油路由喷油泵、喷油器、高压油管组成，调节系统由自动供油提前器、调速器组成。

柴油机对燃油供给系统的供油要求有两方面：

（1）喷油时刻　在整个负荷和转速的变化范围内，应具有最佳的供油正时，包括最佳的喷油开始和喷油结束时间，不同时刻的喷油率应满足燃烧过程要求。

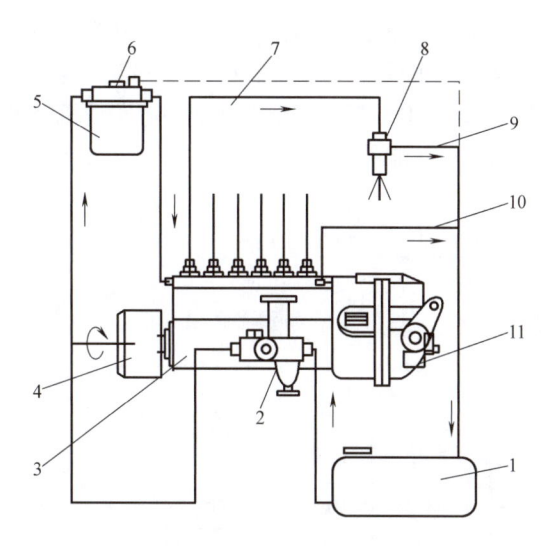

图 5-12 柴油机燃油供给系统

1—燃油箱　2—输油泵　3—喷油泵　4—供油提前角自动调节器　5—滤清器　6—放气螺塞
7—高压油管　8—喷油器　9—回油管　10—喷油泵溢流管　11—调速器

（2）喷油质量　燃油被喷入气缸时具有较高的喷射压力，以保证燃油的雾化质量、贯穿距离；油束形状应与燃烧室及其气体运动相配合，有利于油气混合气的形成。

2. 燃油供给系统类型

（1）机械喷油系统　机械喷油系统是指由机械喷油泵、机械喷油器完成燃油喷射的系统，有泵-管-嘴系统、单体泵喷油系统、泵喷嘴喷油系统三种形式。

（2）电控喷油系统　电控喷油系统是在机械式喷油系统基础上，用电磁阀或步进电机对喷油泵供油或喷油器喷油实施控制，电控喷油系统有电控调速器系统和电控喷油器系统两种形式。常见的形式有电子调速器系统、电控单体泵喷油系统、电控泵喷嘴喷油系统、电控共轨喷油系统，其演变过程如图 5-13 所示。电子调速器系统由电子调速器、电控单元、传感器、喷油泵和喷油器组成。电子调速器是采用电执行器（电磁铁或步进电机）直接驱动喷油泵的加油齿杆，利用各种传感器将柴油机运转时的转速、进气压力、水温等参数转化成电信号，送给电控单元，电控单元将转速传感器的反馈信号经程序处理后，将控制信号作用于调速器上的电执行机构，电执行器驱动加油齿杆控制加油或减油。电控单元可以实现喷油率的智能控制，也能实现"飞车"保护等故障应急处理。

电控单体泵喷油系统是由一个带电磁阀的单体泵、机械喷油器、短高压油管和电控系统组成，如图 5-14 所示。在图 5-14 中，虚线箭头表示电信号输入，实线箭头表示高速电磁阀动作控制，虚线表示燃油流动。电控系统通过控制单体泵上高速电磁阀的开闭，实现对单体泵出油时间、出油量的控制，进而达到喷油控制的目的。电控单体泵结构如图 5-15 所示，单体泵内滚轮随动机构由发动机的凸轮驱动，推动套筒内的柱塞向上运动，产生喷油所需要的高压，电控系统发出脉冲宽度调制控制信号，使电磁阀开启和关闭。当电磁阀关闭并且凸轮轴推动柱塞向上运动时，喷油开始，当电磁阀开启后并且柱塞在回位弹簧作用下向下运

动，低压燃油通过燃油回流口流向油箱，喷油结束。电控单体泵提升燃油压力原理与直列泵类似，喷油规律仍为"三角形"前缓后急的特征，在一定程度上有利于燃烧过程的优化。尽管该系统最高压力可达到180~200 MPa，但燃油压力随发动机转速下降而降低，低转速区域压力较低，不利于柴油机低速性能的提高。

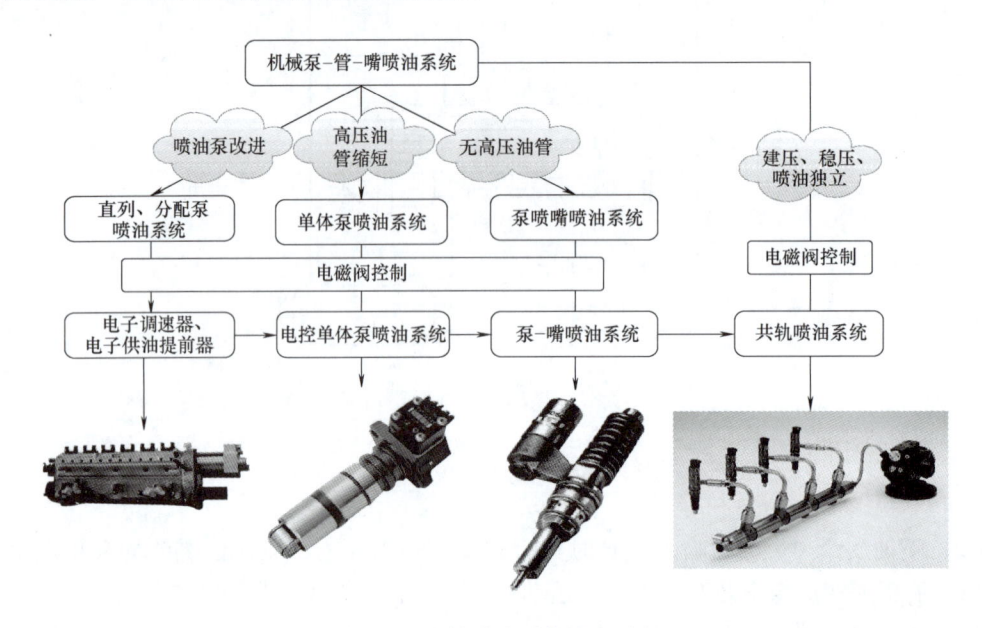

图 5-13　电控喷油系统演变过程

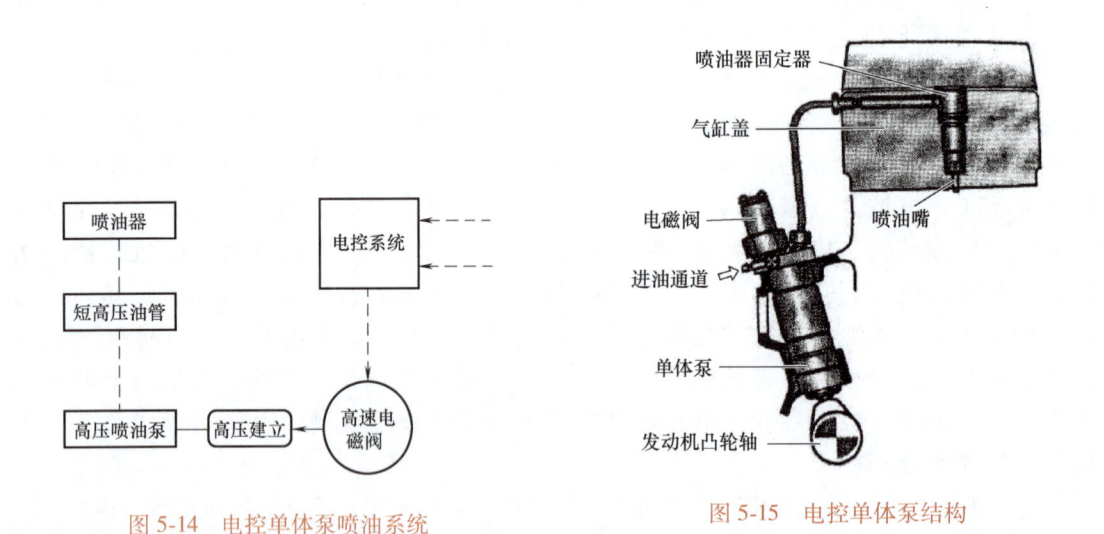

图 5-14　电控单体泵喷油系统

图 5-15　电控单体泵结构

电控共轨喷油系统由高压油泵、共轨管、电控喷油器、压力传感器和电控系统组成，如图 5-16 所示。高压油泵输出高压燃油，电控喷油器的高速电磁阀控制喷油，共轨管上的压力传感器检测共轨管内燃油压力，按高压形成的不同分为：中压共轨和高压共轨喷油系统，两者硬件系统基本一致。在中压共轨喷油系统中，共轨管压力较低，电控喷油器内设有压力

放大环，结构较为复杂。电控高压共轨喷油系统如图 5-17 所示，共轨管蓄积高压油泵供给的高压燃油，并抑制压力波动，电控系统调节电控喷油器的控制脉冲形式，实现喷油和多次喷射。共轨系统的特征是喷射定时、喷油量和喷射压力各自独立控制，其优点是喷射压力、喷油正时和喷油规律均可控。

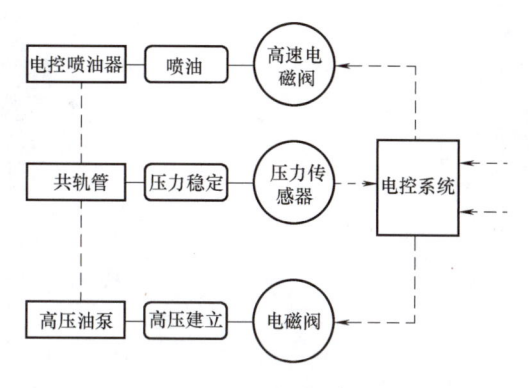

图 5-16 电控共轨喷油系统

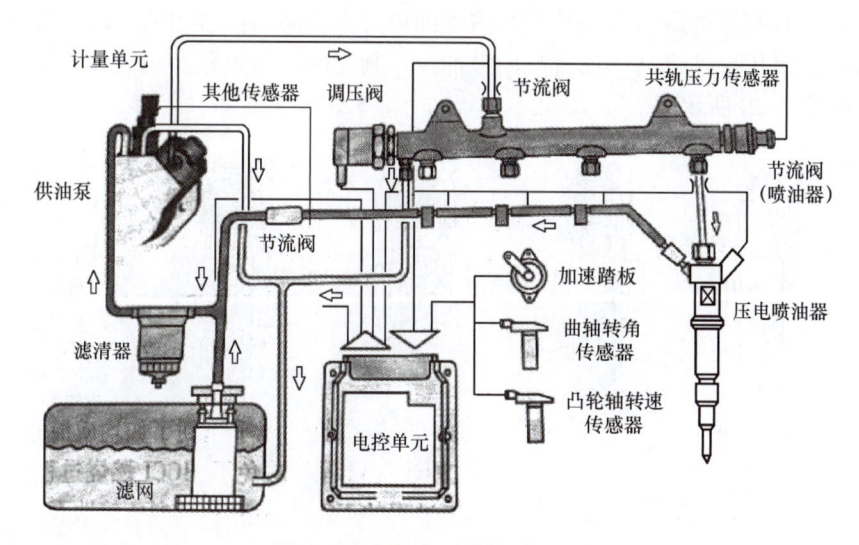

图 5-17 电控高压共轨喷油系统

5.3.2 燃油供给过程

1. 供油装置

（1）输油泵 输油泵是在发动机工作过程中，将燃油从油箱内抽出，并以一定的低压力通过供油管路源源不断地输送至高压油泵。常见的输油泵有齿轮式、转子式两种形式。齿轮式输油泵主要由动力带动主动齿轮旋转，依靠主从齿轮啮合，将燃油从进油孔吸入，并由出油孔排出，如图 5-18 所示。转子式输油泵依靠电动机驱动内转子旋转，依靠内转子的偏心作用，使内外转子构成的容积逐渐减小，将燃油从进油口吸入并由出油口排出，如图 5-19 所示，它有着泵油量大、泵油压力高、稳定以及噪声小、寿命长等优点。

（2）喷油泵 喷油泵的结构形式有柱塞单体泵、柱塞整体泵、分配泵，目前最为常用

的为柱塞式喷油泵。柱塞式喷油泵由供油组、凸轮轴、加油齿杆、泵体四部分组成。

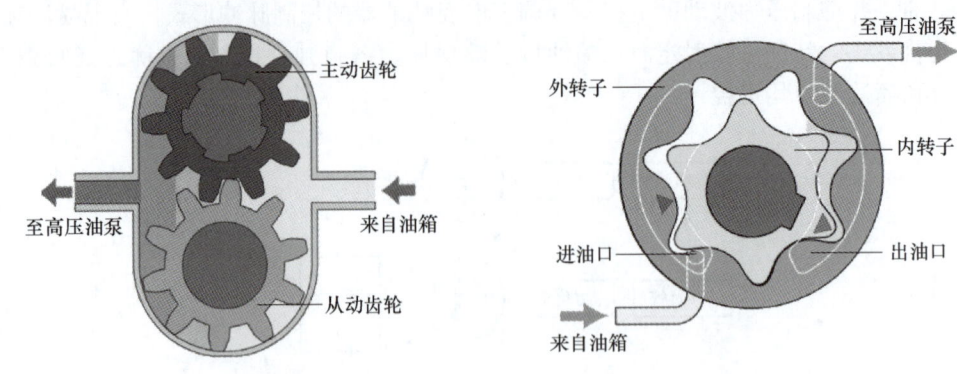

图 5-18 齿轮式输油泵

图 5-19 转子式输油泵

2. 供油原理

喷油泵供油原理是利用喷油泵凸轮轴转动时，带动柱塞在柱塞筒向上运动，在密闭柱塞腔内压缩燃油，提高燃油压力，当柱塞腔内燃油压力大于高压油管内油压时，柱塞腔上面的出油阀被顶开，高压柴油经高压油管流向喷油器，利用燃油压力差实现向喷油器内供油。柱塞供油过程如图 5-20 所示。

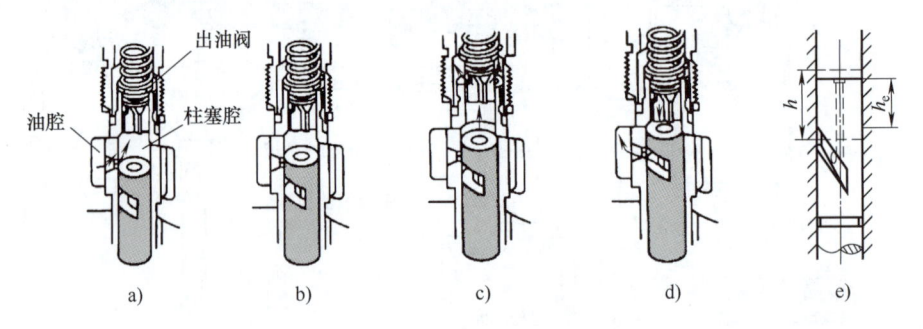

图 5-20 柱塞供油过程
a) 进油 b) 压油开始 c) 供油 d) 供油结束 e) 有效行程

当柱塞在最低位置时，柱塞筒上的进、回油孔同时打开，柴油在输油泵的作用下，由进、回油孔进入柱塞筒，之后柱塞上行，当柱塞上升到尚未完全关闭进、回油孔之前，有部分柴油从两油孔流出，完成进油，如图 5-20a 所示。当柱塞顶边完全关闭进、回油孔时，压油开始，如图 5-20b 所示。当油压升高到一定程度时，出油阀打开，喷油泵经高压油管向喷油器供油，供油开始，如图 5-20c 所示。当柱塞上行到头部的螺旋切边打开回油孔时，柱塞内的高压空间通过垂直油槽与回油孔相通，压力下降，出油阀关闭，供油结束，如图 5-20d 所示；之后柱塞继续上行，直到到达最上位置，此间，柱塞筒内的柴油一直通过回油孔回流。由此可见，柱塞每往返一次，供一次油；油孔的开关完全靠柱塞头部控制；当柱塞下行时，可以完成进油过程，当柱塞上行时，可以完成出油、泵油和回油过程。柱塞封闭进、回油孔开始压油到柱塞斜槽上边缘与回油孔相通开始回油所经历的过程，称为喷油泵柱塞的有效行程 h_e，如图 5-20e 所示。它的大小与循环供油量有关，

决定了喷油器循环喷油量的大小。

3. 供油规律

在图 5-21 所示的泵-管-嘴喷油系统中，喷油泵起着提高燃油压力和提供喷油量的作用。喷油泵工作时，凸轮轴旋转，推动柱塞向上供油，只考虑喷油泵有关机件的几何形状，得出喷油泵供入高压油路中的喷油速率随喷油泵凸轮轴转角 φ_r（或时间 t）的变化关系称为几何供油规律，它完全由柱塞的直径和凸轮型线的运动特性决定。

仅由几何形状或几何尺寸确定的供油速率，即

$$\frac{dq_V}{d\varphi_r} = f_p v_p \tag{5-4}$$

式中，q_V 为喷油泵供给高压油管的燃油量（mm³）；φ_r 为凸轮轴转角 [(°)(CaA)]；f_p 为柱塞横截面积（mm²）；v_p 为柱塞速度 [mm/(°)(CaA)]。

因 $d\varphi_r = 6n_p dt$，由式（5-4）可得到相对时间 t 的供油速率表达式为

$$\frac{dq_V}{dt} = 6n_p f_p v_p \tag{5-5}$$

式中，n_p 为凸轮轴转速（r/min）。

由于供油速率和柱塞运动速度只差一个常数倍，只要知道柱塞的运动特性曲线并改变坐标比例就可以直接得到几何供油规律曲线，柱塞式喷油泵的几何供油规律曲线如图 5-22 所示。h 为柱塞升程曲线，当柱塞顶端面上行至曲线 h 上的点 1 时，柱塞套上的进、回油孔完全关闭，开始供油。点 1 称为几何供油始点，对应的凸轮轴转角 φ_1 为几何供油开始角，从 1 点至压缩上止点所对应的凸轮轴转角为供油提前角。柱塞继续上行至打开回油孔时，供油停止，相当于 h 曲线上的点 2。点 2 为几何供油终点，对应的 φ_2 为几何供油终了角。由点 1 到点 2 对应的柱塞行程为柱塞有效行程 h_0，所对应的角度 $\varphi_2 - \varphi_1$ 为几何供油延续角。柱塞再上行，柱塞套内燃油又返回喷油泵油道，直至柱塞行程达 h_{max}。然后柱塞又按与上行时对称的规律下行到最低位置。

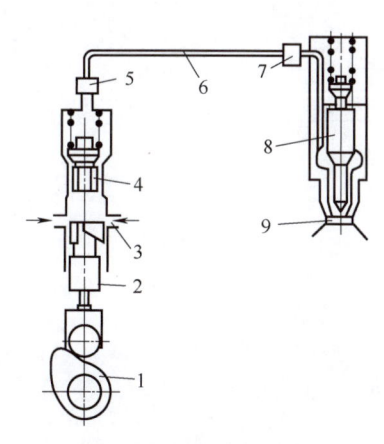

图 5-21 泵-管-嘴喷油系统
1—凸轮轴 2—柱塞 3—进、回油孔
4—出油阀 5—出油接头 6—高压油管
7—喷油器接头 8—针阀 9—喷孔

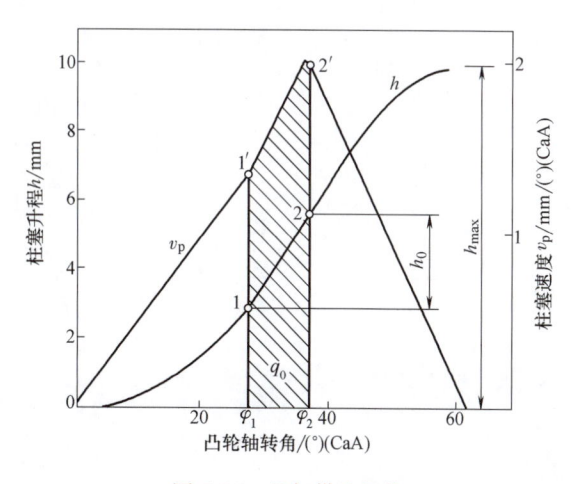

图 5-22 几何供油规律

5.4 柴油机燃油喷射与调节

5.4.1 喷油规律

柴油机的喷油特性包括喷油规律和喷雾特性，对混合气形成和燃烧过程以及各种排放污染物的生成有重要影响。喷油器在单位时间内喷入燃烧室内的燃油量称为喷油速率。喷油规律是指喷油速率随时间的变化关系。

1. 机械喷油器喷油规律

燃油喷射是指燃油经历的加热、加压、雾化、蒸发、扩散、与空气混合的一系列物理过程，喷射时间只有几毫秒。燃油在高压和短时供油的情况下是可压缩流体，并在高压油管的弹性系统中做不稳定流动，因此喷射过程不再是稳定的。

图 5-23 所示为泵-管-嘴喷油系统实际喷油过程中的喷油器针阀升程、喷油器进口压力和喷油泵出口压力的变化曲线。从图中看出，喷射过程分为三个阶段：喷油延迟阶段、主喷射阶段、喷射结束阶段。

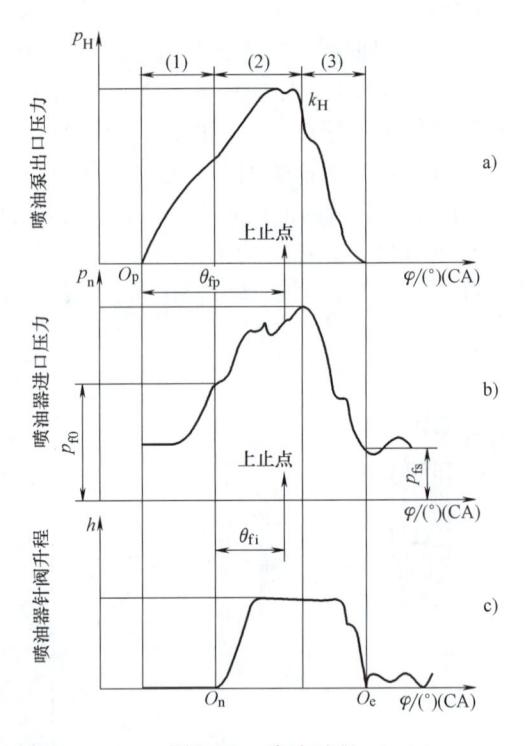

图 5-23 喷油过程
a) 喷油泵出口压力变化　b) 喷油器进口压力变化　c) 喷油器针阀升程变化

（1）喷油延迟阶段　即从喷油泵的出油阀开始升起而开始供油到喷油器开始喷油的时间间隔或曲轴转角，从图 5-23a 中柱塞控制边缘遮盖住进油孔的供油始点 O_p 到图 5-23c 中针阀开启的喷油始点 O_n 的一段曲轴转角，也即图 5-23 中（1）所示的曲轴转角。在这个阶段中，柱塞上升，燃油压力开始升高，直到油压升高超过高压油管中的残余压力和出油阀的弹

簧压力之和，燃油才进入高压油管中，使喷油出口压力升高，由于高压油管弹性和燃油的可压缩性，使得喷油器进口压力经过短暂的时间滞后才升高，并出现压力波动。当喷油器针阀处压力超过针阀开启压力时，针阀上升，喷油开始。喷油泵的供油始点用供油提前角 θ_{fp} 表示，即喷油泵开始出油的时刻到活塞达到上止点时曲轴所转过角度表示；喷油器喷油始点用喷油提前角 θ_{fi} 表示，即喷油器开始喷油的时刻到活塞达到上止点时曲轴所转过角度，两者之间的差值为喷油延迟角 φ_{fi}。

$$\varphi_{fi} = \theta_{fp} - \theta_{fi} \tag{5-6}$$

转速升高，喷油延迟角增大；高压油管长，喷油延迟角加大，压力波传播时间长；高压油管直径大，喷油延迟角大。

（2）主喷射阶段 即从喷油器的针阀开启喷油开始到喷油泵回油孔打开造成喷油泵压力开始急剧下降的时间间隔或曲轴转角，对应从图 5-23c 中喷油器针阀开启的喷油始点 O_n 到图 5-23a 中喷油泵柱塞控制边缘打开回油孔的供油终点 k_H 的一段曲轴转角，即图 5-23 中（2）所示的曲轴转角。在此阶段中，大部分燃油在这一阶段喷入气缸，由于喷油泵柱塞还在继续上升，喷油器进口燃油压力缓慢上升，当柱塞控制边缘打开回油孔时，由于开度小、节流作用，喷油泵出口压力不上升，逐渐达到最大值（点 k_H），随后喷油器进口燃油压力也达最大值。

（3）喷射结束阶段 即从喷油泵停止供油到喷油器针阀落座喷油停止的时间间隔或曲轴转角，对应图 5-23a 中喷油泵柱塞控制边缘打开回油孔的供油终点 k_H 到图 5-23c 中喷油器针阀关闭的喷油终点 O_e，即图 5-23 中（3）所示的曲轴转角。在这个阶段中，喷油泵出油阀落座，喷油泵停止供油，但高压油管中燃油压力较高，使得喷油器进口燃油压力下降缓慢，喷射仍要持续一段时间。当喷油器针阀处压力低于针阀开启压力时，针阀落座，喷油结束。在喷油压力下降的过程中，针阀并没有立即关闭，会有极少数燃油以很低的压力流入气缸的现象。

喷油规律是在喷油过程中喷油器的实际喷油速率随凸轮轴转角（或时间 t）的变化关系，即

$$\frac{dq}{d\varphi_r} = f(\varphi_r) \quad \text{或} \quad \frac{dq}{dt} = f(t) \tag{5-7}$$

供油规律则是指喷油泵供油速率随时间的变化关系，由柱塞直径和凸轮几何尺寸决定。由于燃油高压系统的压力波动及弹性变形等原因，供油规律与喷油规律有一定差别，而对混合气形成和燃烧过程有直接影响的是喷油规律。一般情况下，主要是通过调整喷油泵主要机件的结构参数，改变几何供油规律以获得良好的喷油规律，但是从实际喷油过程泵端和喷油器端的压力变化可以看出，两者之间存在着较大的差别。

柴油机的几何供油规律与喷油规律的比较如图 5-24 所示，从图中看出：喷油开始角 φ_{n1} 比几何供油开始角 φ_{H1} 迟后约 8°（CaA），喷油持续角 $\varphi_{n2} - \varphi_{n1}$ 比供油持续角 $\varphi_{H2} - \varphi_{H1}$ 长约 4°（CaA），循环喷油量小于循环供油量，而且曲线形状也有很大差别，最大喷油速率小于最大供油速率。

为了降低柴油机排放，与传统的先急后缓、停喷时间长的喷油规律不同，合理的燃油喷射应为喷油初期缓慢、中期急速、后期快断，可以通过控制初期喷油的速率和时间、中期喷油速率的变化率和最高速率以及后期的断油速率来实现，同时还应考虑喷油持续期和喷油开

始时间。理想的喷油规律应该是：初期喷油率很低，喷射中期喷油率应迅速增加，随着负荷和转速的增高，喷油率的丰满度必须增大，即从三角形向矩形过渡；喷油后期尽量缩短，喷油结束时，应快速回油以实现喷油压力的迅速下降，如图 5-25 所示。

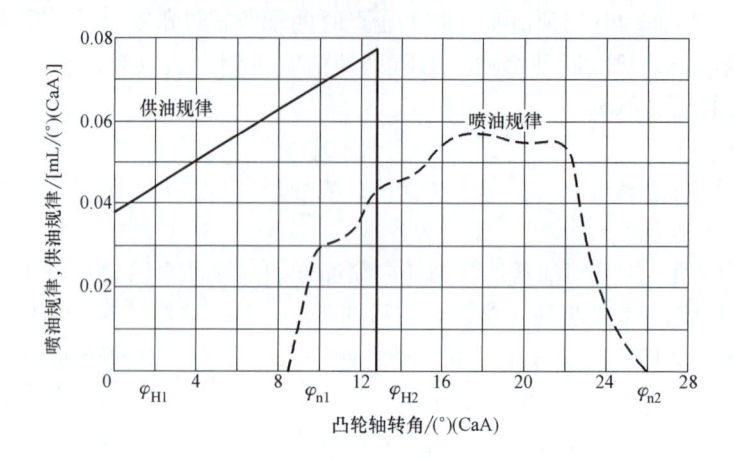

图 5-24　柴油机几何供油规律与喷油规律比较

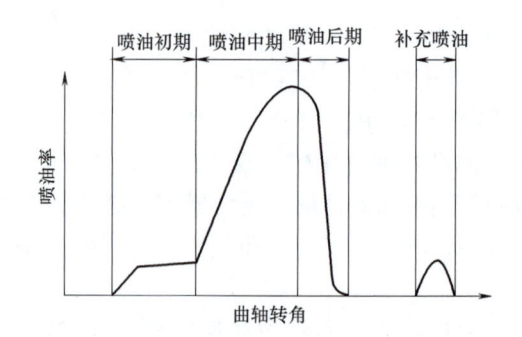

图 5-25　理想喷油规律

初期喷油速率不要过高，以抑制在着火滞燃期内形成的可燃混合气，降低初期燃烧速率，达到降低最高燃烧温度和压力升高率、抑制二氧化氮生成及降低燃烧噪声的目的。在喷油中期应急速喷油，尽快达到较大的最高喷油速率，加速扩散燃烧，防止颗粒生成和热效率的恶化。在喷油后期要迅速结束喷射，快速断油，避免低的喷油压力和喷油速率使燃油雾化变差，导致燃烧不完全，使二氧化氮和颗粒排放增加。在极端的情况下，初期低速喷射与后期高速喷射分开，构成由预喷射和主喷射组成的二次喷射模式，使喷油规律的控制更为方便灵活。理想的喷油规律不是固定不变的，应随柴油机转速和负荷的变化而变化，如图 5-26 所示。

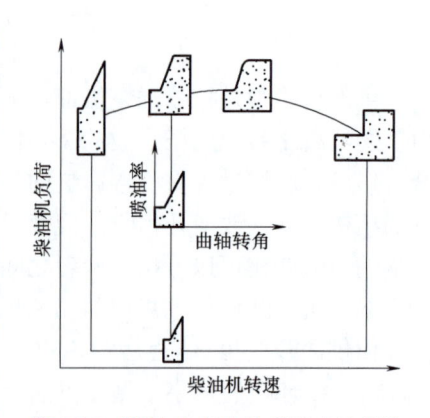

图 5-26　随转速变化的理想喷油规律

2. 电控喷油器喷油规律

电控喷油器是由驱动电流控制电执行器工作的，通过改变驱动电流的大小控制喷油和不喷油。若没有驱动电流施加在高速电磁阀线圈上，高速电磁阀没有被触发而关闭，电控喷油器不喷油，处在不工作状况下；驱动电流施加在高速电磁阀线圈上，高速电磁阀触发而开启，电控喷油器开始喷油，它的喷油规律形状控制是通过改变喷嘴有效流通面积或喷孔上下游的压差来实现的。电装公司 ECD-U2 系统的电控喷油器可以实现三角形、靴形和预喷射（或引导喷射）三种喷油率，如图 5-27 所示。

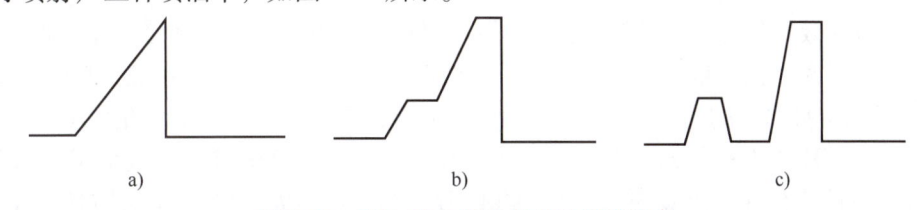

图 5-27 ECD-U2 系统电控喷油器喷油率
a) 三角形喷油率 b) 靴形喷油率 c) 预喷射喷油率

5.4.2 机械喷油调节

1. 调节装置

喷油泵柱塞每行程泵出的油量称为循环供油量。循环供油量与柱塞的有效行程有关，有效行程越大，循环供油量越大，反之，有效行程越小，循环供油量越小。机械柱塞泵的油量调节装置有两种形式，一种是采用齿杆与齿圈驱动机构，如图 5-28a 所示，齿杆通过齿圈带动油量控制套使柱塞转动，改变柱塞的有效行程，从而调节每个循环的供油量；另一种是拨叉式驱动机构，如图 5-28b 所示，供油拉杆与拨叉通过锁紧螺钉连接在一起，当拉杆移动时，拨叉拨动调节臂转动，带动柱塞转动，改变柱塞的有效行程。

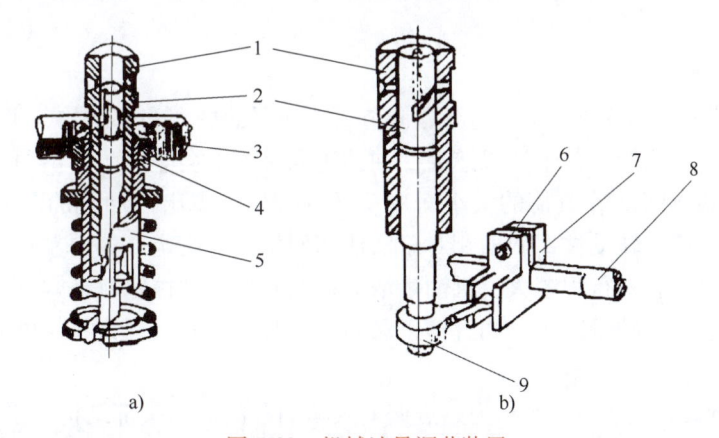

图 5-28 机械油量调节装置
a) 齿杆齿圈式调节机构 b) 拨叉式调节机构
1—柱塞套 2—柱塞 3—齿杆 4—齿圈 5—调节套 6—锁紧螺钉 7—拨叉 8—供油拉杆 9—调节臂

2. 供油调节原理

（1）供油时刻调节 供油时刻的早晚常以供油提前角的大小来表示。供油提前角是喷油泵在压缩行程上止点前开始供油时对应的曲轴转角，供油提前角越大，则开始供油的时刻

就越早；反之则越晚。供油提前角的调节原理是改变柱塞的安装高度，而改变柱塞安装高度的方法是更换不同厚度的调节垫块。调节垫块越厚，柱塞安装高度越大，封闭柱塞套进、回油孔的时刻越早，供油提前角越大。

（2）供油量调节　当需要改变喷油泵供油量时，就必须改变柱塞的有效行程。柱塞并不是在全行程内都供油，而只在有效行程中才供油。一般喷油泵在标定供油量时，柱塞全行程等于3~4.25倍有效行程。柱塞的有效行程一般是在柱塞运动速度较大的中间一段，因为这样才能满足柴油机对供油规律的要求。

改变柱塞有效行程的方法是转动柱塞，使柱塞的螺旋斜槽与柱塞套筒上的回油孔的相对位置发生变化。回油孔式喷油泵柱塞头部因此有不同线型，常见的三种柱塞螺旋切边结构，如图5-29所示。喷油泵的供油量调节有三种不同的方式：终点调节式、始点调节式及始终点调节式。第一种供油始点φ_1不变，用改变供油终点φ_2的方法调节供油量；第二种供油终点φ_2不变，用改变供油始点φ_1的方法调节供油量，当负荷增大需要增加供油量时，φ_1减小，即提前供油角增大；第三种供油始点φ_1和终点φ_2都变化，适用于负荷和转速都经常变化的车用发动机。

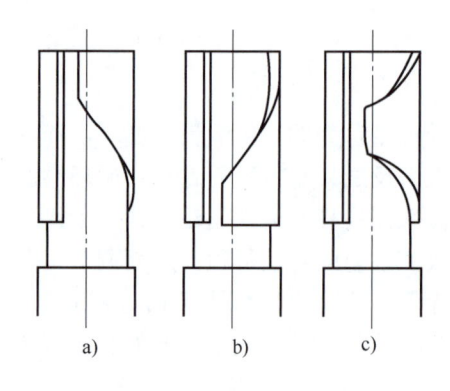

图5-29　柱塞头部形状图

1）终点调节式。图5-29a所示为终点调节式喷油泵的柱塞头部结构，平顶且斜槽向下。无论柱塞转动到什么位置，其上边缘遮盖回油孔边缘时刻不会改变，即供油始点不变，但下边缘露出回油孔的时间随着负荷的大小而变动，负荷越大露出回油孔的时刻越迟，反之亦然，供油量大小，依靠转动柱塞斜槽相对于回油孔的位置来决定；如向左转动柱塞时，露出回油孔的时刻越迟，有效行程越大，供油量增加；如向右转动柱塞时，露出回油孔的时刻提前，有效行程变短，供油量减小；如直槽正对回油孔时，有效行程为零，供油量为零，即为停车位置。

2）始点调节式。图5-29b所示为始点调节式喷油泵的柱塞头部结构，平底且斜槽向上。无论柱塞转动到什么位置，其下边缘遮盖回油孔边缘时刻不会改变，即供油终点不变，但上边缘露出回油孔的时间随着负荷的大小而变动，负荷越大露出回油孔的时刻越早，反之亦然，供油量大小，依靠转动柱塞斜槽相对于回油孔的位置来决定。

3）始终点调节式。图5-29c所示为始终点调节式喷油泵的柱塞头部结构，有向上斜槽和向下斜槽。供油始点和终点随着负荷变化而改变，负荷大时，供油始点提前，供油终点滞后，负荷小时，供油始点滞后，供油终点提前。

（3）供油量调节驱动　当柴油机负荷变化时，需要自动增减喷油泵的供油量，才能使柴油机能够以稳定的转速运行。车用柴油机是在负载经常变化的情况下工作的，为了在外界阻力变化时喷油泵能自动调节供油量，在直列式喷油泵一侧装有调速器。调速器是一种自动调节装置，根据转速调节的范围，可分为单制式、两极式和全程式三种。单制式调速器只在一种转速下起作用，一般用于驱动发电机、空气压缩机及离心泵等特殊用途的柴油机上。两极式调速器的作用是稳定柴油机怠速、限制最高转速，柴油机在怠速和最大、最小转速之间工作时调速器不起作用，由驾驶员控制柴油机的供油量。全程式调速器不仅具有两极式调速器的作用，还能在柴油机工作转速范围内的任何转速下自动调节发动机的供油量，使柴油机转速稳定。

5.4.3　电控喷油调节

1. 电子调速器

灵活准确控制柴油机供油量的关键在于控制加油齿杆位置，采用控制器与电执行器对喷油泵的加油齿杆行程进行调节，并根据柴油机的负荷变化，自动增加或减小加油齿杆行程，使柴油机的转速得以稳定，采用转速感测元件代替机械飞锤直接检测发动机转速。转速感测元件、执行机构采用了电气方式的调速器称为电子调速器。

电子调速器分为四种：①模拟式电子调速器，它的控制器通常都是采用模拟电子元件组装而成；②数字式电子调速器，其控制器是通过数字式微处理器以及相应的外围芯片等组装而成；③全电子调速器，信号感测和执行机构都是选用了电气的方式，并且这种设备的工作能力较小，一般用在小型柴油机上比较多；④电-液或者是电-气调速器，这类电子调速器的信号监测是采用了电子式，但是执行机构则是采用了液压或者是气压等方式，在液压或者是气压伺服器工作中的能力较强，因此也满足了各式各样的柴油机使用要求。

全电子调速器主要由齿杆位置传感器、线性直流电动机和连接杆等组成，结构如图5-30所示。全电子调速器电控系统如图5-31所示，其控制原理如图5-32所示，采用线性直流电动机控制喷油泵的调节齿杆，由传感器检出调节齿杆的位移，通过反馈系统把调节齿杆的位移，当作目标喷油量进行控制。在电子回路中，作为控制发动机的基本信号有：油门位置（输入目标控制转速）和实际发动机转速。根据目标控制特性，由电控单元（ECU）计算出调节齿杆的目标位移，发出控制信号，电控单元（ECU）可以将调节齿杆的位移精确地控制在目标位置上，从而可以得到目标转速特性。

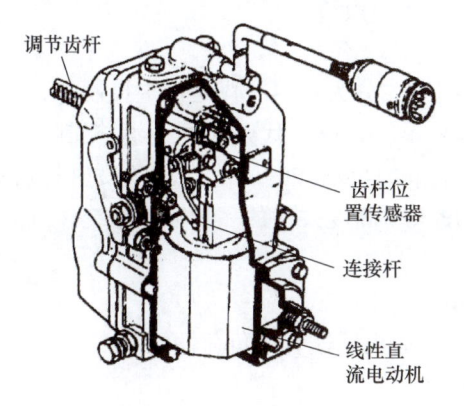

图5-30　全电子调速器

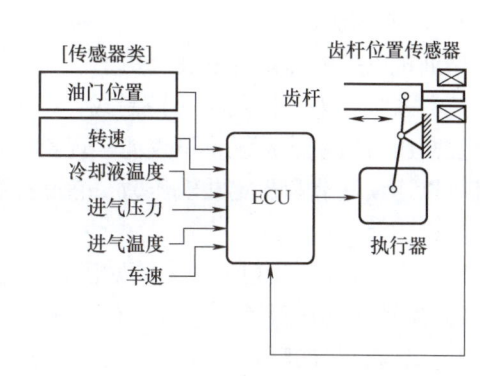

图5-31　全电子调速器电控系统

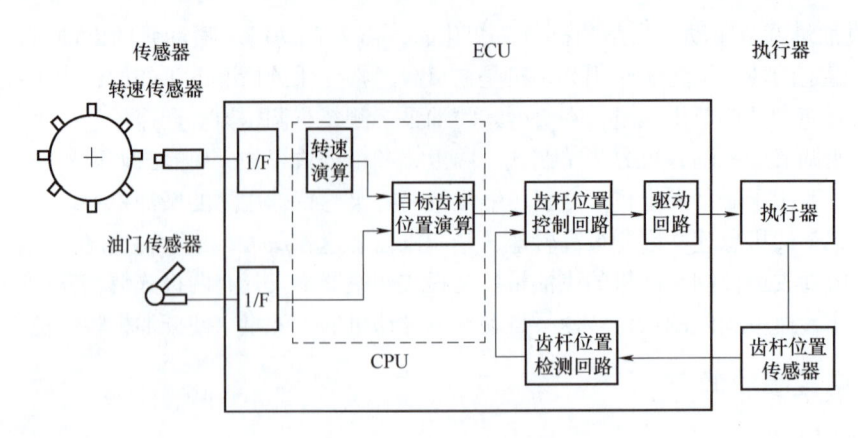

图 5-32 全电子调速器控制原理

电子调速器通过供油参数表决定每循环供油量及几何供油规律，供油量参数表则是由转速和负荷确定的供油量关系，作为两个自由度的平面图形。对柴油机的控制主要表现在供油定时和供油持续时间上，供油定时由供油提前角予以调整，而供油持续时间决定每循环喷油量，用油门位置反映发动机负荷变化。供油量参数调速曲线包括三部分区域：怠速区、部分负荷区和外特性区（最大油量），如图 5-33 所示。图中不同斜率的曲线表示不同油门设定位置下的调速特性，其范围为怠速油门位置至外特性最大油门位置 100%。

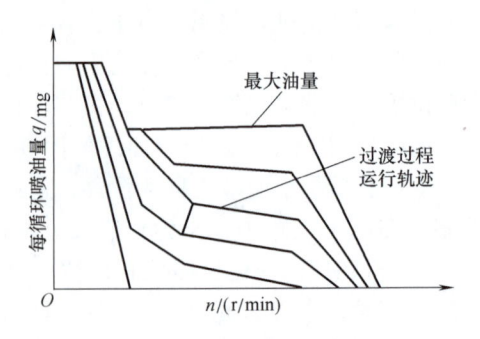

图 5-33 供油量参数调速曲线

2. 时间-压力电控调节

柴油机电控喷油系统发展经历了三代，按照控制方式分为：第一代是位置控制式，即电子调速器系统；第二代是时间控制式，即电控单体泵系统；第三代是时间-压力控制式，即为电控高压共轨喷油系统，不仅能实现喷油定时、定量的灵活控制，能实现预喷射和后喷，而且可以连续调节和稳定共轨压力，它是控制自由度大、高度柔性的一种喷油系统，具有以下功能：

1）可实现高压喷射，最高喷射压力已达 200 MPa 以上。
2）发动机转速对喷射压力没有影响，可以改善发动机低速、低负荷性能。
3）具有良好的喷射特性，可以精确实现喷油控制。
4）可以实现喷油率的柔性控制。

本 章 小 结

　　汽油机燃油供给系统由空气供给系统、燃油供给系统、控制系统三大部分组成，有三种喷射方式，详细地说明了喷油量控制、喷油正时控制、怠速控制、空燃比控制的工作机理。

　　柴油机燃油供给系统由低压供油部分、喷油部分以及调节部分组成，有机械式喷油系统和电控喷油系统两大类。本章简要说明了机械喷油系统喷油特点，详细讲述了电控喷油系统中电控单体泵、电控泵喷嘴和电控高压共轨系统的原理和喷油特点。

　　简述了柴油机的喷油泵、喷油器和调速器以及电控喷油器、电子调速器的结构和工作原理，供油规律和喷油规律是评价喷油系统的主要指标，机械泵-管-嘴喷油系统的喷油规律形状为斜凸台，并和供油规律具有一定的滞后时间。电控高压共轨喷油系统能够灵活独立控制喷油量、喷油定时、喷油压力参数，实现理想的喷油规律。

习题与思考题

5-1　简述汽油机供油系统的电子控制策略。

5-2　柴油机燃油供给系统的基本要求是什么？

5-3　试述几何供油规律和喷油规律的定义，解释两者之间的区别。

5-4　简述电控高压共轨喷油系统的功能。

第6章 发动机混合气形成及燃烧

学习目标：
1) 了解汽油机和柴油机的混合气形成方式及特点。
2) 了解利用电控燃油喷射系统制备混合气的工作原理，掌握工况对混合气的要求。
3) 掌握汽油机与柴油机燃烧过程，学会分析影响燃烧过程的因素，掌握不正常燃烧的原因及对策。
4) 了解汽油机与柴油机燃烧室设计要求及新型燃烧系统的特点。

重　点：
分析并掌握汽油机和柴油机的燃烧过程。

难　点：
汽油机与柴油机的燃烧控制。

6.1 汽油机混合气形成及燃烧室

6.1.1 汽油机混合气形成

1. 内燃机缸内的气体流动

内燃机缸内空气运动对混合气的形成和燃烧过程有决定性影响，组织良好的缸内空气运动对提高汽油机的火焰传播速率，降低燃烧循环变动，适应稀燃或层燃有重要作用。

（1）进气涡流　在进气过程中形成的绕气缸轴线有组织的气流运动，称为进气涡流。进气涡流产生方法：采用带导气屏的进气门、切向气道、螺旋气道。（图6-1）

（2）挤流　在压缩过程后期，活塞表面的某一部分和气缸盖彼此靠近时所产生的径向或横向气流运动称为挤压流动，又称挤流。

（3）滚流和斜轴涡流　在进气过程中形成的绕气缸轴线垂直线旋转的有组织的空气旋流，称为滚流（图6-2）或斜轴涡流，适用于四气门汽油机。斜轴涡流充分利用了进气涡流和滚流的优点，在上止点附近能形成更强的湍流运动，提高混合气燃烧速率。

2. 汽油机混合气形成方式

汽油机混合气形成方式主要有：一类是利用化油器在气缸外部形成均匀可燃混合气，靠控制节气门开度调节混合气数量；另一类是利用喷油器直接向进气管、进气道或气缸内喷射

汽油形成混合气。由于电子技术的发展，加上汽油喷射的燃烧系统便于电子控制，性能优越，在汽油机混合气的形成方式上喷油器已经取代化油器。

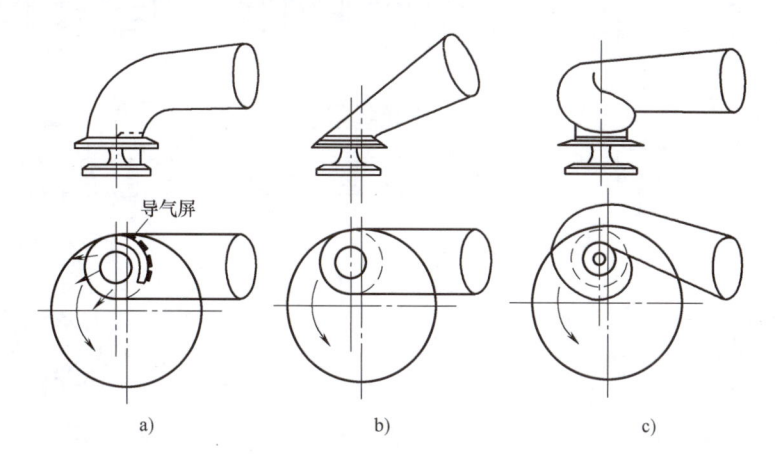

图 6-1 产生进气涡流的方法
a) 导气屏　b) 切向气道　c) 螺旋气道

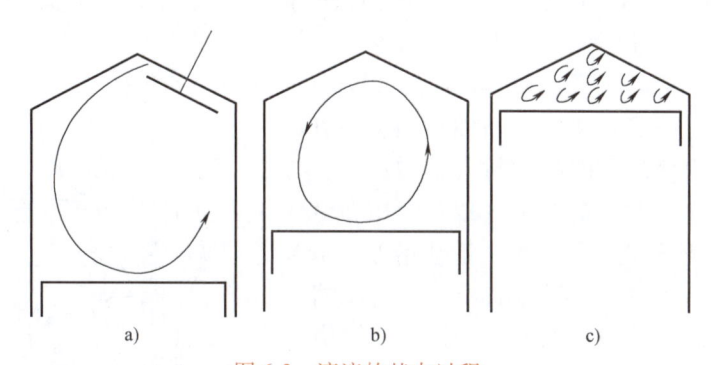

图 6-2 滚流的基本过程
a) 进气过程　b) 压缩过程　c) 压缩终了

6.1.2 汽油机的燃烧室

1. 楔形燃烧室

这是车用汽油机广泛采用的燃烧室，如图 6-3 所示。它布置在气缸盖上，火花塞在楔形高处的进、排气门之间，因此火焰距离较长，一般设置挤气面积。气门稍倾斜（6°~30°）使气道转弯较少，以减少进气阻力，提高充气系数，压缩比也可以有较高值，达 9~10。这种燃烧室有较高的动力性和经济性。但由于混合气过于集中在火花塞处，使初期燃烧速率和压力升高率大，工作相对粗暴。

2. 浴盆形燃烧室

浴盆形燃烧室如图 6-4 所示，这种燃烧室高度是相同的，宽度允许略超出气缸范围来加大气门直径。从提高充气系数考虑，在气门头部外径与燃烧室壁面之间需保持 5~6.5 mm 的壁距，但这样使气门尺寸所受的限制比楔形燃烧室的大。浴盆形燃烧室有挤气面积，但挤气的效果较差，火焰传播距离也较长，燃烧速率比较低，燃烧时间长，压力升高率低。

图 6-3　楔形燃烧室

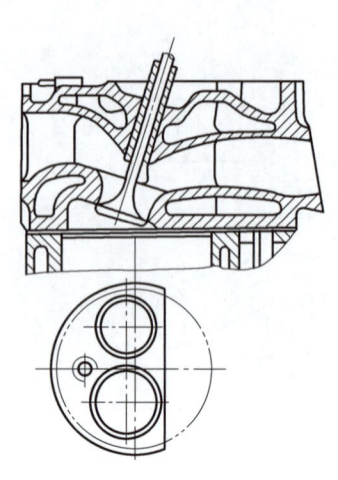

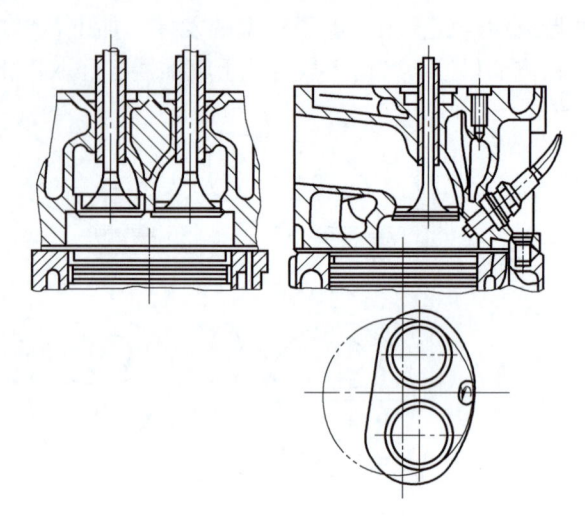

图 6-4　浴盆形燃烧室

3. 碗形燃烧室

碗形燃烧室是布置在活塞中的一个回转体（图 6-5），采用平底气缸盖，工艺性好。燃烧室全部机械加工而成，有精确的形状和容积，燃烧室表面光滑，结构紧凑，挤流效果好，压缩比可高达 11。燃烧室在活塞顶内使活塞的高度与质量增加，但与普通平顶活塞相比，增加量在 10% 以内，由于 A/V（燃烧室表面积与容积之比）较大，散热增加。碗形燃烧室要有恰当的 S/D（行程与缸径比）与压缩比 ε_c 之间的比例。若 ε_c 低而用大的 S/D，会使燃烧室凹入活塞内很深；如用高的 ε_c，小的 S/D，那么燃烧室就会变得很浅。总之，碗形燃烧室要有适当的口径、深度和顶隙，这些参数对挤流强度有较大影响。

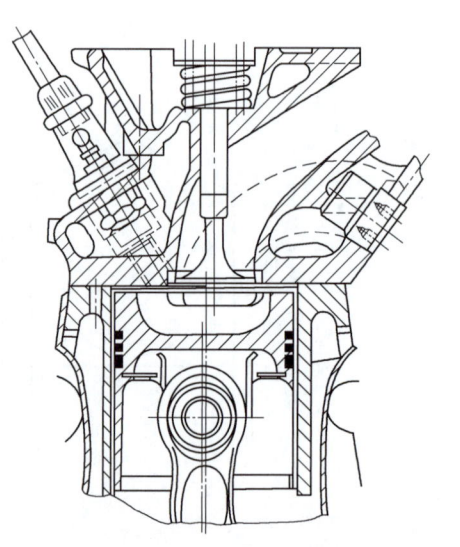

图 6-5　车用汽油机的碗形燃烧室

4. 半球形燃烧室

半球形燃烧室也在气缸盖上，一般配凸出的活塞顶（图 6-6）。燃烧室也可全部机械加工，保持光滑表面、精确的形状和容积。最高转速在 6000 r/min 以上的车用汽油机几乎都采用半球形燃烧室。这种燃烧室 A/V 值小，HC 排放低。半球形燃烧室一般不组织挤流，如果要组织挤流，将使活塞头部形状复杂。由于火花塞周围有较大的容积，使燃烧速率和压力升高率大，工作较粗暴。由于最高燃烧温度高，NO_x 排放较高，半球形燃烧室气门布置较复杂，多采用双顶置凸轮轴。

6.1.3　分层燃烧系统

汽油机采用的是较浓的、空燃比变化在非常狭窄的范围内（$A/F = 12.6 \sim 17$）的均质混合气。实现汽油机分层燃烧的方式可分成两大类，即进气道喷射的分层燃烧方式和缸内直喷

分层燃烧方式。

1. 进气道喷射的分层燃烧方式

（1）轴向分层燃烧系统　此燃烧系统利用强烈的进气涡流和进气过程后期进气道喷射，使利于火花点火的较浓混合气留在气缸上部靠近火花塞处，气缸下部为稀混合气，形成轴向分层（图6-7），它可以在空燃比22以下工作，燃油消耗率可比均燃降低12%。

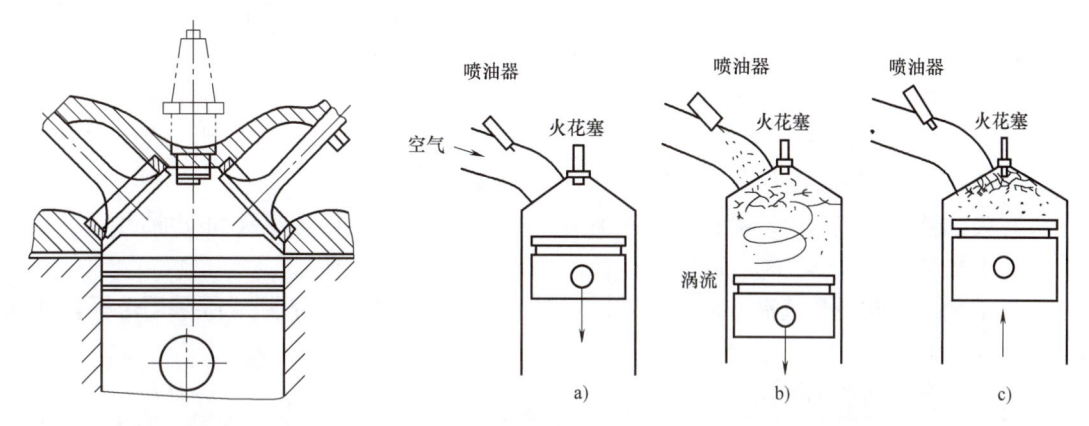

图6-6　车用汽油机的半球形燃烧室

图6-7　轴向分层燃烧系统

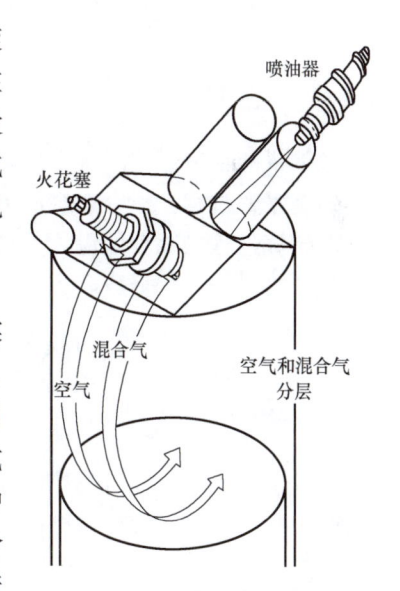

（2）横向分层燃烧系统　横向分层燃烧系统是利用滚流来实现的，图6-8所示为四气门横向分层燃烧系统。在进气道喷射的汽油生成浓混合气，在滚流的引导下经过设置在气缸中央的火花塞，在其两侧为纯空气，活塞顶做成有利于生成滚流的曲面。此燃烧系统经济性比常规汽油机提高6%~8%，NO_x含量（体积分数）下降8%。

2. 缸内直喷分层燃烧方式

缸内直喷（GDI）分层混合气燃烧主要依靠由火花塞处向外扩展的由浓到稀的混合气，目前实现方法有三种，即壁面引导、气流引导和喷雾引导方式。前两种都可能引起壁面油膜，是造成碳氢排放高的主要原因，后一种方式则与喷雾特性、喷射时刻关系密切，但控制起来比前两种难。GDI发动机部分负荷时在压缩行程后期喷油，形成分层混合气，空燃比A/F为25~40或更大；高负荷时，在进气早期喷油，形成均质混合气，A/F为20~25或理论空燃比，或最大功率空燃比。

图6-8　四气门横向分层燃烧系统

GDI发动机具有以下优点：

1）燃油经济性高，部分负荷经济性改善可达30%~50%，一般为20%，并相应降低CO_2排放。

2）由于燃油直接喷射到缸内，发动机瞬态响应改善。

3）起动时间短。

4）冷起动HC排放改善。

GDI 燃油经济性的改善主要归功于：
1）混合气采用变质调节，无节气门装置，泵气损失降低。
2）部分负荷使用稀混合气，混合气等熵指数增加。
3）燃油缸内早期喷射，燃油蒸发吸热使进气温度下降，充气系数提高。
4）燃油蒸发使末端混合气温度降低，许用压缩比提高。
5）分层混合气燃烧，外围空气起到隔热层作用，壁面传热损失降低。

然而，GDI 发动机存在以下问题和困难，需要进一步改善：
1）难以在所要求的运转范围内使燃烧室内混合气实现理想的分层。分层燃烧对燃油蒸气在缸内的分布要求很高，通常喷油时刻、点火时刻、空气运动、喷雾特性和燃烧室形状配合必须控制得十分严格，否则很容易发生燃烧不稳定和失火。
2）喷油器内置气缸内，喷孔自洁能力差，容易结垢，影响喷雾特性和喷油量。
3）低负荷时 HC 排放高，高负荷时 NO_x 排放高，有碳烟生成。
4）部分负荷时混合气稀于理论空燃比，三效催化器转化效率下降，需采用选择性催化转化 NO_x。
5）气缸和燃油系统磨损增加。

6.2 汽油机的燃烧过程及改进技术

6.2.1 正常燃烧过程

汽油机的正常燃烧过程是由定时的火花塞点火开始，且火焰前锋以一定的正常速度传遍整个燃烧室的过程。研究燃烧的方法很多，但简单易行且经常使用的方法是绘制示功图，它反映了燃烧过程的综合效应。如图 6-9 所示为汽油机的燃烧过程。为分析方便，按其压力变化特点，将燃烧过程分成着火落后期、明显燃烧期和补燃期三个阶段。

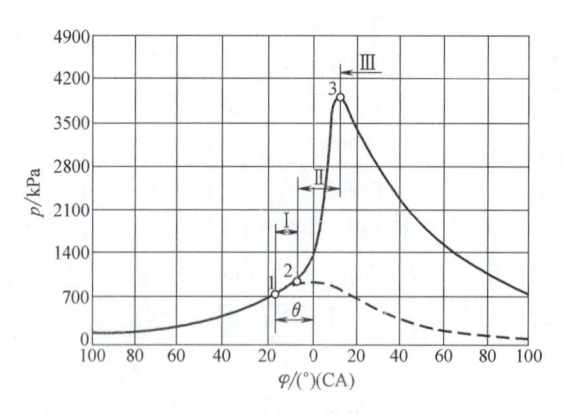

图 6-9 汽油机的燃烧过程
Ⅰ—着火落后期　Ⅱ—明显燃烧期　Ⅲ—补燃期
1—开始点火　2—形成火焰中心　3—最高压力点

（1）着火落后期（图 6-9 中 1-2 段） 它是指从火花塞点火到火焰核心形成的阶段，即从火花塞点火（点 1）至气缸压力线明显脱离压缩线而急剧上升时（点 2）的时间或曲轴转

角，这段时间约占整个燃烧时间的15%左右。

火花塞放电时两极电压可达10~35 kV，击穿电极间隙的混合气，造成电极间电流通过。电火花能量点燃电极附近的混合气，形成火焰中心。在着火落后期，气缸压力线较压缩压力线无明显变化。

着火落后期长短与混合气成分（ϕ_a = 0.8~0.9时最短）、开始点火时缸内气体温度和压力、缸内气体流动、火花能量及残余废气量等因素有关。每一循环它都可能有变动，有时最大值可达最小值的数倍。显然，为了提高效率，希望尽量缩短着火落后期。为了发动机运转稳定，希望着火落后期保持稳定。

(2) 明显燃烧期（图6-9中2-3段） 它是指火焰由火焰中心烧遍整个燃烧室的阶段，因此也可称为火焰传遍阶段。在示功图上指气缸压力线脱离压缩线开始急剧上升（图6-9中点2，图中虚线是压缩线）到压力达到最高点（点3）止。明显燃烧期是汽油机燃烧的主要时期。在均质混合气中，当火焰中心形成之后，火焰向四周传播，形成一个近似球面的火焰层，即火焰前锋，从火焰中心开始层层向四周未燃混合气传播，直到连续不断的火焰前锋扫过整个燃烧室。

因为绝大部分燃料在这一阶段燃烧，此时活塞又靠近上止点，在这一阶段内，压力升高很快，压力升高率$dp/d\varphi$ = 0.2~0.4 MPa/(°)。一般用压力升高率代表发动机工作粗暴度和等容度。类似于柴油机，明显燃烧期平均压力上升速率$\Delta p/\Delta \varphi$[MPa/(°)]可用下式表示，即

$$\frac{\Delta p}{\Delta \varphi} = \frac{p_3 - p_2}{\varphi_3 - \varphi_2} \tag{6-1}$$

式中，p_2、p_3分别是第二阶段起点和终点的压力（MPa）；φ_2、φ_3分别是第二阶段起点和终点相对于上止点的曲轴转角（°）。

压力升高率越高，则燃烧的等容度越高，这对动力性和经济性是有利的，但同时会使燃烧噪声和振动增加。图6-9中最高燃烧压力点3到达的时刻，对发动机的功率、经济性有重大影响。如点3到达时间过早，则混合气必然过早点燃，从而引起压缩过程负功的增加，压力升高率增加，最高燃烧压力过高。相反，如点3到达时间过迟，则膨胀必将减小，同时，燃烧高温时期的传热表面积增加，也是不利的。点3的位置可以通过调整点火提前角θ_{ig}来调整。

(3) 补燃期（图6-9中点3以后） 补燃期相当于从明显燃烧期终点3至燃料基本完全燃烧为止，p-φ图上的点3表示燃烧室主要容积已被火焰充满，混合气燃烧速度开始降低，加上活塞向下止点加速移动，使气缸中的压力从点3开始下降。在补燃期中主要是湍流火焰前锋后面没有完全燃烧掉的燃料，以及附在气缸壁面上的混合气层继续燃烧。此外，汽油机燃烧产物中CO_2和H_2O的离解现象比柴油机严重，在膨胀过程中温度下降后又部分复合而放出热量，一般也看作补燃。为了保证高的循环热效率和循环功，应使补燃期尽可能短。

为了保证汽油机工作柔和、动力性好，一般应使点2在上止点前12°~15°，最高燃烧压力点3在上止点后12°~15°到达，$(dp/d\varphi)_{max}$ = 0.175~0.25 MPa/(°)，整个燃烧持续期在40°~60°（CA）。

6.2.2 不正常燃烧

1. 爆燃

爆燃是汽油机最主要的一种不正常燃烧，常在压缩比较高时出现。爆燃时，缸内压力曲线出现高频大幅度波动，同时发动机会产生一种高频金属敲击声，因此也称爆燃为敲缸。轻微敲缸时，发动机功率上升，严重敲缸时，发动机功率下降，转速下降，工作不稳定，机身有较大振动，同时冷却液过热，润滑油温度明显上升。

2. 表面着火

在汽油机中，凡是不靠电火花点火而由燃烧室内炽热表面（如排气门口部、火花塞绝缘体或零件表面炽热的沉积物等）点燃混合气的现象，统称表面着火。与爆燃不同，表面着火一般是在正常火焰到之前由炽热物点燃混合气所致，没有压力冲击波，敲缸声比较沉闷，主要是由活塞、连杆、曲轴等运动件受到冲击负荷产生振动而造成。凡是能促使燃烧室温度和压力升高以及促使积炭等炽热点形成的一切条件，都能促成表面着火。几种燃烧过程的 p-φ 图如图 6-10 所示。

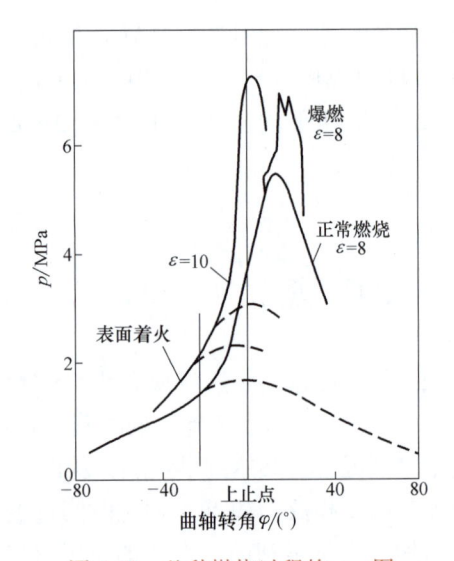

图 6-10　几种燃烧过程的 p-φ 图

6.2.3 使用因素对燃烧的影响

1. 点火提前角

点火提前角是从发出电火花到上止点间的曲轴转角。其数值应视燃料性质、转速、负荷、过量空气系数等因素而定。

当汽油机保持节气门开度、转速以及混合气浓度一定时，汽油机功率和油耗率随点火提前角改变而变化的关系称为点火提前角调整特性。对应于每一工况都存在一个最佳点火提前角，这时汽油机功率最大，耗油率最低。已经确定，最佳点火提前角相当于使最高燃烧压力在上止点后 12°~15°时到达，这时实际示功图与理论示功图最为接近（时间损失最小）。

不同点火提前角的 p-φ 图如图 6-11 所示。点火过迟，则燃烧延长到膨胀过程，燃烧最

高压力和温度下降，传热损失增多，排气温度升高，热效率降低，但爆燃倾向减小，NO_x 升高，功率降低。

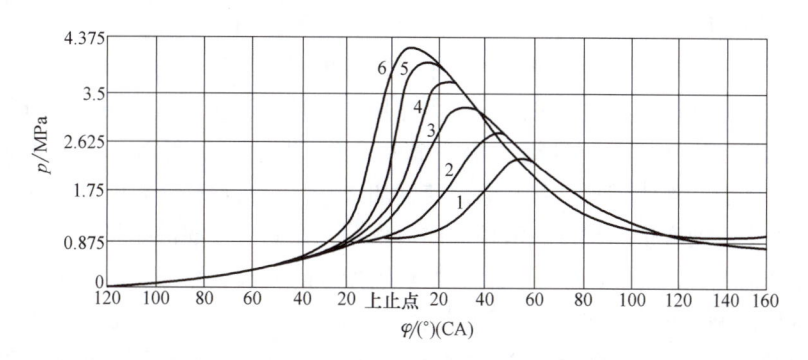

图 6-11　不同点火提前角的 p-φ 图

2. 混合气浓度

在汽油机的转速、节气门开度保持一定，点火提前角为最佳值时调节供油量，记录功率、燃油消耗率、排气温度随过量空气系数的变化曲线，称为汽油机在某一转速和节气门开度下的调整特性。

混合气浓度对汽油机动力性能、经济性能影响很大。在均质混合气燃烧中，混合气浓度对燃烧影响极大，必须严格控制。

3. 负荷

在汽油机上，转速保持不变，通过改变节气门开度来调节进入气缸的混合气量，以达到不同的负荷要求。当节气门关小时，充气系数急剧下降，但留在气缸内的残余废气量不变，使残余废气系数增加，滞燃期增加，火焰传播速率下降，最高爆发压力、最高燃烧温度、压力升高率均下降，冷却液散热损失增加，因而燃油消耗率增加。因此，随着负荷的减小，最佳点火提前角要增大。

4. 转速

当转速增加时，气缸中湍流增加，火焰传播速率大体与转速成正比例增加，因而最高爆发压力、压力升高率随转速的变化不大。此外，在转速升高时，由于散热损失少，进气被加热，使气缸内混合得更均匀，有利于缩短滞燃期。但另一方面，由于残余废气系数增加，气流吹走电火花的倾向增大，又促使滞燃期增加。以上两种因素使以秒计的滞燃期与转速的关系不大，但是按曲轴转角计的滞燃期却随转速的增加而增大。因此，转速增加时，应增大点火提前角。

6.3　柴油机混合气形成及燃烧室

柴油与空气按照一定比例混合的过程称为混合气形成，形成良好的混合气是保证柴油机燃烧过程的首要条件。由于柴油机是内部混合，混合气形成时间很短，一般在 20°~40°（CA），混合气形成有两个基本阶段：一个是燃料喷雾，另一个是燃料与空气混合。柴油机混合气的形成取决于缸内空气运动、油束分布及燃烧室的结构形状，混合气形成的优劣对燃烧过程有决定性影响。组织好缸内空气运动和合理油束，才能在燃烧室形成良好的混合气。

6.3.1 喷油雾化

1. 喷雾形成机理

在不同的喷射压力差下，液体燃料经小孔喷出后的形状变化，如图 6-12 所示。当喷射压力差非常小时，液体燃料是在重力和表面张力作用下从喷孔流出。如图 6-12a 所示，当重力大于表面张力时，就在喷孔口处周期地产生一个大液滴，其直径大约等于喷孔直径的 1.89 倍；随着喷射压力差增加，液体燃料从喷孔流出速度加快，此时从喷孔流出的液体流是光滑的层流状态的液柱。由于流动产生的扰动及液柱的内力作用，在光滑柱的前端形成扭曲和振动，液柱是有规律的且呈轴对称，射流的轴线保持不变。当振动的波长 λ 小于液柱周长 πd 时，在表面张力作用下液柱尚不至破碎，如图 6-12b 所示；当 $\lambda > \pi d$ 时，液柱表面振动会不断增大，最终破裂形成液滴，如图 6-12c 所示；当喷射压力差相当大时，液流流过喷嘴孔道时已成湍流状态，液流内部激烈扰动，喷出的液流表面与周围的空气之间有很高的相对速度，会产生较大的气动压力和摩擦效应，使液流表面出现不规则的皱折，液流扩展成液膜，在脉动作用和外界气流作用下撕裂成许多细小的液丝。由于表面张力作用使细小液丝收缩为大小不等的液滴，如图 6-12d 所示；随着喷射压力差继续增高，破碎的液滴就越多越细，早先分裂出的大油滴在继续运动中受气流阻力作用而变形，又被分裂成小细滴，最终形成喷雾流。

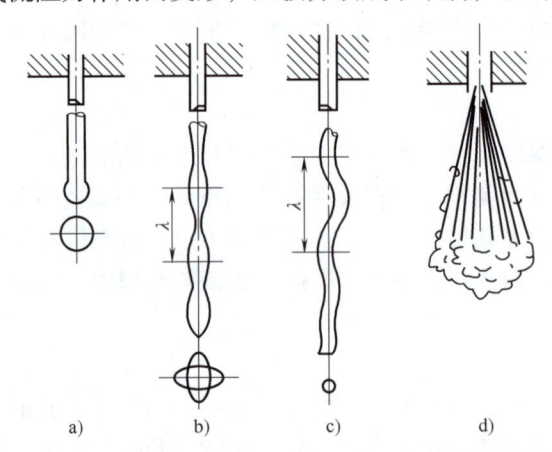

图 6-12 不同喷射压力差下所产生的液流分裂雾化形式

2. 油束形成

燃料在高压作用下从喷孔喷出后形成的油粒群称为油束或喷注，如图 6-13 所示。油束特性可用油束锥角、射程和雾化过程来说明。

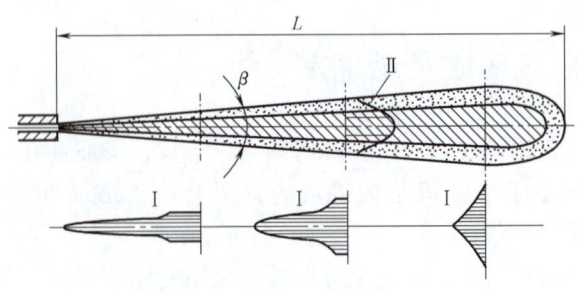

图 6-13 油束结构

(1) 油束锥角 β　即油束锥形纵断面母线夹角。油束锥角与喷油器结构、油孔加工质量、喷油压力，以及缸内空气阻力等因素有关，如图 6-14 所示。喷油嘴孔口处油束外包络线的两条切线之间的夹角定义为油束锥角 β，β 的大小用以说明油束的分散程度。

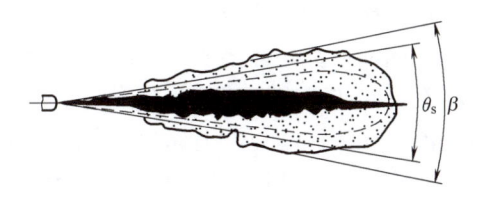

图 6-14　喷雾油束的空间形状

在油束充分扩展后，前部受空气迎面阻力作用，且液滴尺寸较小，因此顶部边缘扩张较大，其外缘包络线间夹角 β 要比实际锥角 θ_s 大。喷射量不变时，油束锥角大，分散范围也大，雾化和空气混合都要好些。但锥角大则迎风阻力大，因此喷射距离较短。油束锥角 β 大小受许多因素影响，席特凯（Sitkei）提出了孔式喷嘴的油束锥角计算公式为

$$\beta = 3\times 10^{-2}\left(\frac{d_c}{l}\right)^{0.3}\left(\frac{\rho_a}{\rho_f}\right)^{0.1} Re^{0.7} \qquad (6-2)$$

式中，d_c 为喷孔直径（m）；l 为喷孔长度（m）；ρ_a、ρ_f 分别为外界空气和液体燃料密度（kg/m³）；Re 为喷嘴孔道内流动的雷诺数。

(2) 油束射程 L　喷雾油束在燃烧室空间伸展时，在给定时间 t 内，油束顶端实际到达的位置与喷嘴喷孔间的距离称为喷雾油束的贯穿距离，即油束射程。由于在喷雾过程中不断有油滴从液体流中分离出来，同时把动能传递给周围空气，降低了主液流与周围空气之间的相对速度，减少了空气对喷射油束向前运动的阻力，保证了整个喷雾油束的射程。由喷雾油束射程 $L=ut$ 可推导：

$$L = \left(\frac{2c\Delta p}{\rho_a}\right)^{0.25}\left(\frac{2d_c t}{\tan\beta}\right)^{0.5} \qquad (6-3)$$

式中，c 为收缩系数；β 为油束锥角［°（CA）］；Δp 为介质反压力（Pa）；t 为时间（s）；ρ_a 为空气密度（kg/m³）；d_c 为喷孔直径（m）。

油束射程 L 的大小影响燃料在燃烧室内的分布，L 过大，燃料会喷到燃烧室壁上；L 过小，燃烧室末端空气不能充分利用。油束与燃烧室的碰壁程度用穿透率表述为

$$\zeta = \frac{L}{L'} \qquad (6-4)$$

式中，L 为油束射程（m）；L' 为喷孔至燃烧室的直线距离（m）。

喷注穿透率应满足 1.05～1.1 范围要求，才能保证油束混合良好，而且油束碰壁量不多。

3. 雾化过程

当燃油通过喷孔喷出时，燃油的边界和状态会发生变化。在喷孔内，高压喷射和燃油黏度迫使通过喷孔第一部分的燃油呈现圆柱形喷注，离开喷孔一定距离后，喷注分裂成细滴，形成圆锥形喷雾，形成具有一定射程和锥角的油束，进入气缸燃烧室。由于燃烧室内存在着被压缩成密度很高的热空气，油束的前锋和周缘均遇到很大的阻力，同时，油束具有很大扰

动，在前进阻力和自身扰动的作用下，前进中的油束不断被热空气撕裂、击碎和雾化，分散成较大的油粒。如图 6-15 所示，其定性地表示了喷油嘴内部燃油流动和喷射油束扩展。油束大致划分成两个区域：一个是靠近喷油嘴出口处的紧密油束区，另一个是向下游继续扩展的稀薄油束区。将连续紧密油束先破碎为液滴碎片的过程称为初始油束雾化，在高压燃油喷射系统中，产生气穴和扰动是初始油束雾化最重要的机理。由于燃油在喷油嘴喷孔中具有较大的加速度和转向力，因此会在针阀座面附近的某个范围内或在喷孔中流体的压力降到低于燃油蒸气压时，形成燃油蒸气泡，在流体动力学上称为空穴。当喷孔中气穴区域的压力升高或液流脱离喷油嘴喷孔时，气穴中的空泡会迅速地萎缩，这会导致扰动加剧并加速油束的初始雾化，这种在喷油嘴附近强烈的雾化现象会对燃烧过程和有害物质的生成产生重大影响。

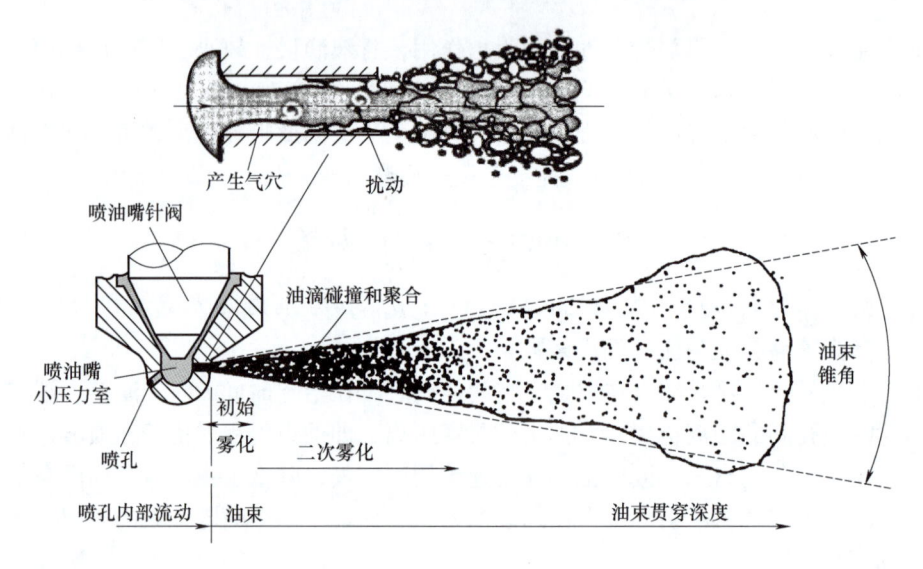

图 6-15 喷油嘴内部燃油流动和喷射油束扩展

6.3.2 缸内空气运动

1. 缸内气流形成

（1）压缩涡流 进气过程中在进气机构和气缸壁导流的共同作用下形成的涡流称为进气涡流，在进气过程后期涡流得到稳定和加强。压缩过程中形成或保持绕气缸轴线有组织的涡流称为压缩涡流。在压缩过程中，由于运动着的气流与缸壁、气缸盖底面、气门、各层气流之间都存在着摩擦，压缩终了时，进气涡流有一定程度的减弱。

（2）挤流 在压缩过程后期，当活塞接近上止点时，活塞顶上部的环形空间中的空气被挤入活塞头部的燃烧室内，形成一定的涡流，这种流动称为挤流，如图 6-16 所示。挤流在柴油机上得到了广泛的应用，柴油机燃烧室利用较强的挤流运动，以增强燃烧室内的湍流强度，促进混合气快速燃烧。当活塞下行时，活塞头部燃烧室中的气体向外流到环形空间，形成的空气流动称为逆挤流。逆挤流在柴油机上有助于使燃烧室内的混合气流出，使其进一步与气缸内的空气混合和燃烧，挤流与逆挤流不影响充气系数。

（3）湍流 在气缸中形成的无规则的气流运动称为湍流，它是一种不定常气流运动。湍流可分为两大类，即气流流过固体表面时产生的壁面湍流和同一流体不同流速层之间产生

的自由湍流。柴油机中的湍流主要是自由湍流，其形成的方式很多，既可在进气过程中产生，也可在压缩过程中利用燃烧室形状产生，还可因燃烧而产生。湍流主要的特征是不规则性和随机性。

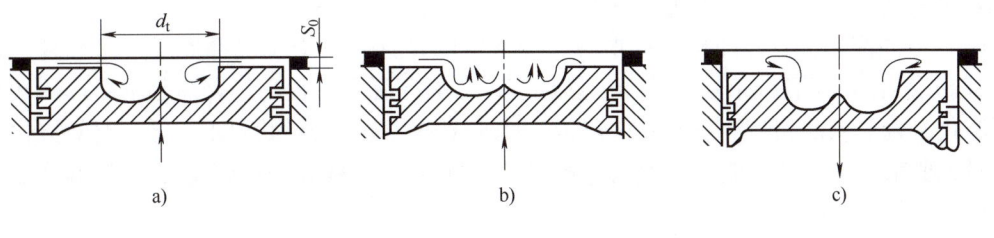

图 6-16 挤流与逆挤流
a)、b) 挤流　c) 逆挤流

2. 气流作用

油束在燃烧室内均匀分布是形成良好混合气的前提，在燃烧室内组织一定的涡流，可使油束外围的细小油粒分散到更大的容积中去，使燃料分布均匀，发动机转速越高，涡流越强。燃油喷入燃烧室后形成油束，同时空气被卷入与油束燃油迅速混合形成混合气。油束是从外部首先着火燃烧，采用多孔喷嘴形成多处油束，可以增加燃油与空气混合的机会，但是燃烧过程中，燃烧产物容易把未烧完的油滴包围起来，使两油束之间的空气仍不能得到及时地利用，如图 6-17a 所示，有效的解决方法是组织气缸内空气的涡流运动。油束中油滴大小不同，在涡流的作用下，其运动轨迹也不同。油束核心部分的大油滴偏转较小，油束外围部分细小的油滴偏转较大，因此增大了混合范围，使油滴与空气接触的机会增多，如图 6-17b 所示。同时，油束着火后，旋转气流将燃烧产物吹走，并及时向未燃烧完的油滴提供新鲜空气。这样，加速了混合气的形成和燃烧，提高了空气利用率及气缸容积利用率。

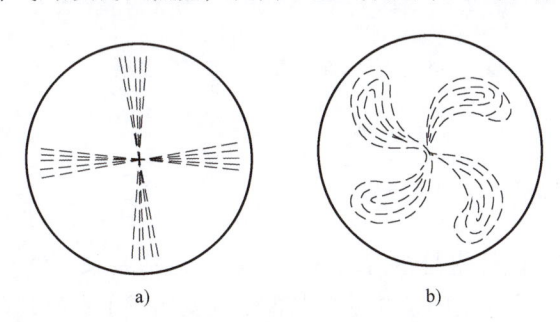

图 6-17 气流对油束影响
a) 空气静止　b) 空气旋转

6.3.3　油气混合方式

燃料经喷油器喷入燃烧室并分散为细粒，将燃料喷散雾化能大大增加燃料蒸发的表面积。为保证在很短的时间内迅速形成可燃混合气，人们提出了多种不同的混合气形成方式，按照柴油雾化方式不同，可分为空间雾化混合、油膜蒸发混合、雾化-油膜混合、周边混合和附壁卷流混合雾化等方式；按照雾化时序的不同，可分为燃烧热混合、燃烧预混合等方

式。实际应用的主要有空间雾化混合、油膜蒸发混合两种方式,在高速柴油机上,实际混合气形成过程是两者兼而有之,两者所占的比例随燃烧过程的组织不同而有所差异,多数以空间雾化为主。在车用柴油机中,燃油可能在不同程度上喷到燃烧室壁面上,所以两种混合方式都兼而有之,只是多少、主次各有不同。

(1) 空间雾化混合 即将燃料喷向燃烧室空间,直接与空气混合形成可燃混合气,如图 6-18a 所示。由于各油束均匀分布于燃烧室,在油气混合过程中,燃油起主导作用,因此空间雾化混合对供油和喷油系统要求较高,对进气和燃烧室的形状要求较低。空间雾化所需的能量主要来自油束的动能,在无涡流和弱涡流的情况下将燃油喷成雾状,使油雾弥散于燃烧室内的空气中。

(2) 油膜蒸发混合 即将大部分燃油喷到燃烧室壁上,形成一层油膜,油膜受热汽化蒸发,与空气混合形成可燃混合气,如图 6-18b 所示。油膜蒸发混合主要靠强烈的进气涡流和压缩涡流吹拂,扩大燃油的汽化面积,因此对气流运动要求较高,且对进气系统的变动较敏感。

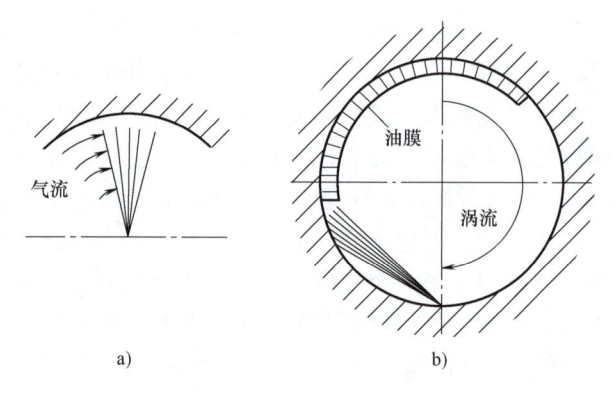

图 6-18 混合气形成方式
a) 空间雾化混合 b) 油膜蒸发混合

6.3.4 燃烧室

1. 常见燃烧室

(1) 直喷式燃烧室 燃烧室是指活塞在上止点时由活塞顶、气缸壁与气缸盖所形成的一个空间,燃油直接喷入这一空间,并进行混合燃烧就构成了直喷式燃烧室。根据活塞顶部凹坑的深浅不同,直喷式燃烧室分为开式燃烧室和半开式燃烧室。开式燃烧室主要有浅盆形燃烧室等,半开式燃烧室有 ω 形燃烧室、深坑形燃烧室和球形燃烧室等。不同形式的燃烧室在混合气形成和燃烧组织方面有所不同。

1) 开式燃烧室。开式燃烧室又称浅盆形燃烧室,如图 6-19 所示。由于在大型低速柴油机上,活塞上方是平坦的、宽开口的燃烧室凹型空间,在燃烧室中心安装 6~8 个喷孔的多孔喷油器,利用油束的能量促使混合气形成,由于无空气涡流运动,因此,空气的利用率较低,要求空燃比大。通过高压喷射实现良好的雾化,通过尽可能多的油束实现良好的燃油分布。这类燃烧室还容易出现燃烧室中部混合气过浓、外部过稀的现象。当燃烧过程组织得不好时,着火后继续喷入的柴油会被火焰区所包围,因高温缺氧而裂解成碳烟。

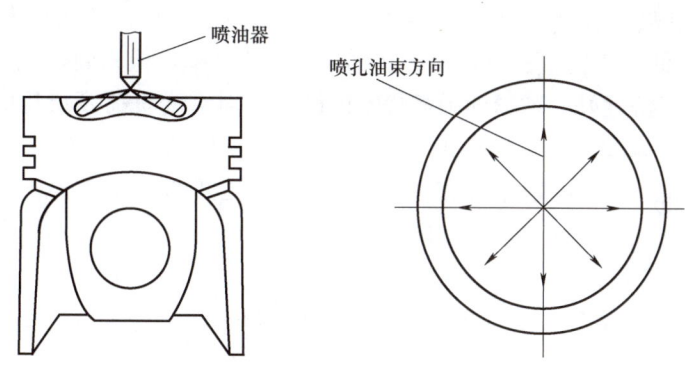

图 6-19 浅盆形燃烧室

2) 半开式燃烧室。半开式燃烧室包括以下几种:

① ω形燃烧室。ω形燃烧室多用在小型高速直喷式柴油机上,如图 6-20 所示。柴油在空间雾化,油束可减少到 3~4 个。ω形燃烧室结构简单,相对散热面小,经济性较好,冷起动容易。但涡流强度对转速比较敏感,难以兼顾高、低速时的性能,充气系数相对较低,工作粗暴,对燃油喷射系统要求较高。要求空燃比最低在 1.3 左右,对转速变化较敏感,排放较差,如图 6-21 所示。

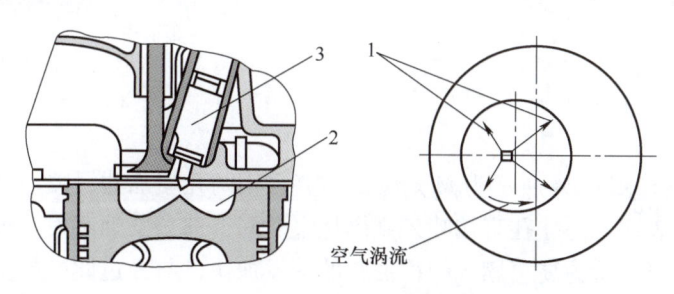

图 6-20 ω形燃烧室

1—油束 2—活塞凹坑 3—喷油器

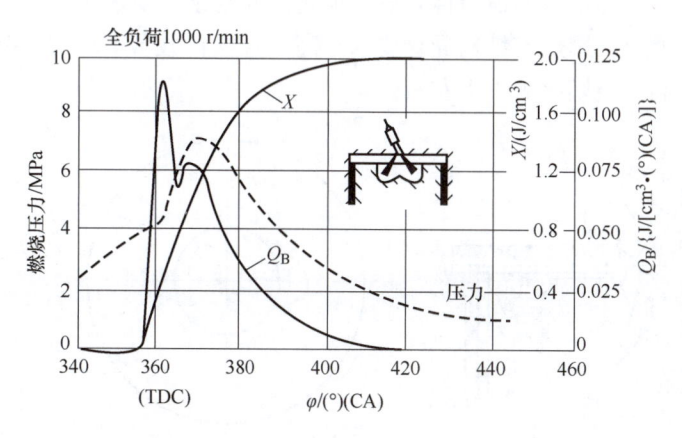

图 6-21 ω形燃烧室燃烧压力和放热量

② 球形油膜燃烧室。如图 6-22 所示,球形油膜燃烧室在活塞顶上有一较深的球形或椭球

形凹坑，且采用双孔喷油器（孔径为 0.3~0.5 mm）或单孔喷油器（孔径为 0.5~0.7 mm）。图 6-23 所示为球形油膜燃烧过程放热率。在燃烧初期放热率较低，而燃烧后期燃烧率较大，保证工作柔性和及经济性好。球形油膜燃烧室的缺点是对突变负荷及增压的适应能力较差；低速性能不太好，白烟多，因为转速低、负荷小时，壁温较低，涡流较弱，壁面上柴油蒸发困难；它还对进气道、燃油喷射系统和燃烧室结构参数之间的配合要求很高，制造工艺必须严格。

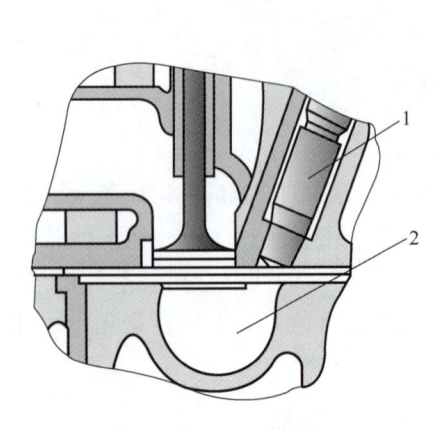

图 6-22　球形油膜燃烧室
1—喷油器　2—活塞球凹坑

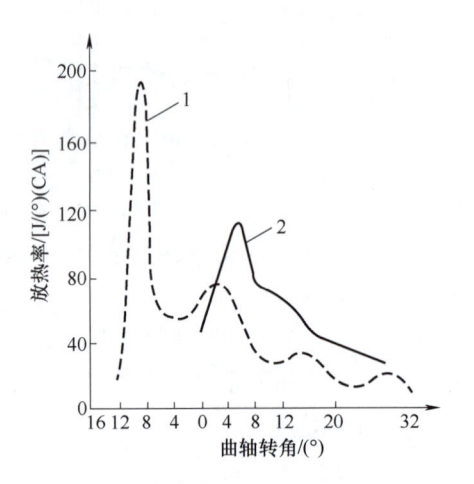

图 6-23　球形油膜燃烧过程放热率
1—直喷式燃烧室　2—球形油膜燃烧室

③ M 形燃烧室。图 6-24 所示为 M 形燃烧室，采用两孔喷油器，喷油器布置在一侧，一孔对着活塞上球形表面，另一孔直接喷入到燃烧室空间，部分柴油蒸发着火，这样可以加速燃烧，降低油耗。着火后的高温燃气使得油膜的蒸发加快，与经过此处的空气强烈混合后加速燃烧。活塞顶背部喷油冷却，控制燃烧室壁温度不超过 350 ℃。M 形燃烧室燃烧开始时较为柔和，随后燃烧快速，噪声相对较低。由于抑制了燃烧前的热裂解，减少了碳烟的形成，空气利用率较高，对多种燃料的适应性较好。但是冷起动条件要求多，低速性能不好，对进气道、供油系统、壁温、燃烧室结构配合要求很高；且燃料分布不均匀、沉积在壁面上容易产生碳烟，油耗较高，空燃比为 1.1 左右。

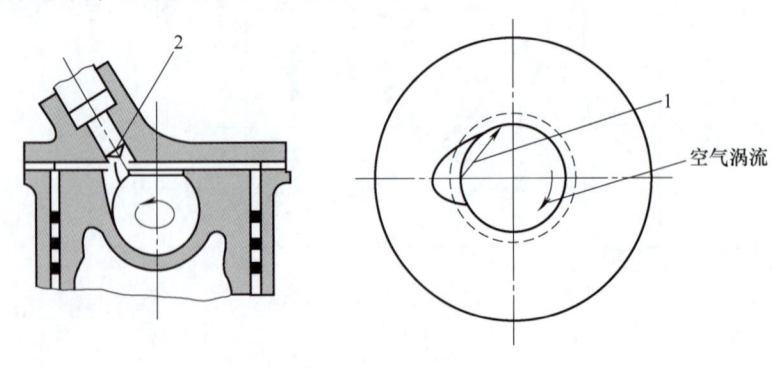

图 6-24　M 形燃烧室
1—油束　2—喷油嘴

（2）非直喷式燃烧室　非直喷式燃烧室由主燃烧室和副燃烧室两部分组成。主燃烧室设在活塞顶部，副燃烧室设在气缸盖上，二者用狭窄通道连通，燃油喷入副燃烧室中。非直喷式燃烧室主要有两种类型：涡流室式和预燃室式，如图 6-25 所示。

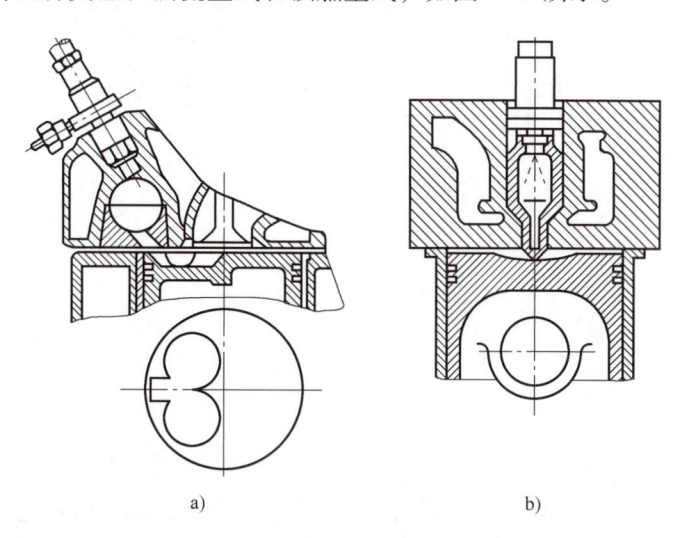

图 6-25　非直喷式燃烧室
a）涡流室式　b）预燃室式

1）预燃室式燃烧室。预燃室式燃烧室的副燃烧室称为预燃室，其容积占燃烧室容积 V_c 的 25%~40%，通道面积为活塞面积的 0.25%~0.7%，通道不与预燃室相切，在压缩行程中并不产生强烈的压缩涡流，只是由于空气流经通道孔产生一定的无规则的湍流，促使燃料与空气混合。预燃室的主要作用是形成燃烧涡流，促进燃料在主燃烧室内分散与混合。预燃室式燃烧室的通道比较多，目的是使喷出的混合气均匀地分布在主燃烧室内。

2）涡流室式燃烧室。涡流室式和预燃室式燃烧室在结构、混合气形成和组织燃烧方面也有所不同。涡流室式燃烧室的副燃烧室称为涡流室，其容积占燃烧室容积 V_c 的 50%~80%，通道面积为活塞面积的 1.2%~3.5%，通道数较少，通道与涡流室相切，在压缩行程中，缸内气体被活塞压缩通过通道进入涡流室，容易形成强烈的压缩涡流，促进燃料与空气的混合。当燃料着火后，涡流室中的高压燃气和未燃的燃料高速流入主燃烧室内，与那里的空气进一步混合燃烧。

2. 新型燃烧室

（1）挤流口式燃烧室　挤流口式燃烧室的燃烧室缩口较小，易形成较强的挤流和逆挤流，如图 6-26 所示，配以多孔喷油器，可实现空间混合或空间-油膜混合。当推迟喷油时，降低了噪声和 NO_x 含量，烟度也有所改善，但燃烧过程也推迟。挤流口式燃烧室的气缸盖、活塞的热负荷高，喉口边缘容易烧损，喷孔易堵塞，高速时经济性恶化，工艺条件要求高。

（2）缩口式燃烧室　缩口式燃烧室将传统的直喷式燃烧室的优点和涡流式燃烧室的优点集于一体，将挤流口式改进设计成如图 6-27 所示的底部凸起的双涡流型燃烧室。通过这种方式，原涡流室式燃烧室内随转速同步变化的压缩涡流，改变为直喷式燃烧室内随转速同步变化的压缩滚流。利用这种燃烧室，配以传统的机械式喷射系统，采取大幅度推迟喷射时

刻的措施，可以有效降低柴油机的排放水平，已成为电控柴油机的常用燃烧室。

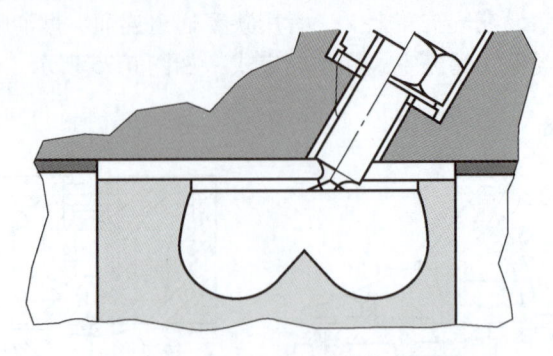

图 6-26 挤流口式燃烧室

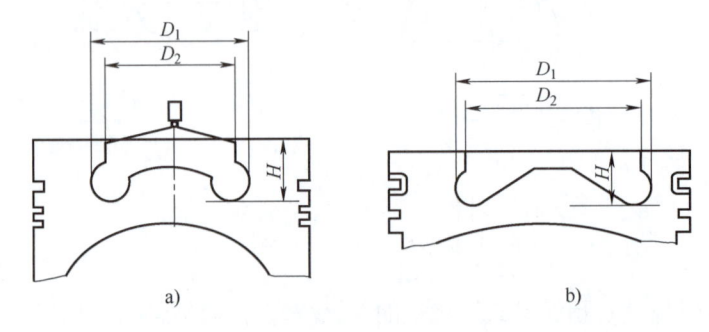

图 6-27 缩口式燃烧室
a）中心哑铃深坑形 b）中心圆台浅坑形

（3）微涡流式燃烧室 微涡流式燃烧室采用一定强度的进气涡流和挤流，再配以特殊形状的燃烧室，图 6-28 所示为花瓣形燃烧室。这样会使燃烧室内除了大涡流外，各处还充满微涡流，使空气运动十分充分，从而加快了混合气燃烧的速度。

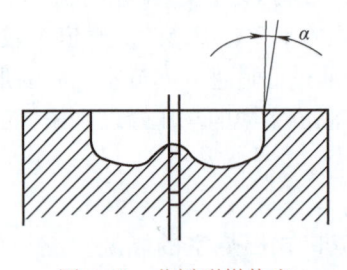

图 6-28 花瓣形燃烧室

（4）湍流式燃烧室 如图 6-29 所示，湍流式燃烧室凹坑的上部为四角形，下部为圆形，上下部连接处经切削加工，圆滑过渡。进气涡流在燃烧室上部和下部产生大涡流，在四角部分产生小涡流，小涡流的旋转方向与大涡流相反，在交界处存在速度差形成湍流源。当油束正对交界面喷射时，其最先通过低速大涡流区，然后通过湍流区，最后到达下部高速大涡流区。由于油束直接喷向交界面，通过湍流区的时间较长，油气混合最好，能获得较高的燃烧速率。

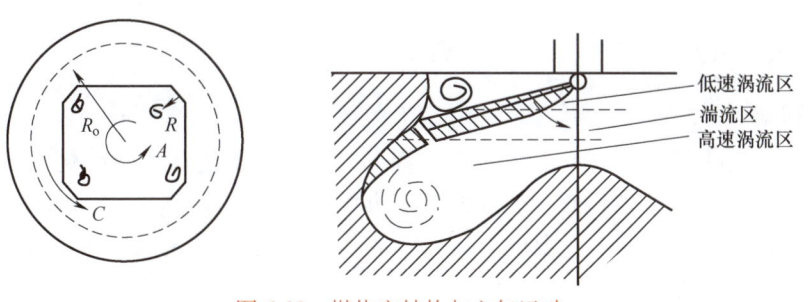

图 6-29　燃烧室结构与空气运动

6.4　柴油机燃烧过程及改进技术

6.4.1　油滴着火

柴油自燃需要一定的条件，着火点应具备两个条件：一是一定的着火温度；二是一定范围的混合气浓度。图 6-30 所示为单个油滴置于静止热空气中的着火过程示意图。油滴受空气加热，温度升高，表面开始蒸发，油粒变小，燃油蒸气向四周扩散，在油粒外形成一层燃料与空气的混合气，故接近油粒表面的混合气浓度 c 较高。由于油滴的蒸发需要吸收汽化热，所以接近油粒表面的温度 T 也较低。随着离开油粒表面距离的增加，混合气的浓度降低，温度升高。

单个油滴着火地点通常在离开油粒表面一定距离、混合气浓度适当而且温度足够高的地方，这里反应速率较高能够满足着火的条件。如图 6-31 所示，首先发生着火的区域是在油束核心与外围之间混合气浓度和温度适当的地方，由于在气缸中形成合适浓度的混合气及合适温度条件的地方不止一个，因此首先着火的点也不止一个，而是几处同时着火。柴油机各个循环中喷油情况与温度状况不可能完全相同，从而使各个循环的着火点也不一定在同一位置。着火点形成后开始火焰传播，在火焰前锋传播过程中，如果遇不到合适的可燃混合气，即混合气过浓或过稀，则火焰传播中断。同时，由于其他油粒混合气形成与准备的完成，又有新的着火点和火焰前锋形成。

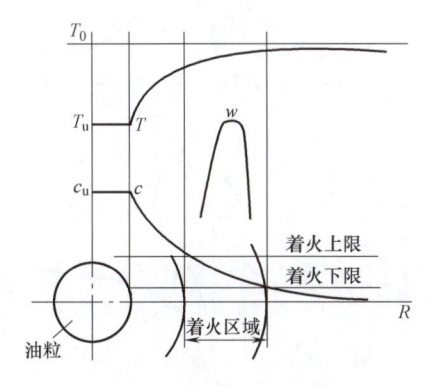

图 6-30　单个油滴的着火过程
T_0—空气温度　T—油滴表面温度　c—混合气浓度
w—反应速率　R—距油滴表面的距离

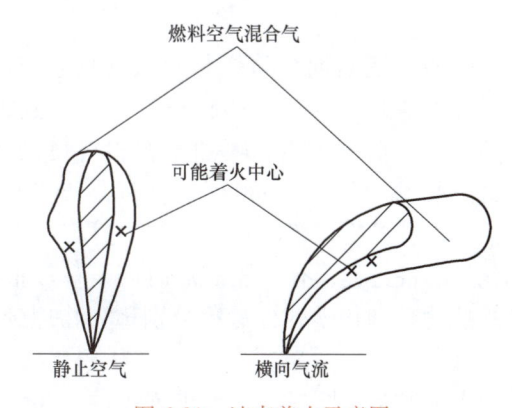

图 6-31　油束着火示意图

6.4.2 燃烧过程

1. 燃烧进展

柴油机的燃烧过程是由一个个油滴相继着火，多个油滴逐步着火燃烧后形成的复杂过程。图 6-32 所示展示了柴油机燃油燃烧的变化历程。燃烧过程是一个复杂的物理化学过程，从燃烧过程中的宏观参数变化（温度、压力、放热）和燃烧形成机理两个方面，可以定量和定性描述柴油机燃烧过程。

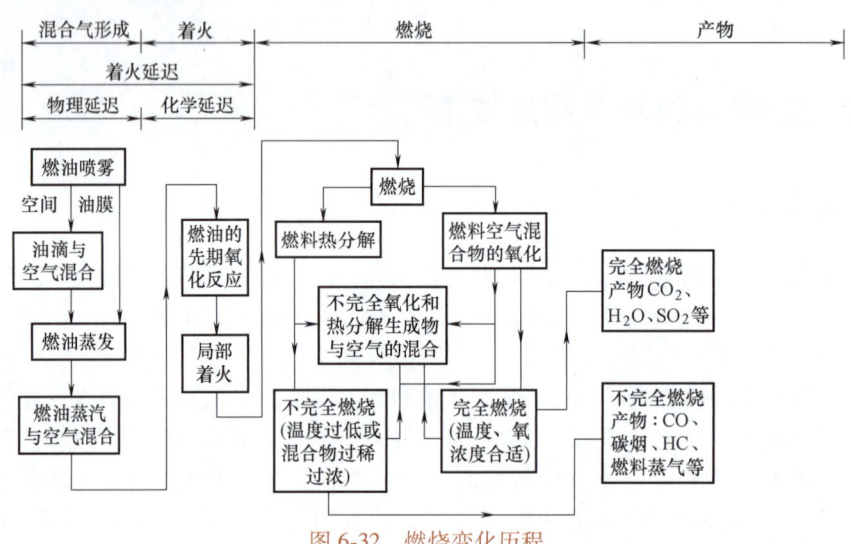

图 6-32 燃烧变化历程

2. 燃烧过程阶段

从宏观参数（温度、压力、放热）变化来看，用这些参数曲线综合描述燃烧发展历程，分析燃烧过程的特征，从喷油开始，燃烧过程可分为四个阶段：着火延迟期、速燃期、缓燃期和后燃期，如图 6-33所示。

（1）着火延迟期　从燃料喷入气缸起（点 1）到燃料开始着火（点 2）的阶段称为着火延迟期。在压缩上止点前的 1 点，喷油器将燃料喷入气缸，这时缸内温度高达 450~800 ℃，远远高于当时条件下柴油的自燃温度。燃油着火前需要进行一系列物理和化学准备过程，有一段滞后时间。一般把燃烧前的这些物理和化学变化过程分别称为物理延迟和化学延迟。

着火延迟期的长短对发动机燃烧过程和性能有重要影响，着火延迟期一般用时间 τ_i (s) 或者对应的曲轴转角 φ [(°)(CA)] 表示，一般高速柴油机 $\tau_i = 0.0007~0.003$ s。

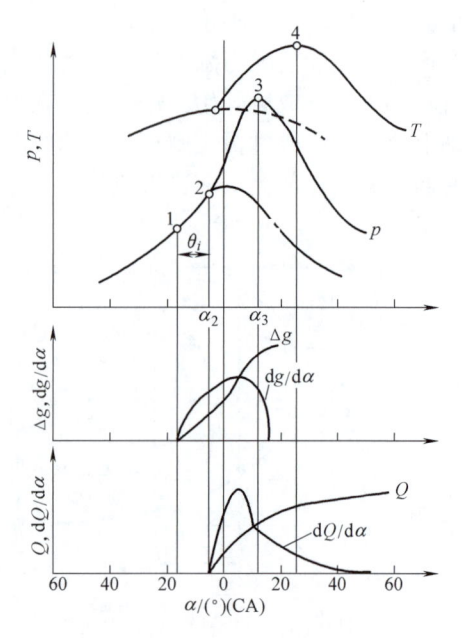

图 6-33 柴油机燃烧过程

(2) 速燃期 速燃期是从燃料开始着火（点2）到气缸内出现最高压力（点3）为止的阶段。由于在第一阶段中喷入气缸的燃油都已经过不同程度的物理、化学准备，一旦着火后，会同时燃烧。此时活塞正靠近上止点附近。因此气缸内工质压力急剧上升，接近定容燃烧。一般用平均压力升高率（或称压力升高比）$\Delta p/\Delta\theta$ 来表示这段压力升高的急剧程度，平均压力升高率 $\Delta p/\Delta\theta$ 过大，会增加发动机的机械负荷和工作噪声，因此 $\Delta p/\Delta\theta$ 不应超过 $0.4\sim0.6$ MPa/[(°)(CA)]，气缸内最高爆发压力 p_{max} 可达 7~11 MPa，出现在上止点后 6°~10°（CA）处。

(3) 缓燃期 从最高压力（点3）到缸内出现最高温度（点4）为止的阶段称为缓燃期。由于速燃期没有燃尽燃料的存在和新燃料的喷入，在此阶段仍有大量燃料燃烧，开始燃烧很快，但由于气缸容积不断增加，缸内压力变化亦很缓慢，保持不变或略有下降，而气缸内温度不断增高。随着燃烧进行，废气逐渐增多，氧气减少，使燃烧速度越来越慢，到这个阶段结束时，放热量可达循环放热量的 70%~80%，最高温度可达 1900~2300 K，出现在上止点后 20°~35°（CA）。

(4) 后燃期 从最高温度（点4）到燃烧基本结束的阶段称为后燃期。燃烧终点很难确定，甚至可延续到排气开始。在高速柴油机中，由于燃油与空气形成混合气时间短促，混合不均匀，总有一些燃料不能及时燃烧，在活塞远离上止点时还放出热量，做功的效果很差。相反，后燃却使废气温度上升，零件热负荷增加，大量热传给冷却液，导致柴油机经济性和动力性下降，故应尽量减少后燃。

6.4.3 混合气燃烧评价

燃料燃烧放出的热量随曲轴转角变化的关系称为燃烧的放热规律，有两种表示方法：①用放热速率 $dQ_B/d\theta$（单位曲轴转角内的放热量）与曲轴转角的曲线来表示；②用累计放热量百分数 Q_B/Q（对应某曲轴转角的放热量占燃料完成燃烧所能放出总热量的百分数）与曲轴转角 θ 的曲线来表示。

缸内工质的加热速率和加热量决定了气体压力和温度的变化规律，这不仅取决于燃料燃烧放热速率和放热量，而且取决于工质向气缸壁面的传热速率和传热量。所以工质的加热速率 $dQ/d\theta$ 等于燃料放热速率 $dQ_B/d\theta$ 减去工质向气缸壁面的传热速率 $dQ_W/d\theta$ 来确定，工质的加热量 Q 等于燃料放热量 Q_B 减去工质向气缸壁面传热量 Q_W，即

$$\frac{dQ}{d\theta}=\frac{dQ_B}{d\theta}-\frac{dQ_W}{d\theta} \tag{6-5}$$

$$Q=Q_B-Q_W \tag{6-6}$$

图 6-34 所示为柴油机典型的放热规律曲线，燃烧放热规律一般分为三个阶段。第一阶段放热速率很低，和燃烧过程的着火延迟期相对应，称为延迟期。第二阶段放热速率很高，依赖于延迟期的持续时间和在此期间燃油准备的速度，属于预混合燃烧阶段，它与燃烧过程的速燃期相对应。当延迟期累积的准备充分的燃料被烧掉后，气缸内的燃烧速度主要取决于新燃料与氧结合形成可燃混合气的速度。由于气缸内氧气逐渐减少，燃烧速度也逐渐下降，因此第三阶段的燃烧速度部分受喷射过程的控制，部分受混合和扩散过程的控制，属于扩散燃烧阶段，燃烧过程的缓燃期和后燃期均属于扩散燃烧。

放热规律、开始放热时间和放热持续时间是影响燃烧过程的三个主要因素，它们直接影

响发动机气缸内工质温度和压力的变化过程，进而影响发动机的各种性能，图 6-35 所示为在燃料放热量、开始放热时间、放热持续时间相同的条件下，不同放热规律的气缸压力曲线，从图中可以看出，燃烧放热规律对燃烧过程有重要影响。

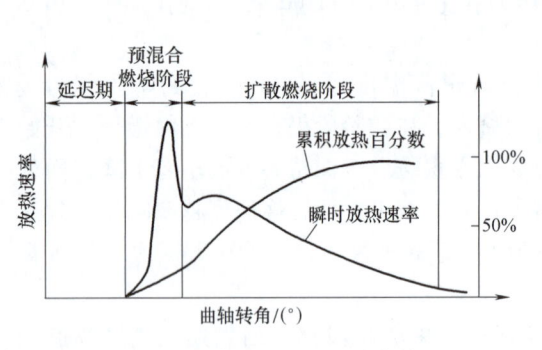

图 6-34　典型的放热规律曲线

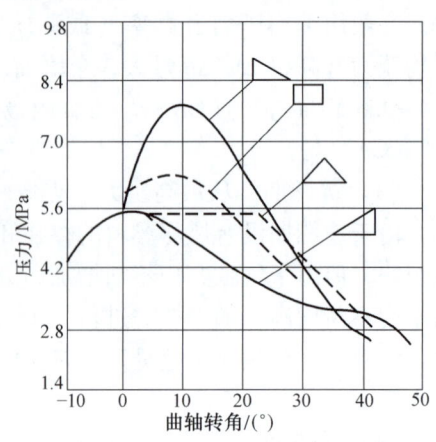

图 6-35　不同放热规律产生的压力变化

6.4.4　改进燃烧技术

1. 均质压燃技术

均质压燃（homogeneous charge compression ignition，HCCI）技术是通过早期喷射形成预混合气，不生成微粒（PM）和氮氧化物（NO_x）的一种技术。HCCI 技术采用均匀的空气与燃料混合气压燃方式，如图 6-36 所示。在 HCCI 燃烧过程中，均匀的空气与燃料混合气及残余废气被压缩点燃，燃烧在多点同步发生，无明显火焰前锋，燃烧温度比较均匀，无局部高温，也没有显著的火焰传播，NO_x 和 PM 的形成能够被有效抑止。与传统的柴油机相比，HCCI 技术虽然采用压燃着火，但混合气充量是均质的。它是一种从燃烧角度解决 NO_x 排放问题的有效手段。与传统的汽油机相比，它克服了燃烧过程中的温度分布极不均匀、火焰传播等缺点。

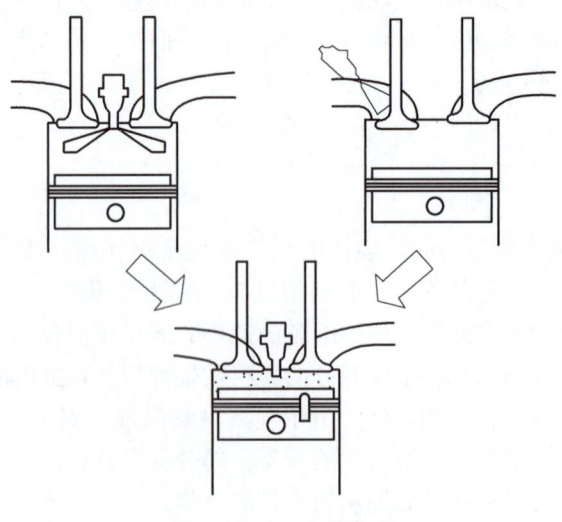

图 6-36　HCCI 的实现

2. 闭环燃烧控制技术

闭环燃烧控制最初是用来解决 HCCI 燃烧方式应用中爆燃、失火、燃烧不稳定等问题，后随柴油机节能减排的要求逐步提高，更加迫切需要精细化控制柴油机的燃烧。为使柴油燃烧控制更精确，在柴油机燃烧过程中加入闭环控制。闭环燃烧控制（closed-loop combustion control，CLCC）是指以气缸内的燃烧情况作为反馈参量，从而动态调节发动机的控制参数——喷油量、可变气门正时、可变几何截面增压器位置等，从而使燃烧控制更加精确。通过对气缸内的燃烧状态进行实时优化，明显提升了燃烧效率，同时降低了发动机排放，两种燃烧控制对比如图 6-37 所示。

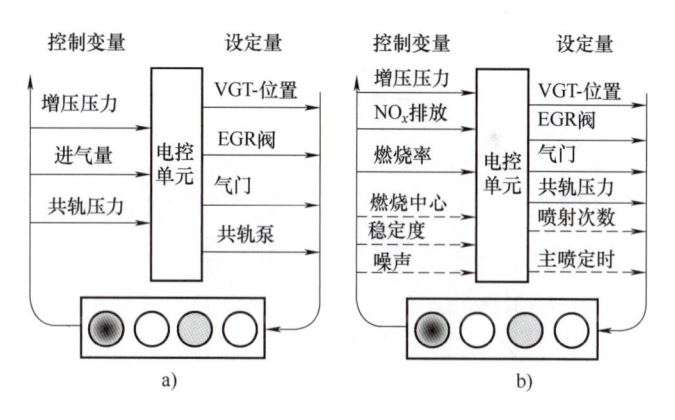

图 6-37 两种燃烧控制对比
a）现行柴油机控制 b）未来柴油机控制

燃烧闭环控制的关键在于反馈变量和控制变量的选择，以及闭环控制结构的设计。气缸内燃烧状况参数，如压力、温度、放热量都可作为反馈参数。考虑到反馈参数测量的难易程度和传感器的性能等因素，目前主要是以燃烧压力为基础获取反馈变量，通过在燃烧室安装气缸压力传感器来获取气缸内的燃烧状况。气缸压力传感器将采集到的气缸压力信号经由燃烧分析仪处理，可以计算出一系列与燃烧状态相关的参数，如燃烧开始时刻、结束时刻、平均指示压力等，如图 6-38 所示。

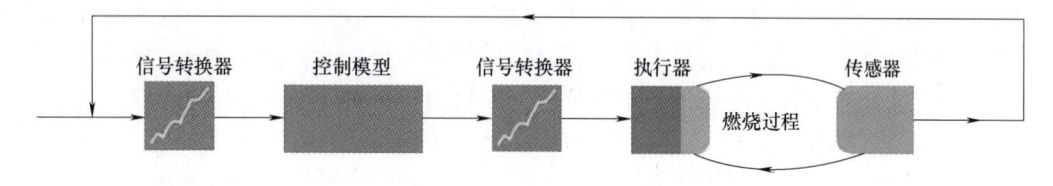

图 6-38 燃烧反馈量提取

3. 高压燃油喷射技术

高压燃油喷射技术是改善燃烧质量、提高柴油机性能的有效途径。柴油机燃油雾化与混合气形成所需的能量是由高压喷射提供的，喷射压力越高，雾化质量和混合气质量越好，喷油压力对柴油机升功率和平均有效压力的影响变化如图 6-39 所示。能够产生较高喷射压力的喷油系统有直列泵、高压转子泵、PLD 单体泵、泵喷嘴系统、高压共轨系统。如直列泵、分配泵和泵喷嘴等脉动式喷油系统的平均有效喷油压力值仅为最高喷油压力的一半，而共轨

式喷油系统的平均有效喷油压力比较接近最高喷油压力，如图 6-40 所示。

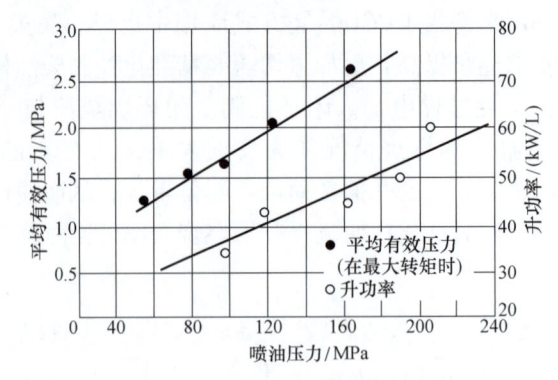

图 6-39　升功率和平均有效压力随喷射压力变化

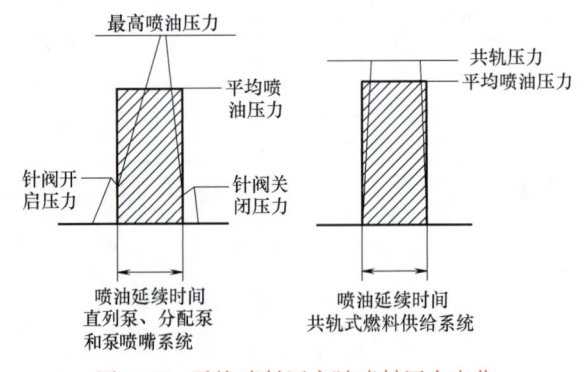

图 6-40　平均喷射压力随喷射压力变化

高压喷射在喷嘴出口有较高的速度，对比传统的分配泵和泵-管-嘴系统，能使油束具有较高的喷射能量，促进燃油雾化，油滴直径随喷油压力变化如图 6-41 所示。在能量高的局部区域中，空气能比较活跃地进入油雾内部，形成均匀的混合气，燃烧充分，这要求燃烧室内空气流动状况相对均衡，挤流较大，涡流较小。高压喷射能获得更好的油气混合气，可以在与传统喷射相适应的燃烧室中安装高压喷射系统获得。由于燃烧室是高涡流的小口径 ω 形，高压喷射系统以很高的速率喷射燃油使油雾的贯穿距离增大，导致大量油滴碰到活塞壁。较高的喷射速率要求燃烧室具有大口径以适应喷雾贯穿长度，减少碰壁，加强与氧气的混合，实现满足未来排放标准要求的更低烟度。高喷油压力对降低柴油机烟度效果明显，如图 6-42 所示。

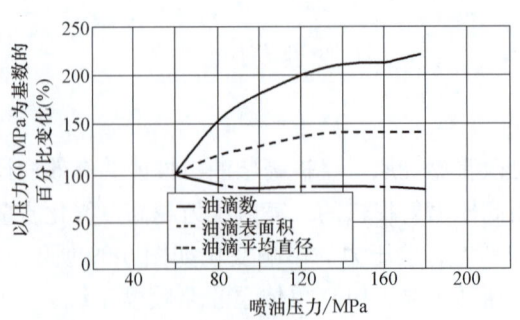

图 6-41　油滴直径随喷油压力变化

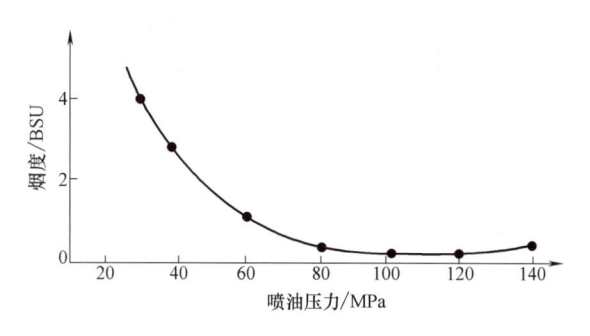

图 6-42　烟度随喷油压力变化

4. 多次喷射技术

多次喷射技术将一个工作循环中的喷油过程分成若干阶段来进行，引导喷油、预喷油是在主要喷油之前的增加的喷射阶段，从而控制燃烧速率。电控共轨喷油系统不仅可以完成一次喷油，而且还能实现引导喷油、预喷油等多次喷油，可以完全独立地、自由地控制喷油压力、喷油量、喷油率和喷油时间。

如图 6-43 所示，在机械式喷油系统中，一般都是单次喷射，即在一个喷油循环中只有一次喷油（主喷油）。理想的喷油率形状对喷射次数要求为：一次喷油→预喷油→多次喷油，多次喷油是将一个喷油循环细分成若干段既相互关联又各自独立的喷油段。目前多次喷射主要有引导喷油、预喷油、主喷油、后喷油及远后喷油等，在多次喷油过程中，各次喷油的作用和目的如图 6-44 所示。

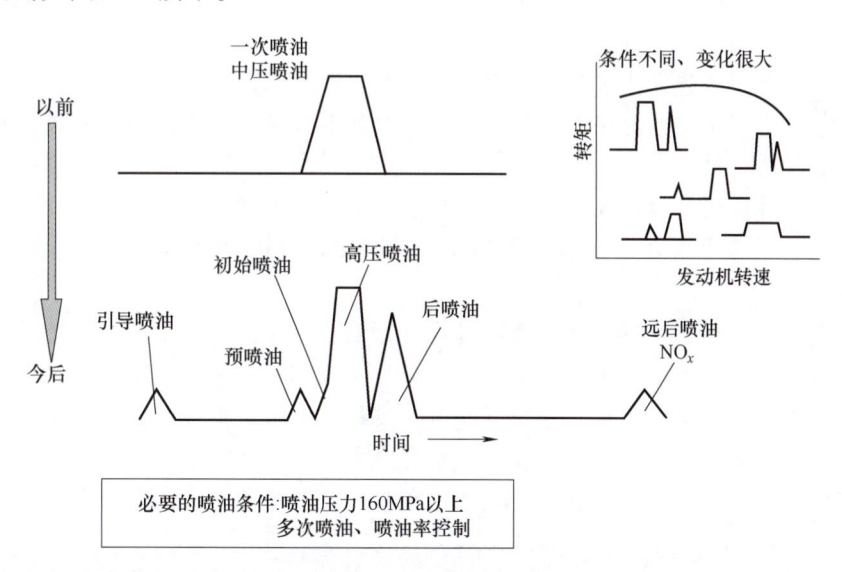

图 6-43　喷油率形状变化

通过电磁阀控制电控喷油器将共轨管内的燃油喷入柴油机气缸内，而且可以按照最佳的时间，最合适的喷油率进行喷油。在多次喷油过程中，电磁阀必须完成多次开启、关闭动作。在主喷油前后的预喷油、后喷油中，由于喷油的间隔相互靠近，因此，前次喷油会对后次喷油带来影响。在主喷油之前进行的预喷油可以使燃烧噪声明显降低。但是，由于预喷油

会导致 PM 排放增加，因此，应尽量使预喷油段靠近主喷油段，从而降低 PM 排放。利用电控高压共轨喷油系统实现多次喷油，已成功地应用到实际产品中。

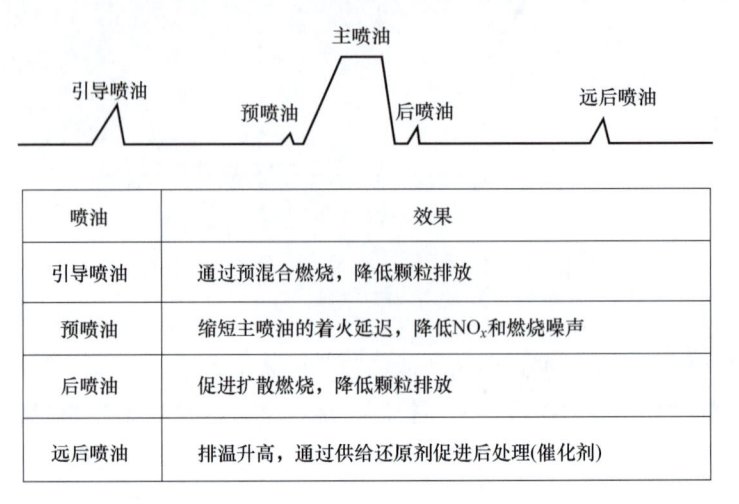

喷油	效果
引导喷油	通过预混合燃烧，降低颗粒排放
预喷油	缩短主喷油的着火延迟，降低 NO_x 和燃烧噪声
后喷油	促进扩散燃烧，降低颗粒排放
远后喷油	排温升高，通过供给还原剂促进后处理(催化剂)

图 6-44　多次喷射作用

本 章 小 结

发动机的燃烧过程是将燃料的化学能转变为热能的过程。对燃烧过程的基本要求是完全、及时、正常。

汽油机混合气形成的方式主要有两类：一类是化油器式，另一类是汽油喷射式。它们在结构与供油方法上有所不同，但它们都属于在气缸外部形成混合气，都是依靠控制节流阀开闭来调节混合气含量的。

汽油机的燃烧过程分为着火落后期、明显燃烧期、补燃期。为提高发动机动力性、经济性，且工作柔和，希望压力升高率在 $0.175 \sim 0.25$ MPa/(°)，燃烧最高压力 p_{max} 出现在上止点后 12°~15°（CA）内。

柴油机混合气的形成由缸内油束喷雾以及热力混合组成，空气组织有缸内压缩涡流、活塞运动引起的挤流和湍流，油束喷雾由喷孔内外压力而形成锥状油束，经过缸内热力混合，形成混合气。用油束锥角、油束贯穿距离和雾化质量来说明油束特性，用液滴尺寸及分布特性评价油束雾化程度。混合气的形成在燃烧室内完成的，非直喷式燃烧室结构主要有涡流室式和预燃室式两种，直喷式燃烧室有浅盆形燃烧室、ω 形燃烧室、M 形燃烧室和球形燃烧室等，电控柴油机燃烧室常见有缩口深坑形和大口径浅坑形两种。

柴油机的燃烧过程可分为四个阶段：着火延迟时期、速燃期、缓燃期和后燃期。燃烧放热规律一般分为三个阶段：第一阶段放热速率很低，第二阶段放热速率很高，第三阶段的燃烧速度部分受喷射过程的控制。

改进燃烧过程的技术有提高喷油压力、多次喷射、均质压燃技术和闭环燃烧控制技术。

习题与思考题

6-1　分析内燃机缸内空气运动形式及它们对混合气形成和燃烧过程的影响。

6-2　何谓缸内滚流？滚流对燃烧过程有何影响？

6-3　汽油机和柴油机混合气形成方式主要有哪几种？

6-4　汽油喷射方式有哪几种？各有什么不同？

6-5　喷油量的控制是如何实现的？同时基于空燃比的修正有哪几种？

6-6　说明汽油机和柴油机燃烧过程各阶段的主要特点以及对它们的要求。

6-7　火焰燃烧速率包括哪几种？各自的特点是什么？

6-8　说明爆燃和表面点火的机理和避免方式。

6-9　试述汽油机和柴油机燃烧室的设计要点及燃烧室设计的优化方式。

6-10　缸内直喷分层燃烧方式有哪些优点？

6-11　简述燃油喷射过程和油束主要参数。

6-12　比较直喷式燃烧室和非直喷式燃烧室的优缺点。

6-13　柴油机着火延迟期的定义是什么？柴油机着火延迟期的影响因素有哪些？

6-14　着火延迟期对柴油机燃烧过程有何影响？分析影响柴油机燃烧的主要因素。

第7章

发动机污染物生成及特性

学习目标：

1) 理解汽油车排放污染物与柴油车排放污染物有何异同，理解汽车排放污染物的生成机理及其控制方法。
2) 掌握发动机负荷特性、速度特性和万有特性。

重　点：

1) 汽油机和柴油机排放污染物的影响因素。
2) 发动机负荷特性、发动机速度特性、发动机万有特性。

难　点：

汽油机和柴油机排放污染物的生成机理。

7.1　汽油机污染物生成机理及控制方法

汽油主要由不同种类的烃化合物组成，一般烷族烃约占 45%～60%，芳香族烃约占 30%～35%，烯族烃约占 5%～10%。从元素组成角度来看，按质量百分比，碳（C）元素约占 85.5%，氢（H）元素约占 14.5%。传统的汽油机压缩比在 7～10 之间，其燃烧过程依靠火花塞点燃汽油与空气的混合气来实现。汽油机燃烧必须具备两个条件：一是空气和燃料的混合气成分（空燃比）应处在可燃界限内（一般在 10～19 之间）；二是火花塞应具有足够的点火能量（最小点火能量 40～120 mJ）才能可靠地点燃混合气。汽油的理论空燃比大约为 14.7，一般经济混合气的空燃比在 15.4～16.2，最大功率空燃比为 14.0～16.5。汽油机污染物与过量空气系数 ϕ_a 的变化关系如图 7-1 所示。

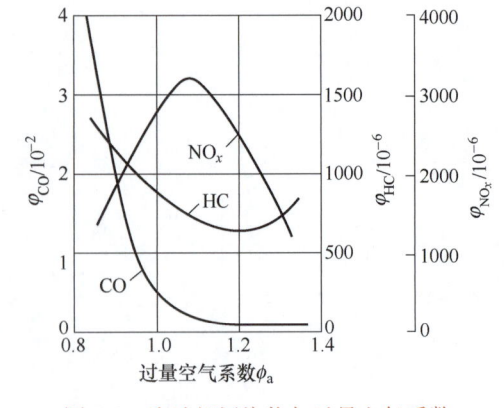

图 7-1　汽油机污染物与过量空气系数 ϕ_a 的变化关系

较浓的混合气（$\phi_a<1$）由于燃烧不完全，排放的 CO 与 HC 浓度较高。在 $\phi_a=1$ 附近，CO 与 HC 排放浓度下降，在 $\phi_a=1.1～1.25$ 范围内 HC 排放最少。NO_x 的排放浓度在混合气

稍稀处最高，在混合气过稀或过浓时都会急剧下降。当混合气浓度过分稀时还会出现失火现象，导致 HC 排放的增加。

7.1.1 污染物生成机理

1. CO 的生成机理

CO 是碳氢化合物燃料在燃烧过程中生成的主要中间产物，其生成主要与混合气的混合质量及浓度有关。在燃料燃烧过程中，不是所有的碳都会完全转化成 CO_2，这是因为一部分碳由于燃料未完全燃烧、混合气分布不均匀以及在高温下 CO_2 和 H_2O 裂解的原因而形成 CO。控制 CO 排放的主要因素是可燃混合气的过量空气系数 ϕ_a。当空气不足 $\phi_a<1$ 时，燃料燃烧时会生成大量的 CO。

图 7-2 所示为 11 种不同 H/C 比的燃料在传统汽油机中燃烧后排气中的 CO 摩尔分数 X_{CO} 随 α 或 ϕ_a 的变化关系。图 7-2a 表示 X_{CO} 与 α 的关系，对于不同燃料，由于 H/C 比不同而互不重合，但如把空燃比 α 换成过量空气系数 ϕ_a，不同燃料的关系则精确地落在一条线上（图 7-2b）。由此可见，在浓混合气中（$\phi_a<1$），X_{CO} 随 ϕ_a 的减小不断增加，这是因为缺氧引起不完全燃烧所致。作为一种粗略的估计，可以认为 ϕ_a 每减小 0.1，X_{CO} 增加 0.03。在稀混合气中（$\phi_a>1$），X_{CO} 都很小，只有在 $\phi_a=1.0\sim1.1$ 时，X_{CO} 才随 ϕ_a 有较复杂的变化。

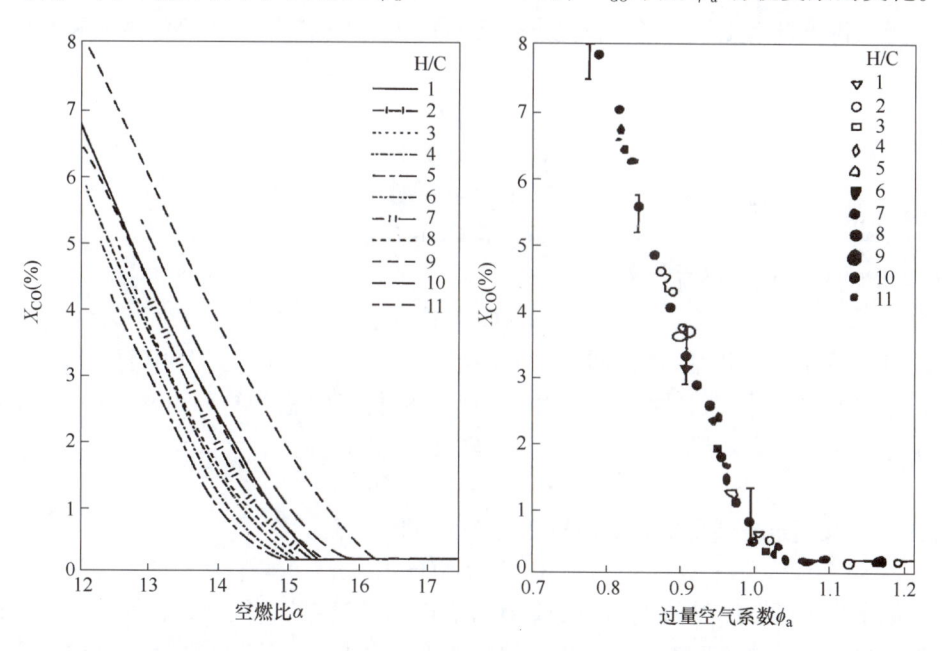

图 7-2 点燃式内燃机 CO 排放量 X_{CO} 与空燃比 α 及过量空气系数 ϕ_a 的关系

2. HC 的生成机理

汽油机未燃的 HC 都是在缸内的燃烧过程中产生并随排气过程排放的，其未燃 HC 的生成有如下三种方式。

1）在气缸内的工作过程中生成并随排气排出，称为 HC 的排气排放物，主要是在燃烧过程中未燃烧或未完全燃烧的 HC 燃料。

对于增压的四冲程汽油机，一般采用较大的气门叠开角。当进排气门重叠开启时，扫气

作用虽然有助于降低发动机热负荷，但也使 HC 排放增加。

2) 从燃烧室通过活塞组与气缸之间的间隙漏入曲轴箱的窜气，含有大量未燃烧燃料。曲轴箱窜气如果排入大气也构成 HC 排放物，称为曲轴箱排放物。

3) 从汽油机和其他轻质液体燃料点燃式发动机的燃油系统，如燃油箱、化油器等处蒸发的燃油蒸气，如果排入大气同样构成 HC 排放物，称为蒸发排放物。汽车汽油配售、储存和加油系统如无特殊防蒸发排放措施，会产生大量蒸发排放物。

汽油与空气的均匀混合气在过量空气系数 $\phi_a=1$ 的条件下燃烧时，理论上不应产生未燃烧的 HC。但在实际汽油机中，不管 ϕ_a 多大都会排放未燃的 HC（图 7-1）。一般来说，在混合气略稀（$\phi_a=1.1 \sim 1.2$）时，未燃 HC 的体积分数 φ_{HC} 最小。随着 ϕ_a 的减小，未燃的 HC 会迅速增加。当混合气过稀（$\phi_a>1.2$）时，由于燃烧恶化，未燃 HC 排放不断增加。当 ϕ_a 到达某一限值，气缸内出现缺火循环的概率越来越大，这些未燃燃料会原封不动地经过排气管排放，导致 HC 排放急剧增加。

3. 氮氧化物生成机理

(1) NO 的生成 在内燃机排放的氮氧化物 NO_x 中，大多数是 NO。NO 的生成主要与温度有关，产生于火焰前锋面和已燃烧气体远离火焰的区域。在内燃机中，燃烧发生在高压环境下，火焰中的反应带很薄（约 0.1 mm），时间很短，燃烧期间气缸内压力不断升高，从而使火焰带的温度升至更高水平。在过量空气系数 $\phi_a=1$ 附近，导致 NO 生成和消耗的主要反应式为

$$O_2 \rightarrow 2O \quad (7\text{-}1)$$

$$O+N_2 \rightarrow NO+N \quad (7\text{-}2)$$

$$N+O_2 \rightarrow NO+O \quad (7\text{-}3)$$

$$N+OH \rightarrow NO+H \quad (7\text{-}4)$$

NO 生成的总量化学反应式为

$$N_2+O_2 \rightarrow 2NO \quad (7\text{-}5)$$

(2) NO_2 的生成 化学平衡计算表明，在一般火焰温度下，燃气中的 NO_2 浓度与 NO 浓度相比可以忽略不计。不过在柴油机中，NO_2 可占排气中总 NO_x 的 $10\% \sim 30\%$。NO_2 是在火焰中生成的，NO 可以通过下述反应式迅速转变为 NO_2，即

$$NO+HO_2 \rightarrow NO_2+OH \quad (7\text{-}6)$$

然后 NO_2 又通过下述反应式重新转变为 NO，即

$$NO_2+O \rightarrow NO+O_2 \quad (7\text{-}7)$$

在火焰中生成的 NO_2 会在与较冷的气体混合时被"冻结"，因此，长期怠速运行的汽油机会产生大量 NO_2，这种现象也在小负荷的柴油机中出现。在这种情况下，燃烧室中存在很多低温区域，这些区域可以抑制 NO_2 再次转化为 NO。

7.1.2 降低汽油机排放的控制方法

1. 控制混合气浓度和质量

混合气浓度和质量对发动机性能影响主要体现在燃油的雾化蒸发程度、混合气的均匀性、空燃比和缸内残余废气系数的大小等方面。随着空气量的增加，氧气增多，燃料能够更充分地燃烧，从而减少 CO 的排放。混合气均匀性越差，则 HC 排放就会越多，混合气过浓

或过稀均会发生不完全燃烧，如果废气相对过多，则会使火焰中心的形成与火焰的传播受阻甚至出现断火。

燃烧室的最高温度通常出现在 $\phi_a \approx 1.1$ 的条件下，因为此时有适量的氧气浓度，NO_x 的排放达到最高值，无论混合气变稀或变浓，NO_x 排放均会降低。当混合气偏浓时，由于缺氧，即使燃烧室内温度很高，NO_x 的生成量也会随着混合气浓度的升高而降低，此时氧浓度起着决定性作用；当混合气偏稀时，NO_x 生成量随温度升高而迅速增大，此时温度起着决定性作用。

2. 控制点火提前角

点火提前角对 HC 和 NO_x 排放的影响如图 7-3 所示。当空燃比保持不变时，随着点火提前角的推迟，NO_x 和 HC 的排放同时降低，燃油消耗却明显增加。这是因为点火提前角相对于最佳点火提前角（MBT）的推迟会增加后燃烧，导致热效率降低。但点火提前角推迟会导致排气温度上升，使得在排气行程以及排气管中 HC 氧化反应加速，使最终排出的 HC 减少。NO_x 排放降低主要是由于点火提前角的推迟导致了上止点后燃烧的燃料增多，降低了燃烧的最高温度。

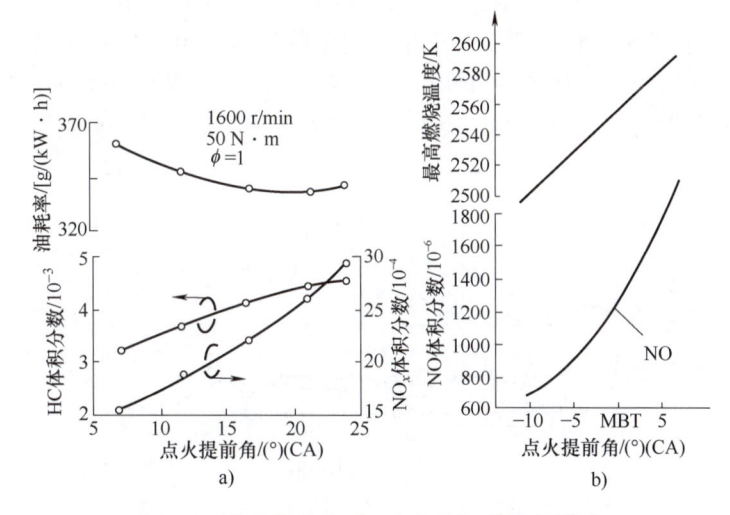

图 7-3　点火提前角对 HC 和 NO_x 排放的影响

点火提前角对 CO 排放浓度的影响很小，除非点火提前角过分推迟，这会导致 CO 没有足够的时间完全氧化，从而引起 CO 排放量的增加。

3. 控制汽油机的运转参数

（1）汽油机转速　汽油机转速的变化会引起充气系数、点火提前角、混合气形成、空燃比、缸内气体流动、汽油机温度以及排气在排气管中停留的时间等多个因素的变化。转速对排放的影响是这些变化综合作用的结果。当转速增加时，缸内气体流动增强，燃油的雾化质量及均匀性得到改善，湍流强度增大，燃烧室温度提高，这些因素都有利于改善燃烧，降低 CO 及 HC 的排放。在汽油机怠速时，由于转速低、汽油雾化差、混合气很浓、残余废气系数较大，因此 CO 及 HC 的排放浓度较高。从排放控制的角度来看，需要将发动机的怠速转速规定得高一些，以降低 CO 和 HC 的排放浓度。

NO 排放受转速变化的影响是有一定特征的，这些特征的转折点发生在理论空燃比附近。在燃用稀混合气、点火时间不变的条件下，从点火到火焰核心形成的点火延迟受转速影

响较小,而火焰传播的起始角则随着转速的增加而推迟。随着转速的增加,火焰传播速度也会提高,但提高的幅度不如燃用浓混合气时大。因此,部分燃料会在膨胀过程压力及温度均较低的情况下燃烧,从而导致 NO 生成量减少。然而,在燃用较浓的混合气时,火焰传播速度随转速的提高而提高,散热损失减少,缸内气体温度升高,因此 NO 生成量增加。

(2) 负荷 负荷的变化对于 HC 和 CO 的排放基本上没有影响,但对 NO 的排放有影响。汽油机采用节气门来控制负荷,当负荷增加时,进气量也会增加,从而降低了残余废气的稀释效应,火焰传播速度得到了提高,缸内温度提高,NO_x 排放增加。然而,如果混合气过浓,由于氧气不足,负荷对 NO_x 排放影响不大。

(3) 汽油机冷却液及燃烧室壁面温度 提高汽油机冷却液及燃烧室壁面温度,可降低缝隙容积中 HC 的含量,减少淬熄层厚度,减少 HC 排放。另外,冷却液及燃烧室壁面温度的提高,也使燃烧最高温度增加,从而 NO_x 排放也增加。

(4) 消除积炭 随着积炭的增加,HC 的排放量增加,如图 7-4 所示,随着汽油机运转时间的增加,积炭会逐渐增多,导致排气中的 HC 含量增加。图中曲线 1 和 2 分别表示节气门全开、过量空气系数 $\phi_a = 0.89$、发动机转速 $n = 1200$ r/min 时,排气中 HC 和 CO 的变化;曲线 3 和 4 分别表示节气门部分开启、过量空气系数 $\phi_a = 1.01$、发动机转速 $n = 2000$ r/min 时排气中的 HC 和 CO 的变化。从图中可知,汽油机的运转时间及沉积物的厚度对 HC 排放影响较大,而对 CO 排放几乎没有影响。点 5 表示清除沉积物后,HC 排放大大降低。

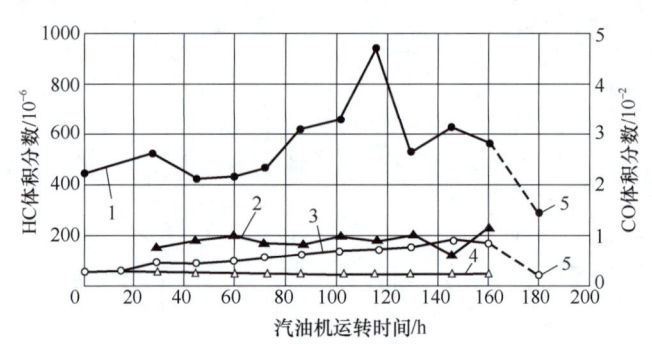

图 7-4 汽油机运转时间对 HC 和 CO 排放的影响

随着积炭的增加,发动机的实际压缩比也随之增加,导致最高燃烧温度升高,NO 排放量增加。汽油机在高负荷下运行时,积炭成了表面点火的点火源,还有可能使机件烧蚀。

4. 优化汽油机的结构参数

燃烧室的面容比大,单位容积的激冷面积也随之增大,激冷层中的未燃烃总量必然也增大,造成 HC 排放增加。其次燃烧室壁面散失的热量减少、残留气体减少,则燃烧温度高,NO 的排放量增大。汽油机的结构对于燃烧室面容比和缸内燃烧温度有较大影响。一些影响汽油发动机排放的重要结构参数包括气缸工作容积、行程缸径比(S/D)、燃烧室形状压缩比、活塞顶结构尺寸、配气定时以及排气系统等。

5. 燃料性质

1) 辛烷值。汽油辛烷值的大小影响汽油机的油耗,较低的辛烷值导致油耗增加,因此排放量也随之增大。

2) 挥发性。汽油的挥发性太低,则混合气的生成不良,起动困难,暖机性能不好,影

响燃烧和排放；挥发性太高，则蒸发排放增加，炭罐容易过载，并且油路中气泡增加，影响喷油器的稳定性，进而影响排放。

3）烯烃和芳烃含量。烯烃是不饱和碳氢混合物，能提高辛烷值，但受热后会形成胶质沉积在进气系统和燃油供给系统中，形成堵塞，使排放恶化，功率下降，油耗增加。另外，烯烃蒸发后会促使近地大气中形成臭氧，危害健康。芳烃能提高汽油的辛烷值，但同时也会增加发动机中的沉积物及有害气体的排放。随着燃料中芳烃的增加，由于芳烃燃烧温度较高，导致NO_x排放量也会增加。

4）洁净添加剂。无铅汽油使用洁净添加剂，可以大大减少燃烧室积炭和燃料喷射系统的喷嘴堵塞现象，有利于减少污染物排放。

综合考虑上述诸多因素，确定新的汽油配方，改进汽油制备工艺，添加替代燃料，改善油品特性，对降低车用汽油机废气排放是非常有效的。

6. 环境的影响

1）进气温度的影响。一般情况下，冬天气温可达-20 ℃以下，夏天气温在30 ℃以上，爬坡时发动机舱盖内进气温度可能超过80 ℃。随着环境温度的上升，空气密度变小，而汽油的密度几乎不变。因此，汽车供给的混合气的空燃比会随着吸入空气温度的上升而变浓，这可能导致排出的CO增加。因此，冬天和夏天发动机排放情况有很大的差异。

2）大气压力的影响。可以认为空气密度和进气压力成正比，空燃比和空气密度的平方根成正比，所以进气管压力降低时，空气密度下降，则空燃比下降，CO排放量将增大，而NO_x排放量降低。

3）大气湿度的影响。大气湿度对排放特性的影响可以从两个方面考虑：第一，由于大气湿度的变化，使空燃比的变化超过了反馈控制区域；第二，由于大气湿度的增加，燃烧室内气体的热容量增大，使最高燃烧温度降低。空燃比α随大气湿度的变化关系为

$$\alpha = A(1-H_m)/(\rho F) \tag{7-8}$$

式中，A 为发动机吸入的空气量（kg/s）；ρ 为空气的密度（kg/m³）；F 为燃料消耗量（kg/s）；H_m 为绝对湿度（kg/m³）。

大气湿度增大会导致水分带走燃烧释放的热量，降低最高燃烧温度，从而降低NO_x的排放。不仅是水，任何与燃烧无关的成分进入燃烧室，都会降低NO_x的排放。如图7-5所示，随着热容量的增大，NO_x排放降低。

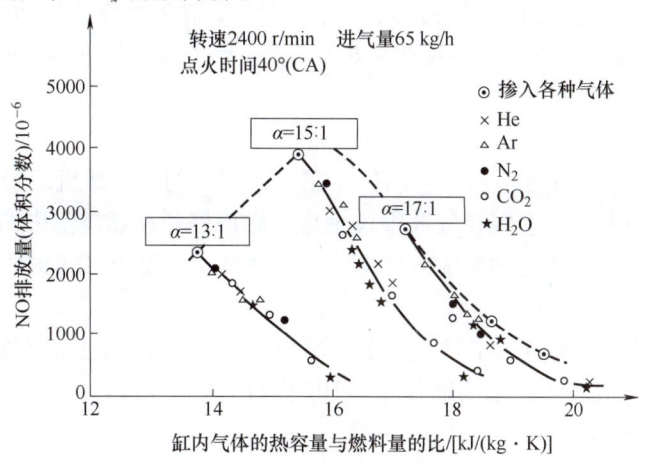

图7-5 NO_x排放随热容量的变化

7.2 柴油机污染物生成机理及控制方法

7.2.1 污染物生成机理

柴油机污染物与过量空气系数 ϕ_a 的变化关系如图 7-6 所示。尽管柴油机混合气不均匀，会有局部的过浓区，但由于过量空气系数较大，氧气较为充分，能够使缸内形成的 CO 得到氧化，因此 CO 一般排放较少。CO 仅是在接近冒烟界限时会急剧增加，此时 HC 排放也较少。当 ϕ_a 增加时，HC 浓度随之增加。在 ϕ_a 略大于 1 的区域，尽管总体上是富氧燃烧，但由于混合不均匀，存在着局部高温缺氧区域，因而会产生大量的碳烟。随着 ϕ_a 的增大，碳烟浓度将快速下降。

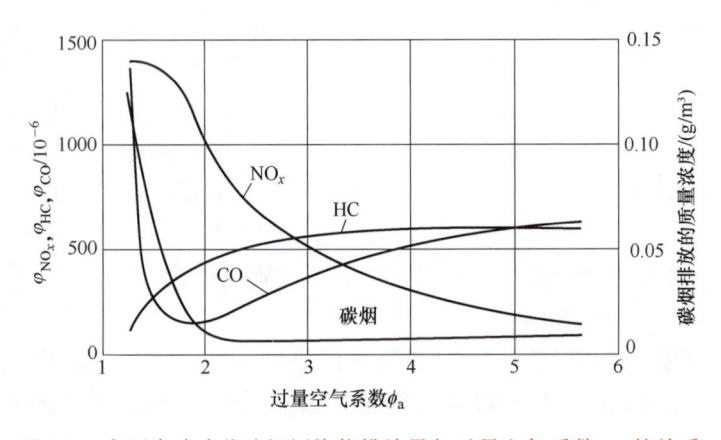

图 7-6　车用直喷式柴油机污染物排放量与过量空气系数 ϕ_a 的关系

1. CO 生成机理

和汽油机一样，柴油机中 CO 的生成主要与混合气的混合质量及其浓度有关。柴油机通常在稀混合气下运行，其平均过量空气系数 ϕ_a 在大多数工况下介于 1.5~3 之间，CO 排放量要比汽油机低得多，只有在负荷很大接近冒烟界限（$\phi_a = 1.2~1.3$）时才急剧增加，如图 7-6 所示。但是，柴油机的特点是燃料与空气混合不均匀，燃烧空间中通常存在局部缺氧区域、低温区域以及反应物在燃烧区停留时间不足以完全燃烧，从而无法生成最终产物 CO_2，而是产生 CO 排放。这可以解释图 7-6 上 ϕ_a 很大（即负荷很小）时 CO 排放反而上升的原因，尤其是在高速运转时更明显。

2. HC 生成机理

汽油机 HC 的生成机理也适用于柴油机，但有一定区别。柴油机一般把燃油高压喷入燃烧室中，直接在缸内形成可燃混合气并很快燃烧。燃油停留在燃烧室中的时间比汽油机短得多，因而受到上面已经描述过的生成未燃 HC 的种种机理作用的时间也短，所以柴油机未燃 HC 排放较少。

柴油机的 HC 排放量随过量空气系数增大而增加（图 7-6）。过量空气系数增大，则混合气变稀，燃油不能自燃，或火焰不能传播，HC 排放增加。所以，在急速或小负荷工况时，HC 排放量高于全负荷工况。

3. 微粒生成机理

柴油机排放的微粒（particulate，PT 或 particulate mass，PM）一般要比汽油机多几十倍。随着柴油机的不断改进，微粒排放量也在不断下降。

（1）排气微粒的理化特性　柴油机排气微粒的组成取决于柴油机的运转工况，尤其是排气温度。①当排气温度超过 500 ℃时，排气微粒基本上是很多碳质微球的聚集体（含有少量氢和其他元素），称为碳烟。②当排气温度低于 500 ℃时（柴油机绝大多数工况都是这样），微粒会吸附和凝聚多种有机物，称为有机可溶成分（soluble organic fraction，SOF）。

柴油机排气微粒是一种由很多原生微球聚集而成的聚集体，总体结构可以是团絮状或链状，包含 $10^3 \sim 10^4$ 个微球体，都是燃烧产生的碳粒，大多数在 15~40 nm 范围内。最终形成的微粒（聚集体）由于形状复杂，其粒度表征比较困难，一般都用某种当量直径表达。测得的微粒粒度大多在 0.02~1.0 μm 范围内，其体积平均粒度为 0.1~0.3 μm。微粒的表观密度在 0.25~1.0 kg/L 范围内，可见其结构很疏松。

排气微粒通常用溶剂萃取法等分析方法分成碳烟和有机可溶成分两部分。一般来说，有机可溶成分占 PM 质量的 15%~30%，但观测到的总变化范围要大得多（10%~90%）。发动机负荷越小，有机可溶成分比例就越大，这与温度状态的影响一致。碳烟的 H/C 原子比在 0.1~0.2 之间，而有机可溶成分的为 1.2~1.6。在不同柴油机工况下，有机可溶成分的平均相对分子质量为 360~400，这正好落在柴油（200）与润滑油（440~490）之间。由放射性示踪研究表明，碳烟中基本不含润滑油成分，后者全部进入有机可溶成分，在不同机型和不同工况下占有机可溶成分质量的 15%~80%。燃油产生的物质有 80% 进入碳烟，20% 进入有机可溶成分。

微粒中的有机可溶成分含有对健康和环境有害的成分，包括各种未燃碳氢化合物、含氧有机物（醛类、酮类、酯类、醚类、有机酸类等）和多环芳烃（polycyclic aromatic hydrocarbon，PAH）及其含氧和含氮衍生物等。

微粒的凝聚物中还包括少量无机物，如 SO_2、NO_2 和硫酸盐等。微粒中还有少量来自燃油和润滑油的钙、铁、硅、铬、锌、磷等的化合物。

（2）碳烟的生成机理　柴油在高压高温（2000~2200 ℃）局部缺氧的条件下，经过热裂解，复杂的碳氢化合物逐步脱氢成为简单的碳氢化合物，产生多种中间产物，如烯烃（CH_2—CH_2）等低分子量的碳氢化合物。进一步裂解和脱氢成为活性较强的乙炔（CH—CH），乙炔是碳烟形成过程中重要的中间产物，再经聚合脱氢，会形成联乙炔或乙烯基乙炔，进一步裂解和脱氢、基团聚合成很不活泼的聚缩乙炔（—C≡C—），形成固体碳初核。之后，在大于 1000 ℃ 高温情况下，经过聚合、环构化和进一步脱氢形成具有多环结构的不溶性碳烟成分，最后形成六方晶格的碳烟晶核。在低于 1000 ℃时，经过环构化和氧化，也形成碳烟晶粒，再经不断聚集长大为碳烟微粒，如图 7-7 所示。

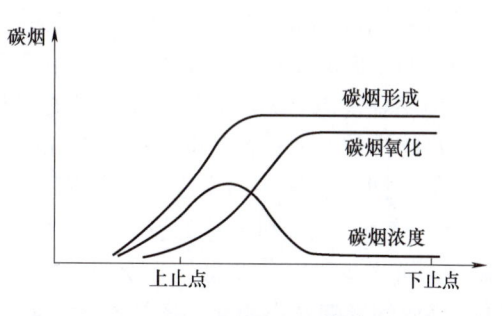

图 7-7　碳烟的变化过程

1）生成阶段。这是一个诱导期，期间燃料分子经过其氧化中间产物或热解产物萌生凝

聚相。在这些产物中有各种不饱和的烃类，特别是乙炔及其较高阶的同系物 C_nH_{2n-2} 和 PAH。这两类分子已被认为是火焰中形成碳烟粒子最可能的前兆物。这些气相物质的凝聚反应导致出现最早可辨认的碳烟粒子（常称为晶核）。这种最早期的粒子粒度非常小（$d<2$ nm），即使生成数量众多，也只能在其生成区，即火焰的最活性区占微乎其微的比例。

2）长大阶段。长大阶段包括表面生长和聚集两个方面。表面生长指用微粒表面粘住来自气相的物质，然后合并在一起；聚集过程是通过碰撞使微粒长大从而使微粒数量减少，生成链状或团絮状的聚集物。在柴油机中，这个微粒聚集的基元过程常与微粒在空气中的氧化过程同时发生，后者妨碍微粒的长大。

（3）氧化 燃烧过程（主要是扩散燃烧期）中生成的碳烟微粒是可燃的，其中很大一部分在燃烧的后续过程中会被烧掉（氧化）。碳烟在缸内燃烧时呈黄色火焰。碳烟的氧化速率主要和温度有密切关系，同时还和剩余氧，以及在高温下的逗留时间有关。

4. NO_x 的生成机理

和汽油机一样，影响柴油机 NO_x 生成的因素包括高温、富氧和持续燃烧。当 A/F 轻微大于理论空燃比时，燃烧室温度最高，并且有过剩的 O_2，因此生成的 NO_x 浓度最大。当 A/F 小于理论空燃比时，由于缺氧，NO_x 的生成量随 A/F 减小而下降。相反，当 A/F 大于理论混合比时，燃烧室温度降低，因此 NO_x 生成量迅速下降。

7.2.2 减少柴油机排放的控制方法

1. 选择合理的柴油机运转参数

（1）负荷 在小负荷下，由于喷油量较少，缸内气体温度较低，氧化作用相对较弱，因此 CO 的排放浓度较高。随着负荷的增加，气体温度升高，氧化作用增强，这有助于减少 CO 的排放。然而，当大负荷或全负荷时，由于氧气浓度降低和喷油后期的供油量增加，反应时间较短，这导致 CO 的排放再次增加。

HC 的排放量随着负荷的增加而减少。在急速和小负荷时，喷油量较少，燃料燃烧引起的局部温度升高较小，因而反应速率较慢。随着负荷的增加，燃烧温度升高，氧化反应随着温度的升高加快，从而减少了 HC 的排放量。

NO_x 的排放随着负荷的增加先增加后降低。具体来说，在小负荷时，混合气中的氧气较充足，但燃烧室内的温度相对较低，因此 NO_x 的排放较低；随着负荷的增加，燃烧温度升高，NO_x 的排放增加；当负荷进一步增加时，燃烧室内气体温度虽然升高，但混合气中的氧含量降低，抑制了 NO_x 的生成，导致 NO_x 排放降低。

（2）转速 柴油机转速的变化会对与燃烧相关的气体流动、燃油雾化和混合气质量产生影响，而这些变化会影响 NO_x 及 HC 的排放。然而，对于直喷式柴油机，转速变化对 NO_x 及 HC 排放的影响并不明显。图 7-8 所示为 6135 型低增压柴油机转速对排放物的影响。试验是在平均有效压力为 0.75 MPa、喷油提前角比正常的推迟 10°（CA）下进行的，可见，转速变化对 NO_x 及 HC 的排放影响不大。

但是，转速的变化对 CO 排放的影响较大。由图 7-8 可知，CO 排放量在某一转速时最低，而在低速及高速时较高。柴油机在高速运转时充气系数较低，因此在较短的时间内形成良好的混合气及燃烧过程较为困难，燃烧不完全，因此 CO 排放量较高。而在低速，特别是急速空转时，由于缸内温度较低，喷油速率较低，燃料雾化较差，燃烧不完全，故 CO 排放

量也较高。

(3) 进气涡流　适当地增加燃烧室内空气涡流的强度，可改善燃油与空气的混合，促进混合气的形成，提高混合气的均匀性，减少不完全燃烧，同时使得燃烧室内局部区域混合气过浓或过稀的现象有所减少。另外，涡流能加速燃烧，使气缸内最高燃烧压力和温度提高，有利于未燃烃的氧化。但空气涡流过强，则相邻两喷注之间会形成互相重叠和干扰，使混合气过浓或过稀的现象更加严重，反而使 HC 排放增加，如图 7-9 所示。另外，随着缸内空气涡流的加速，燃烧速度加快，NO_x 的排放也会增加。

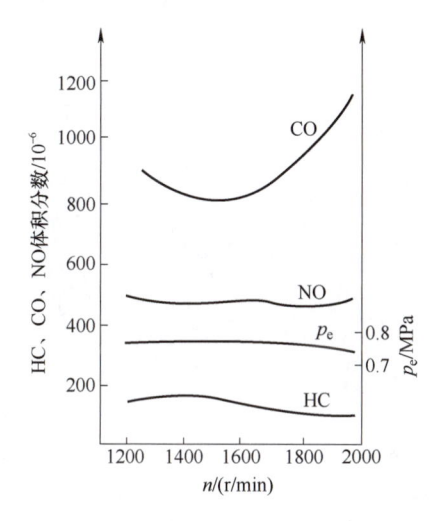

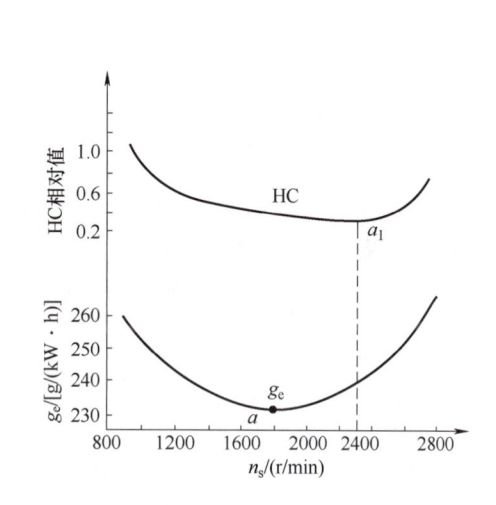

图 7-8　6135 型低增压柴油机转速对排放物的影响

图 7-9　涡流强度对 HC 浓度和油耗率的影响

2. 适当调整进气温度和进气压力

进气温度的升高将引起柴油机压缩温度及局部反应温度的升高，有利于 NO_x 的生成。直接或间接喷射柴油机的 NO 排放和平均有效压力与进气温度的关系如图 7-10 所示。图中虚线表示预燃室柴油机的试验结果，实线表示直喷式柴油机的试验结果。随着进气温度的增加，NO 排放量增大。由于冬夏季的气温可相差几十摄氏度，因此，当发动机的技术状态不变时，夏季的 NO 排放比冬季大。在柴油机的中等负荷工况下，提高进气温度可缩短滞燃期，升高燃烧温度，促进 HC 的氧化，并减少淬熄现象，从而降低 HC 的排放量。此外，图 7-11 所示为在发动机转速为 1000 r/min 时，空燃比为 55 和 25 两工况时的滞燃期和 HC 排放的试验结果。

在进气温度及供油量不变的情况下，提高进气压力，相当于增加空燃比，由此降低了燃气温度，抑制了 NO 的生成。进气湿度的增加使进入气缸的水增加，由于水在燃烧反应中吸热，因而燃烧温度有所降低，减少了 NO 的生成量。图 7-12 所示为进气湿度对 NO 排放的影响。

3. 优化供油系统

供油系统参数对柴油机排放的影响主要包括喷油提前角、喷油速率、喷油压力等。这些参数不仅影响排放，还会影响柴油机的其他性能，如动力性和经济性。因此，为了获得最佳的供油系统参数，需要在动力性、经济性和排放特性上进行全面考虑。

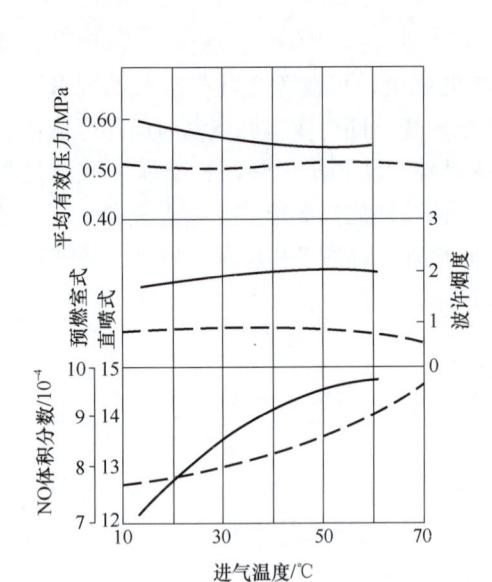

图 7-10 进气温度对 NO 排放的影响

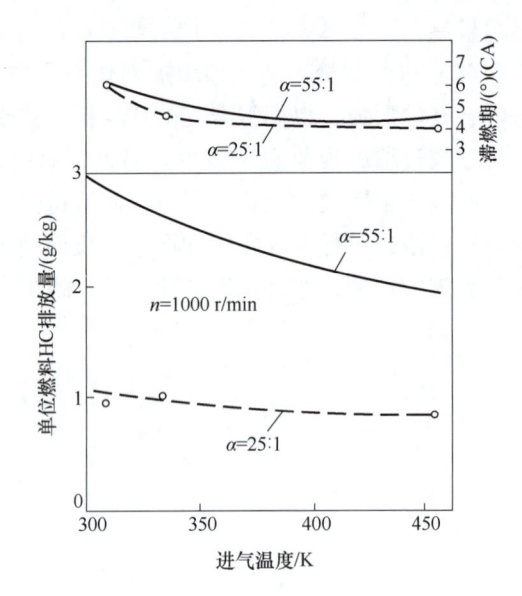

图 7-11 进气温度对 HC 排放的影响

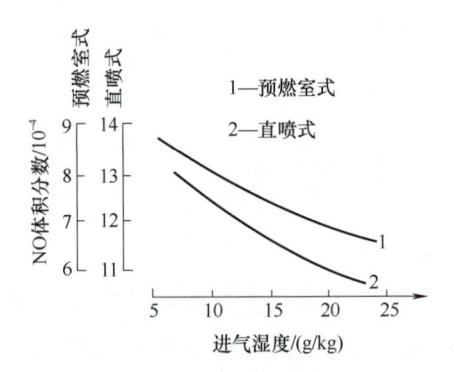

图 7-12 进气湿度对 NO 排放的影响

（1）喷油提前角　喷油提前角会显著影响柴油机的排放，尤其是 NO_x、碳烟和 HC 排放。减小喷油提前角可使燃烧推迟，燃烧温度降低，减少了 NO_x 排放。提前喷油和推迟喷油也可降低碳烟的排放。这是因为，如果喷油提前角过大，则燃油在较低的温度和压力下喷入气缸，结果使滞燃期延长，使着火前的喷油量较多，燃烧温度升高，从而增加了 NO_x 的排放，但减少了碳烟的排放。如果将喷油提前角推迟到最小滞燃期后，由于扩散火焰部分发生在膨胀过程中，火焰温度较低，使碳烟的生成速率降低。然而，如果推迟喷油提前角太多，如图 7-13 所示由上止点继续推迟时，NO_x 排放则会上升。这是由于滞燃期的过分延长，使燃烧初期的放热速率反而大幅度上升。

喷油提前角对柴油机 HC 排放的影响较为复杂，这与燃烧室形状、喷油器结构参数及柴油机运转工况有关。总的来说，当喷油提前角较小时，滞燃期增加，导致更多的燃油蒸气和小的油粒被旋转气流带走，形成了一个较宽的贫油火焰外围区。同时，燃油与壁面的碰撞也增加，这些因素都会导致 HC 排放量的增加。相反，如果喷油提前角过大，燃油无法得到充

分的反应时间，这也会导致 HC 排放量的增加。图 7-14 所示的是柴油机在不同转速时喷油提前角对 HC 排放的影响，结果表明在低转速时喷油提前角对 HC 排放的影响不大，但当转速超过 1800 r/min 时喷油提前角对 HC 排放的影响非常明显，这可能是较高转速时火焰外围区燃油过稀所致。

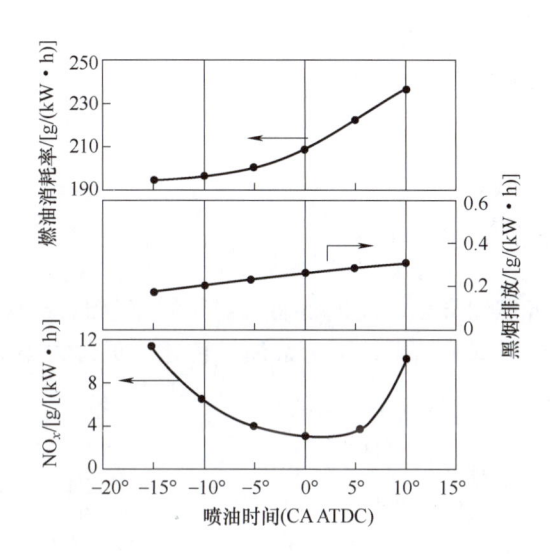

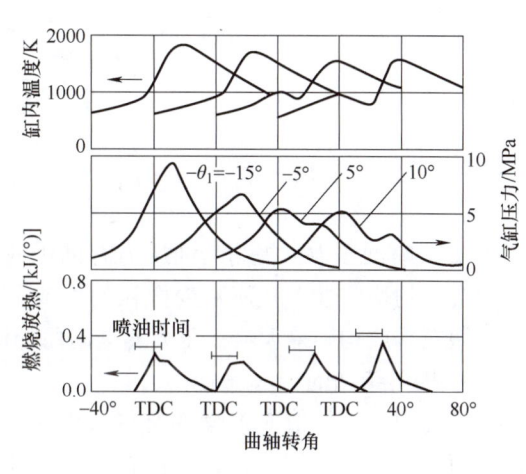

图 7-13 直喷式柴油机喷油时间对排放和油耗的影响

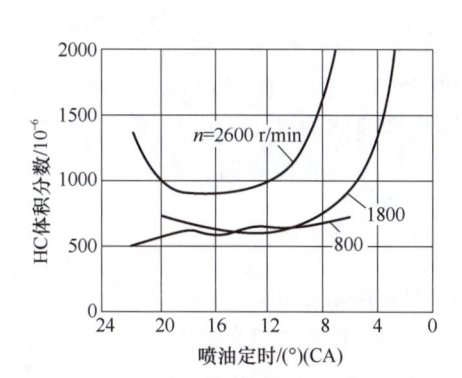

图 7-14 喷油提前角对 HC 排放的影响

（2）喷油速率　喷油器在单位时间内（或单位喷油泵凸轮轴转角内）喷入燃烧室内的燃油量称为喷油速率。提高喷油速率，缩短喷油持续时间，并且在固定喷油终点时可推迟喷油，从而能降低 NO_x 的含量，又不会导致动力性、燃油经济性降低。但喷油速率过高及尾喷油量增加都会使 HC 排放量增加，并且提高喷油速率并不是指整个喷油过程的喷油速率都要提高。具体地说，初期喷油速率不过高，以抑制着火落后期内混合气生成量，降低初期燃烧速率，达到降低燃烧温度、抑制 NO_x 生成及降低噪声的目的。中期应急速喷油，即采用高喷油压力和高喷油速率，以加速扩散燃烧速度，防止微粒排放和热效率的恶化。后期要迅速结束喷射，以避免低的喷油压力和喷油速率使雾化质量变差，导致燃烧不完全和碳烟及微

粒排放增加。图 7-15 为直喷柴油机的试验结果，图中 1、2、3 分别表示喷油速率为 5.7 mm³/(°)（CA）、7.2 mm³/(°)（CA）、8.3 mm³/(°)（CA）时的 NO 排放，在小功率的条件下，喷油速率对 NO 排放的影响较小，随着发动机功率的增加喷油速率的影响增大。

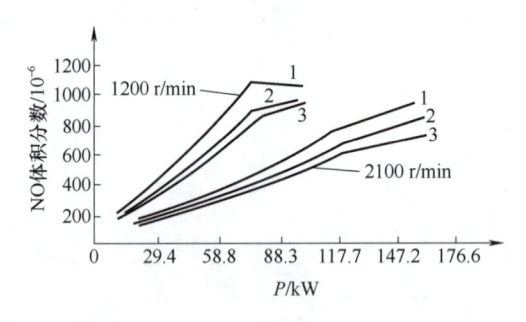

图 7-15 喷油速率对 NO_x 排放的影响

（3）喷油压力　提高喷油压力有助于改善燃油雾化，促进燃油与空气的充分混合，改善混合气的均匀性，从而减少微粒的生成。根据试验结果，不论柴油机转速、负荷大小如何，微粒排放均随最大喷油压力的提高而降低。

4. 提高柴油的十六烷值

柴油的十六烷值对滞燃期有较大的影响。如果十六烷值低，则滞燃期较长，这使缸内在燃烧初期积聚的燃油较多，初期放热率峰值及燃烧时温度较高，因而 NO_x 排放量较多。增加十六烷值可以改善冷起动性能、降低油耗并减少排放。在重型发动机上，提高十六烷值可明显地降低 NO_x 的排放，低负荷时减幅达 9%。图 7-16 所示表明 NO 排放量随柴油的十六烷值增加而降低。应当指出，燃油的十六烷值较高时，会具有较大的冒烟倾向。

5. EGR（排气再循环）

EGR 可大大增加气缸中的残余废气分数。当可燃混合气中废气分数增大时，既减小了可燃气的放热量

图 7-16 柴油的十六烷值对 NO 排放的影响

又增大了混合气的比热容，这两者都使最高燃烧温度下降，从而使 NO_x 排放降低。

图 7-17 所示为一台自然吸气直喷式车用柴油机，其 EGR 率在 0~15% 之间变化时 NO_x 和 HC 排放的变化情况。首先，NO_x 的排放随负荷的下降而明显下降；其次，在标定转速 3400 r/min 下的 φ_{NO_x} 要小于最大转矩转速 2100 r/min 下的值。EGR 率从 0 增加到 15% 时，φ_{NO_x} 最多可下降一半左右（2100 r/min 全负荷工况）。

6. 增压

增压后进气中氧的含量提高使燃烧室中火焰温度提高，可以降低碳烟排放，但 NO_x 排放量会增加。增压后空气温度可达 100~150 ℃，也使最高燃烧温度相应提高。若对增压空气进行中间冷却而降低缸内充气温度，可以缓和这种趋势。在增压柴油机中，为了应对 NO_x 排放量的增加，通常采用推迟喷油的办法来进行补偿。

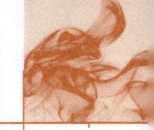

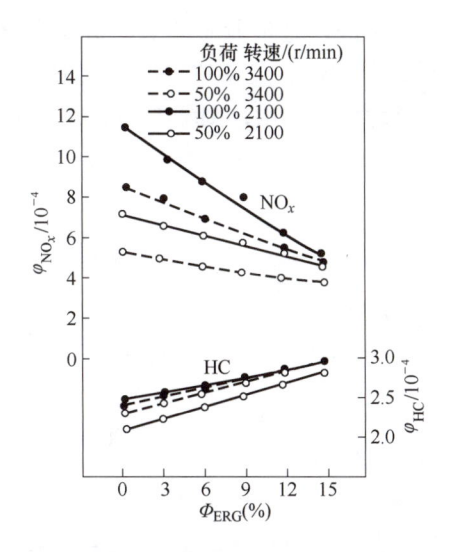

图 7-17　EGR 对柴油机排放的影响

（标定转速 3400 r/min，标定功率 60 kW，最大转矩转速 2100 r/min）

7.3　发动机工况及基本特性

发动机的工况可以用一组表征其某种性能的参数来描述，其中主要的参数是转速 n 和有效功率 P_e。当发动机保持转速不变时，各种稳态性能指标随有效功率 P_e 变化的规律叫作发动机的负荷特性。当有效功率 P_e 不变时，各种性能参数随转速变化的关系，称为速度特性。若以负荷和转速分别为横、纵坐标，组成的工作平面叫作发动机的工况平面。根据发动机配套工作机械运行的特点，发动机实际的工作区域为点工况、线工况和面工况三种。

（1）点工况运行　发动机在运行过程中转速和负荷均保持不变。例如在水库或江河上日夜抽水的发动机，一般都按点工况运行。

（2）线工况运行　发动机只在工况面上某一确定的线段上工作。常见有两种情况：一种是发电机组、排灌等固定作业机组，工作时都保持在转速变化不大的调速线上运行；另一种是船舶发动机行驶的工况，工作时负荷与转速成线性比例关系。例如，当发动机作为船用主机驱动螺旋桨时，发动机所发出的功率与螺旋桨消耗的功率相等。当螺旋桨节距不变的情况下，螺旋桨消耗的功率与转速的三次方成正比。

（3）面工况运行　各种陆上运输车辆，如汽车、拖拉机、坦克、工程运输机械等，都可在较宽的转速和负荷范围内工作，其工作区域属于一个变转速与变负荷组成的工况平面。

7.3.1　发动机的负荷特性

负荷特性曲线的横坐标是负荷，如图 7-18 所示。因此，负荷特性曲线一般用来分析发动机的燃油经济性，其主要评价指标为有效燃油消耗率 b_e。

1. 柴油机的负荷特性

测定柴油机负荷特性曲线时，转速不变，各工况供油提前角均调为最佳值，油温、油

压、水温均保持合理状态。由于柴油机是负荷质调节，负荷变化也就是过量空气系数 ϕ_a 变化，所以负荷特性也就是 ϕ_a 的调整特性。图 7-18a 所示柴油机负荷特性中，b_e 有一个明显的特点，即过标定功率点后，若继续增大油量，则随着燃烧的恶化，b_e 继续上升到国家标准允许值的柴油机负荷称为"冒烟界限"点，然后燃烧继续恶化，b_e 持续上升，到达柴油机的公路车极限值。

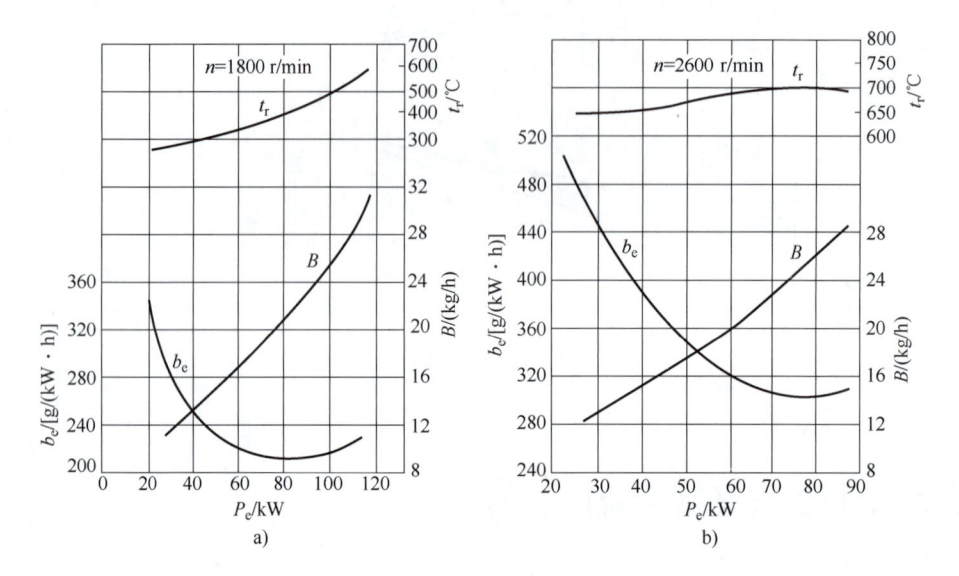

图 7-18　发动机的负荷特性
a）柴油机　b）汽油机
t_r—排气温度　B—每小时燃油消耗量

2. 汽油机的负荷特性

测定汽油机负荷特性曲线时除了保持转速不变外，各工况均须调到最佳点火提前角和保持理想的过量空气系数，并按规定保持冷却液温度、机油温度、机油压力等参数在合理范围之内。

如图 7-18b 所示，b_e 在怠速时为无穷大，之后随负荷而急剧下降，一般为 80%～90%负荷时达最低值，之后由于"加浓"又有回升。

3. 汽、柴油机负荷特性曲线的对比

将标定功率及转速相接近的汽、柴油机负荷特性曲线进行对比，其主要差别为：

1）汽油机有效燃油消耗率 b_e 比同负荷的柴油机高，这是两种机型的混合气形成、着火燃烧以及负荷调节方式的不同造成的。

2）中、低负荷处 b_e 的差别明显比最低油耗点和标定功率处大。这是因为汽油机 b_e 线过于陡尖，而柴油机有较宽的平坦段的缘故。统计资料表明，汽、柴油机综合油耗可达 45%，就是由于汽车大多在中、低负荷条件下运行所致。

因此，若单纯从燃油经济性出发进行汽车动力的选择，自然是柴油机优于汽油机，这是柴油机最明显的优势。无论汽、柴油机都希望尽可能提高负荷利用率，使其经常在接近最经济的 80%～90%负荷处工作，它已成为改善发动机燃油经济性、降低实际使用油耗的一个极为重要的原则。

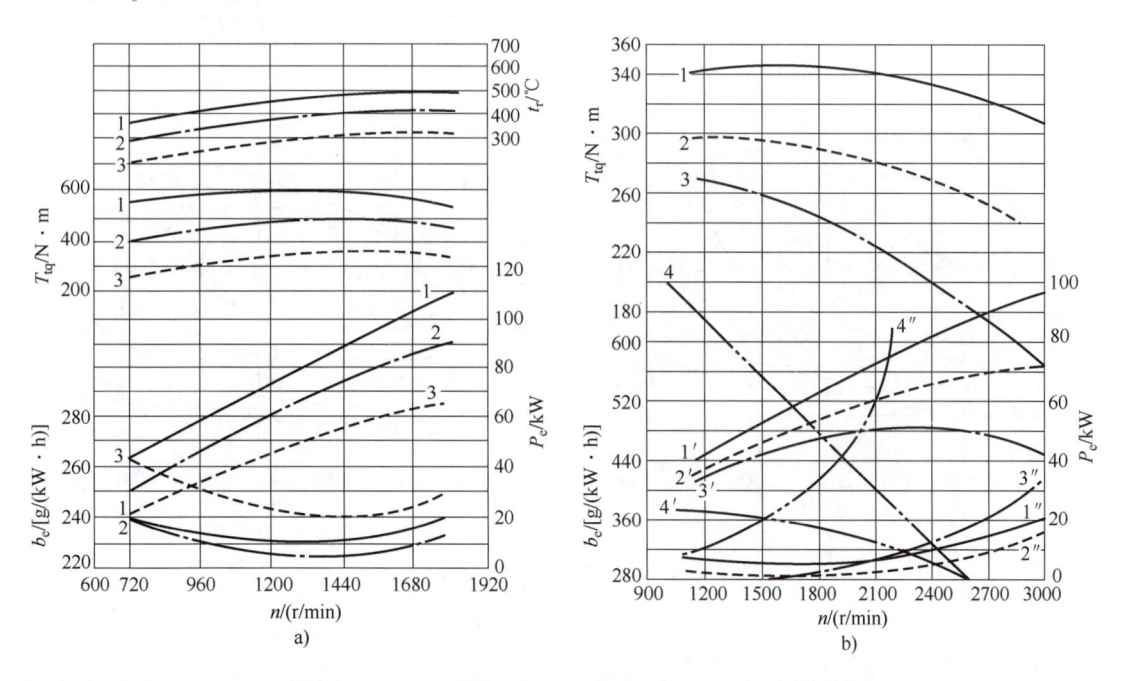

7.3.2 发动机的速度特性

发动机的速度特性也可以定义为发动机处于最佳调整状态时,若汽油机的节气门开度不变,或柴油机供油调节拉杆位置不变,发动机的性能指标和特性参数随转速的变化规律。每一个油量调节位置都对应一条速度特性曲线。当汽油机节气门全开,或柴油机供油调节拉杆处于最大位置时的速度特性曲线为全负荷速度特性曲线,又叫外特性曲线。外特性曲线表示了发动机各转速对应的最大功率和最大转矩。

1. 柴油机的速度特性

测定柴油机速度特性曲线时,除保持油量调节杆位置不变外,各工况均须调整到各自的最佳供油提前角,此外,冷却液温度、油温等参数均应保持正常稳定的状态。由于油量调节杆位置和驾驶员控制的加速踏板位置并不一定成正比,所以保持加速踏板位置不变得到的速度特性曲线和保持油量调节杆位置不变得到的速度特性曲线有区别,如图 7-19a 所示。从图中可以看出:

1) 转矩(T_{tq})速度特性曲线有相反变化的趋势而使总体上变化较平坦。

2) 功率(P_e)线总体是随转速上升而增大,由于 T_{tq} 线较平坦,所以可达到的最大功率点远离最高使用转速。

3) b_e 线则是随转速上升而斜率加大。

图 7-19 发动机的速度特性

a) 柴油机　b) 汽油机

1—油量调节机构最大开度　2—75%开度　3—50%开度　4—25%开度

2. 汽油机的速度特性

测定汽油机速度特性曲线时,除保持节气门开度不变外,各工况均须调整到各自的最佳

点火提前角，而过量空气系数则要按理想值来确定。此外，冷却液温度、油温等参数均应保持正常稳定的状态，如图 7-19b 所示。

1）转矩（T_{tq}）在某一较低转速处有最大值，然后随转速上升而较快下降，转速越高，降得越快。

2）功率 P_e 先随转速 n 上升而加大，到一定转速后 T_{tq} 的下降率高于 n 的上升率，P_e 转而下降。

3）有效燃油消耗率 b_e 随转速上升斜率加大，节气门开度越小，则弯曲度越大。

3. 汽、柴油机速度特性曲线的对比

如图 7-19 所示，汽油机和柴油机速度特性的区别主要有：

1）汽油机 T_{tq} 线总体上向下倾斜较大，低负荷时倾斜更大，而柴油机 T_{tq} 曲线总体变化平坦，低负荷时甚至上扬。

2）汽油机 P_e 外特性曲线的最大值点，一般就是标定功率点；而柴油机可达到的功率最大值点的转速很高，多以标定点为准而并非该特性线的极值点。

3）柴油机燃油消耗率曲线要比汽油机燃油消耗率曲线平坦，低负荷时更是如此。

7.3.3　发动机的万有特性

发动机负荷特性曲线和速度特性曲线只能用来表示转速或负荷不变时的性能变化规律，若用来分析多转速、多负荷的综合性能显然不太方便、不直观，为此，可以采用转速与负荷同时变化的万有特性（全特性）来分析，如图 7-20 所示。

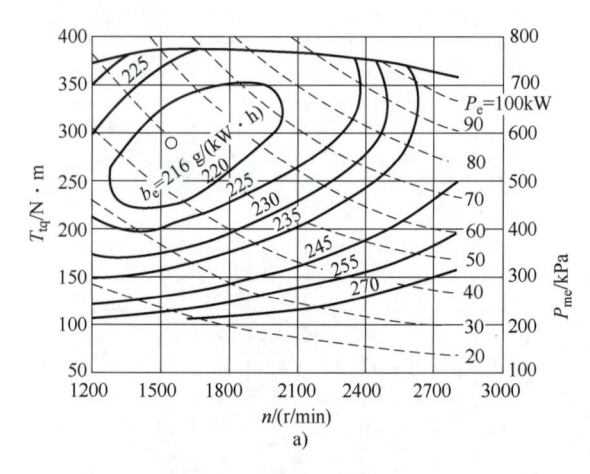

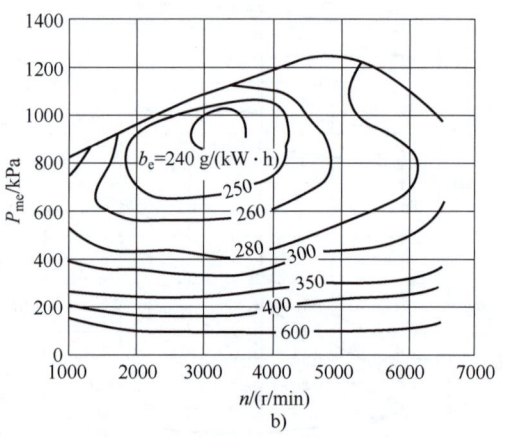

图 7-20　发动机的万有特性
a) 柴油机　b) 汽油机

运行工况的万有特性是指发动机负荷及转速都变化时的性能指标或特性参数的变化规律。在三维坐标图上可以表示为以工况面为自变量域的特性曲面。在工况面的二维坐标图上，则表示为各种指标或参数的等值线，如等有效燃油消耗率线、等功率线等，如图 7-20 所示的汽油机、柴油机的万有特性，图中粗实线及数字表示等有效燃油消耗率 b_e 线，从中可以看出，汽油机和柴油机的油耗特性没有明显差异。首先，汽油机的 b_e 普遍比柴油机高；其次，汽油机的最经济区域处于偏向高负荷的区域，且随负荷的降低，油耗增加较快，而柴油

机的最经济区域则比较靠近中等负荷，且负荷改变时，油耗增加较慢。所以，在实际使用时，柴油车与汽油车在燃油消耗上的差距，比它们在最低燃油消耗率 b_{emin} 上的差距更大。如何提高汽车在实际使用条件下的燃油经济性，对于汽车的节能有重要意义，而提高负荷率是改善发动机特别是汽油机使用燃油经济性的有效措施。

7.4　发动机试验

　　发动机试验是检验发动机的动力性、经济性和工作可靠性，以及检查整机及零部件的制造质量、可靠性和耐磨性等不可缺少的手段，也是研究、设计、制造新型发动机的一个必不可少的重要环节。为了能严格控制试验条件并按国家标准规定进行测试，尽量模拟发动机在实际使用条件下的各种工况，发动机试验通常都在试验台架上进行。

　　发动机在试验台上进行的试验称为台架试验。试验台要保证试验条件达到标准要求，并能迅速、准确测录发动机各项工作参数。图 7-21 为发动机试验台架，试验台由基础、底板和支架组成。由于发动机试验时有较大的振动和转矩，所以试验台用防振混凝土做基础。基础上固定有安装发动机用的铸铁底板和前后支架。为保证发动机能迅速拆装和对中，前后支架在底板上的位置和高度做成可调的。发动机曲轴与测功器转子轴用联轴器连接。通过测功器和转速表所测读数，可以计算出被测发动机的功率。为保证发动机工作时冷却液温度正常，应使出水温度达到规定的试验要求。燃油由专门油箱通过量油装置供给发动机的燃料供给系统。为了排出发动机的有害排放物，减少室内噪声，应有保证室内通风、消声的装置。

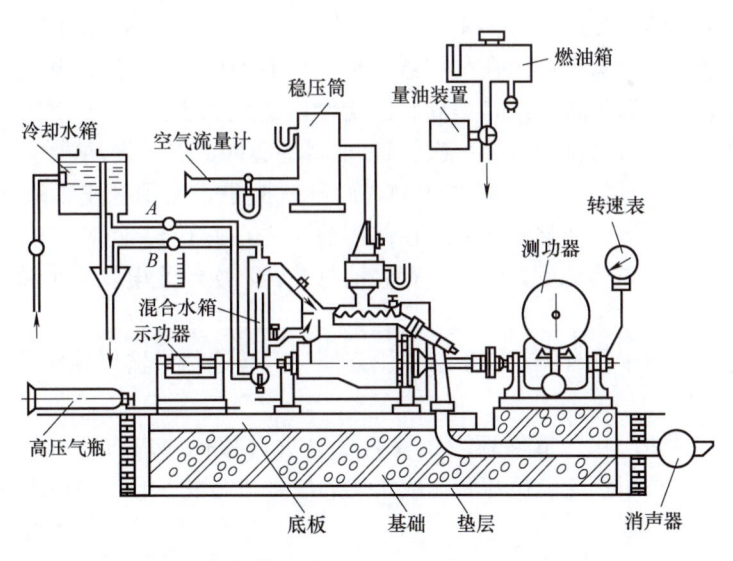

图 7-21　发动机试验台架

　　试验台安装的设备和仪器大致分 3 类。
　　1）基本设备。包括测功器、转速表、油耗测量装置。
　　2）监测设备。包括冷却液温度计、机油温度计、机油压力计、排气温度指示器、气压计、室内温度计、湿度计等。
　　3）特殊设备。包括示功器、空气流量计、冷却液流量计、废气分析仪、烟度计、声级

计、测振仪等。

1. 示功图的测定

测录发动机示功图的实质是测录气缸中随曲轴转角而变化的瞬时压力,示功图的测定是发动机重要的测试项目之一。借助所绘制的发动机某种工况下的示功图,可确定该工况下发动机的指示功率。

2. 有效功率的测量

有效功率是发动机最重要的性能参数之一,在发动机试验中大都需要测量有效功率。发动机有效功率的测定属于间接测量,即测定发动机的输出转矩和转速后,可由公式 $P_e = M_e n/9550$ 求得。

发动机在台架试验中大都用测功器来测量发动机输出的转矩,此时测功器作为负载,并通过测功器实现对测定工况的调节。

3. 燃油消耗率的测量

燃油消耗率是发动机的重要特性参数之一。在发动机试验中,通过测定发动机的燃油消耗量,可根据公式计算得到发动机的燃油消耗率。油耗仪是测量发动机燃油消耗量的仪器,也称为燃油流量计。它有各种不同的类型和结构式样,适用于不同的目的和要求。

4. 转速的测量

发动机试验时用转速表测量转速。按工作原理转速表分为电子数字式、电气式和机械式3种形式。

(1) 电子数字式转速表 电子数字式转速表有固定式及手持式两种。固定式电子转速表由传感器及指示仪两部分组成。传感器是一个脉冲发生器。如磁电式传感器由一个齿盘及一个电磁捡拾器组成。齿盘是固定在测功器主轴上带有 60 个齿的盘,电磁捡拾器靠近齿盘固定。发动机带动测功器主轴每旋转一周,捡拾器内的线圈就产生 60 次感应电脉冲,这个信号送到指示仪表。一般每秒钟取样一次,1 s 取得的脉冲数等于发动机每分钟转速。

手持式电子转速表分为接触式和非接触式两种。接触式的用橡皮轴头和发动机轴端接触,表内装有光电传感器;非接触式的须在使用前预先在旋转轴或盘上粘贴白色反光纸条,仪器前端装有照射灯光和感受反光的光电管。轴每旋转一次给光电管一个脉冲信号,累计运算得到转速。

电子式转速表,由于具有测量准确、使用方便、有转速信号输出、易于实现自动控制等优点,已被广泛应用。

(2) 电气式转速表 电气式转速表主要有发电机式和脉冲式两种。发电机式做成直流或交流发电机结构,利用感应电压与转速成正比的原理进行测量;脉冲式是利用转速与频率成正比的原理,做成一种多级的发电机结构,利用感应电压的频率进行测量。

(3) 机械式转速表 机械离心式手持转速表是利用重块的离心力与转速的平方成正比的原理来测量的。由于其使用方便、价格低廉、测量范围广,在实验室仍有一定的应用。

5. 流量的测量

在发动机性能试验中,要测量空气消耗量、燃油消耗量和活塞漏气量;在发动机热平衡及水泵、机油泵性能试验中,要测量冷却液、润滑油的流量;在发动机排气污染物试验中,有时还要测定排气或稀释排气的流量,因此,流量测量是发动机试验中需要经常进行的一个重要内容。

测量空气流量最常用的装置是节流式流量计。节流元件常用标准孔板或标准喷嘴，虽然结构形式不同，但都是利用流体节流原理来测量流量。图7-22所示为节流式流量计工作原理。气体流过装有孔板的管道时，由于孔板上圆孔的节流，使气体流经孔板时，流速增加，静压力降低，在孔板前后产生压差，测量此压差，就可计算出气体流量的大小。当气体流量增加时，流速随之增大，压差也就变得越大，所测气体流量增加。

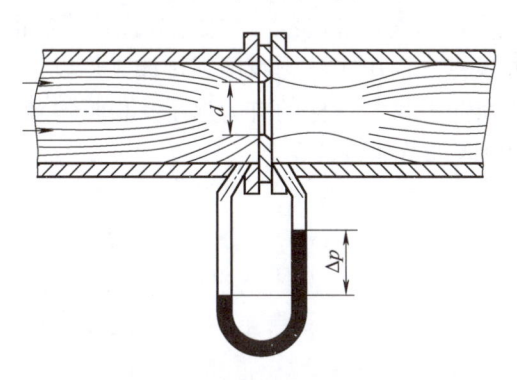

图 7-22　节流式流量计工作原理

旋涡流量计是另一种测量空气流量的装置，其工作原理是利用流体振荡原理，通过测量流体流经管道时的旋涡频率，计算出气体流量。旋涡流量计无需稳压箱，流量测量范围大，精度较高，几乎不受温度、压力、密度、成分变化的影响。

本 章 小 结

汽油机污染物主要是CO、HC和NO_x。柴油机污染物主要是PM和NO_x。

CO的生成主要和混合气的混合质量及其浓度有关，主要原因：燃料不完全燃烧、混合气混合不均匀，以及CO_2和H_2O在高温时裂解。汽油机HC主要是在缸内未燃的燃油，随排气排放形成HC。NO_x的生成与温度、氧浓度和反应时间有关。柴油机排气微粒（PM）通常分成碳烟（DS）和有机可溶成分（SOF）两部分，此外还有少量无机物。

控制汽油机排放物的主要方法：提高混合气浓度和质量、改善点火提前角、合理选择汽油机运转参数、优化汽油机结构参数、改善燃料性质和环境的影响。

控制柴油机排放物的主要方法：合理选择柴油机的运转参数、调整进气温度和进气压力、优化供油系统、提高柴油的十六烷值、EGR和增压。

发动机工况分为点工况、线工况和面工况三种。发动机特性主要有负荷特性、速度特性和万有特性。

发动机试验是检验发动机性能的重要手段，通常都在试验台架上进行。

习题与思考题

7-1　汽油机的主要排放污染物是什么？柴油机的主要排放污染物是什么？

7-2　排放中CO的产生主要有哪些原因？

7-3　HC 排放的生成机理是什么？

7-4　NO_x 的生成机理是什么？

7-5　影响汽油机排放的因素有哪些？

7-6　影响柴油机排放的因素有哪些？

7-7　发动机有哪些特性曲线？

7-8　发动机台架试验包括哪些测量仪器？主要能够测量哪些指标？

7-9　重型货车是减排关键。商用车作为我国碳排放大户以及交通运输的主要力量，是推动汽车产业实现"碳达峰碳中和"目标的有力抓手。根据本章所学内容，请分析，有哪些技术能够实现在用重型货车的节能减排呢？

参考文献

[1] 傅秦生,赵小明,唐桂华. 热工基础与应用 [M]. 3版. 北京:机械工业出版社,2016.
[2] 王修彦. 工程热力学 [M]. 2版. 北京:机械工业出版社,2024.
[3] 沈维道,童钧耕. 工程热力学 [M]. 5版. 北京:高等教育出版社,2016.
[4] 陈忠海. 热工基础 [M]. 北京:中国电力出版社,2004.
[5] 傅俊萍. 热工理论基础 [M]. 长沙:湖南师范大学出版社,2005.
[6] 杨玉顺. 工程热力学 [M]. 北京:机械工业出版社,2009.
[7] 刘春泽. 热工学基础 [M]. 北京:机械工业出版社,2004.
[8] 曹建明,李跟宝. 高等工程热力学 [M]. 北京:北京大学出版社,2010.
[9] 张西振,吴良胜. 发动机原理与汽车理论 [M]. 4版. 北京:人民交通出版社,2018.
[10] 孙建新. 内燃机构造与原理 [M]. 北京:人民交通出版社,2004.
[11] 陆耀祖. 内燃机构造与原理 [M]. 北京:中国建材工业出版社,2004.
[12] 冯健璋. 汽车发动机原理与汽车理论 [M]. 2版. 北京:机械工业出版社,2011.
[13] 周龙保,刘巽俊,高宗英. 内燃机学 [M]. 2版. 北京:机械工业出版社,2009.
[14] 《汽车工程手册》编辑委员会. 汽车工程手册:试验篇 [M]. 北京:人民交通出版社,2000.
[15] 陈家瑞. 汽车构造 [M]. 3版. 北京:机械工业出版社,2009.
[16] 张文春. 汽车理论 [M]. 2版. 北京:机械工业出版社,2010.
[17] 闫大建. 汽车发动机原理与汽车理论 [M]. 北京:国防工业出版社,2008.
[18] 韩同群. 汽车发动机原理 [M]. 2版. 北京:北京大学出版社,2012.
[19] 林波,李兴虎. 内燃机构造 [M]. 北京:北京大学出版社,2008.
[20] 吴建华. 汽车发动机原理 [M]. 3版. 北京:机械工业出版社,2020.
[21] 林学东. 发动机原理 [M]. 3版. 北京:机械工业出版社,2019.
[22] 王建昕,帅石金. 汽车发动机原理 [M]. 北京:清华大学出版社,2011.
[23] 李春明. 汽车发动机燃油喷射技术 [M]. 4版. 北京:北京理工大学出版社,2013.
[24] 李朝晖,杨新桦. 汽车新技术 [M]. 重庆:重庆大学出版社,2004.
[25] 蔡凤田. 汽车排放污染物控制实用技术 [M]. 北京:人民交通出版社,2000.
[26] 王宪成,等. 车用内燃机学 [M]. 北京:兵器工业出版社,2007.
[27] 解茂昭,内燃机计算燃烧学 [M]. 大连:大连理工大学出版社,2005.
[28] 徐兆坤. 汽车发动机原理 [M]. 北京:清华大学出版社,2010.
[29] 刘巽俊. 内燃机的排放与控制 [M]. 北京:机械工业出版社,2005.
[30] 郭林福,马朝臣,施新,等. VGT对柴油机经济性和动力性影响的试验研究 [J]. 内燃机学报,2004,22(2):116-120.
[31] 王东,黄震. 柴油机螺旋进气道三维流场数值模拟 [J]. 计算机辅助工程,2007,16(3):69-73.
[32] 陆际清,刘铮. 汽车发动机燃料供给与调节 [M]. 北京:清华大学出版社,2002.
[33] 高宗英,朱剑明. 柴油机燃料供给与调节 [M]. 2版. 北京:机械工业出版社,2009.
[34] 徐家龙. 柴油机电控喷油技术 [M]. 2版. 北京:人民交通出版社,2011.
[35] 刘永峰. 电控缸内直喷发动机着火与碳烟生成机理 [M]. 北京:机械工业出版社,2011.
[36] 林学东,王霆. 车用发动机电子控制技术 [M]. 2版. 北京:机械工业出版社,2020.
[37] 王丰元,宋年秀. 电喷发动机 [M]. 2版. 北京:人民交通出版社,2010.
[38] 蒋德明. 内燃机燃烧与排放学 [M]. 西安:西安交通大学出版社,2001.

［39］ 张志沛. 汽车发动机原理［M］. 4 版. 北京：人民交通出版社，2017.

［40］ 常思勤. 汽车动力装置［M］. 2 版. 北京：机械工业出版社，2016.

［41］ 汪映. 均质充量压缩燃烧方式的研究进展及存在问题［J］. 车用发动机，2002（5）：6-9.

［42］ 王建昕. 汽油均质混合气柴油引燃燃烧特性的研究［J］. 内燃机学报，2004（5）：391-396.

［43］ ZHAO F Q，ASMUS T W，ASSANIS D N，et al. Homogenous Charge Compression Ignition（HCCI）Engine：Key Research and Development Issues［M］. Warrendale：Society of Automotive Engineers，2003.

［44］ 刘永峰，裴普成. 渐进法分析同一体系下庚烷（n-heptane）的点火和熄火［J］. 中国科学（E 辑），2005（9）：954-965.

［45］ LIU Yongfeng，YIN Chenyang，PAN Jiaying，et al. Effects of ammonia and carbon dioxide concentration variation on ammonia-diesel blended fuel combustion in CO_2/O_2 atmosphere［J］. Fuel，2025（389）：134474.

［46］ LEE S S. Investigation of Two Low Emissions Strategies for Diesel Engines：Premixed Charge Compression Ignition（PCCI）and Stoichiometric Combustion［D］. Wisconsin：University of Wisconsin-Madison，2006.

［47］ LIU Yongfeng，PEI Pucheng. Asymptotic Analysis on Autoignition and Explosion Limits of Hydrogen-Oxygen Mixtures in Homogeneous Systems［J］. International Journal of Hydrogen Energy，2006（31）：639-647.

［48］ 丁乐康，刘永峰，毕贵军，等. 液氧固碳闭式循环柴油机着火机理研究［J］. 机械工程学报，2023，59（16）：370-378.

［49］ 王军，张幽彤，王洪荣，等. 共轨柴油机缸压反馈电控技术［J］. 农业机械学报，2008（8）：9-13.

［50］ 殷晨阳，刘永峰，陈睿哲，等. 基于量子化学计算的正己烷热解反应动力学模拟［J］. 化工进展，2024（8）：4273-4282.

［51］ LIU Yongfeng. Optimization Research for a High Pressure Common Rail Diesel Engine Based on Simulation［J］. International Journal of Automotive Technology，2010（11）：625-636.

［52］ 陈家瑞. 汽车构造［M］. 5 版. 北京：人民交通出版社，2006.

［53］ 周庆辉. 现代汽车排放控制技术［M］. 北京：北京大学出版社，2010.

［54］ 黄安华. 柴油机的排放污染及控制措施［J］. 汽车技术，2002，28（1）：37-39.